고등
수학 +

김경률 **지음**

도서출판 계승

머리말

수학에서, 질문하는 것이 답하는 것보다 더 가치 있다. -칸토르
In re mathematica ars proponendi quaestionem
pluris facienda est quam solvendi.

    중고등학교에서 수학을 공부하다가 보면 가끔씩 궁금한 부분이 생기게 됩니다. 증명을 하지 않고 넘어가는 부분도 있고, 어떤 부분은 의문의 여지를 남겨 두기도 합니다. 저는 고등학교에서 인문계열로 진학하였고 대학에 와서도 수학을 전공하고 있지 않습니다. 그러나 저는 그런 의문만은 잊지 않고 품어 두었고, 공부를 더 하면서 그런 의문을 하나하나 풀어 나갔습니다. 수학을 공부하는 즐거움은 바로 이런 데에 있지 않을까요? 오랫동안 품어 왔던 의문을 공부를 하면서 자기 힘으로 풀어내는 데에는 일상적으로는 경험하기 어려운 독특한 즐거움이 있습니다.

    이 책은 제가 중고등학교에서 수학을 공부하면서 품었던 의문에 대한 답으로 쓰게 된 것입니다. 그래서 이 책의 전체적인 내용은 중고등학교 수학에서 크게 벗어나지 않습니다. 그러나 동시에 미처 생각해 보지 못했지만 수학을 공부하면서 한번쯤은 생각해 보아야 할 만한 내용으로 구성되어 있습니다. 이 책을 여러분 앞에 내놓는 것은, 수학이 단순히 기계적인 계산이 아니라 공부를 하면서 자연스럽게 품을 수 있는 의문에 답하려는 노력의 산물임을 느끼고 수학을 공부하는 즐거움을 조금이나마 접할 수 있게 하기 위함입니다.

    이 책은 고등학교 수학에서 다루는 내용에 맞추어 10개의 장으로 구성되었고, 각 장은 가급적 고등학교에서 공부하는 순서에 따라 배치하려고 하

였습니다. 제1장부터 제3장까지는 고등학교 1학년에서 공부하는 내용을 다루고 있으며, 제4장 이후로는 수학 I·II, 적분과 통계, 기하와 벡터에서 공부하는 내용을 다루고 있습니다. 각 장의 내용은 고등학교에서 한 번 공부한 내용은 어느 정도 아는 것으로 가정하고, 수학에서 중요하지만 소홀히 다루었던 부분, 평소에 의문을 품을 수 있는 부분을 중심으로 구성하였습니다. 특히 수학을 전공하면 깊이 공부하게 될 내용들을 여기저기에 숨겨 놓았습니다.

이 책의 본문 사이사이에는 문제가 있는데, 이들은 크게 두 가지로 나눌 수 있습니다. 하나는 본문에서 넘어간 부분을 보완하는 것이고, 다른 하나는 본문의 내용을 간단히 적용하는 것입니다. 본문을 읽고 이해하는 것도 수학 공부라고 할 수 있지만, 문제를 풀지 않고서는 수학을 제대로 공부했다고 할 수 없습니다. 진정한 수학 공부는 연필로 하는 것입니다. 이 책의 문제는 어느 것이든 본문을 충실히 공부하였다면 비교적 간단히 해결할 수 있는 것들이므로, 지레 겁먹지 말고 모든 문제를 꼭 풀어 볼 것을 당부합니다.

문제를 풀었을 때 그 문제를 옳게 풀었는지 확인하는 것은 매우 중요한 일입니다. 많은 문제집에 풀이가 있는 것도 바로 그런 이유에서입니다. 이 책의 뒷부분에는 본문에 있는 문제의 풀이가 있습니다. 풀이는 어디까지나 자신이 문제를 옳게 풀었는지 확인하라는 것이므로, 문제가 풀리지 않는다고 해서 바로 풀이를 확인하는 것은 좋은 습관이라고 하기 어렵습니다. 당장 문제가 풀리지 않을 때에는 괴롭겠지만 그러한 고통 끝에 문제를 풀었을 때 수학을 공부하는 즐거움을 느낄 수 있고, 자신의 실력도 한 차원 높아지게 됩니다.

이 책을 통하여 수학이 의문에 답하려는 노력의 산물이며, 대학에서 공부하는 수학도 바로 그 연장선상에 있음을 느낄 수 있으면 좋겠습니다. 그런 의문을 해결하기 위하여 수학을 더 공부하겠다고 결심한다면 더 좋겠습니다. 칸토르가 말했듯이, 수학에서는 답하는 것보다 질문하는 것이 더 가치 있습니다.

2016년 12월

김경률

차 례

제 1 장

집합과 명제

새로운 언어를 습득하려면 그 언어의 어휘와 그 언어로 된 문장을 자주 접하면서 그에 익숙해져야 한다. 수학은 자연어로 기술되어 있기는 하지만 수학의 언어는 일상의 언어와 많은 차이점이 있으므로 수학을 공부하기 위해서도 수학에서 쓰는 어휘와 문장에 익숙해져야 한다. 수학의 어휘와 문장에 해당하는 것이 바로 집합과 명제이다. 집합과 명제의 공부를 통하여 우리는 이미 기술된 수학의 내용을 보다 분명하게 이해하고 증명할 수 있으며, 나아가 자신이 표현하고자 하는 바를 적절한 수학적 언어로 기술할 수 있다. 이런 뜻에서 집합과 명제에 관한 공부는 수학 공부의 첫걸음이다.

1.1. 집합

중학교와 고등학교 교과서의 첫 단원은 집합으로 시작한다. 왜 우리는 집합을 처음으로 공부하는 것일까? 그것은 집합이 오늘날의 수학의 기초가 되기 때문이다. 집합은 많은 수학적 대상을 기술하는 언어로서의 역할을 하고 있다. 그렇다면 집합이란 무엇인가? 집합은 수학의 기초이기 때문에 집합이 무엇인지는 **정의하지 않는다**. 우리가 중학교와 고등학교에서 자연스럽게 생각하였던 대상이 바로 집합이라고 보면 큰 어려움이 없을 것이다.

어떤 수학적 대상을 도입하고 나면, 그 대상들끼리 '같다'는 것이 무엇인지 알아보는 것이 가장 먼저 해야 할 일이다. 두 집합이 같다는 것이 무엇

인지는 그리 어려워 보이지 않는다. 두 집합의 원소가 모두 같으면 같다고
하면 되기 때문이다. 그러나 그렇게 하려면 먼저 집합의 원소를 늘어놓을 수
있어야 하는데, 때에 따라서는 집합의 원소를 모두 늘어놓는 것이 어렵거나
심지어 불가능하다. 예를 들어

$$\text{집합 } Z = \{2m + 3n \,|\, m, n\text{은 정수}\} \text{ 가 정수 전체의 집합과 같다}$$

는 것을 증명하는 문제에서 Z 의 원소를 모두 늘어놓는 것은 어렵다. 그러니
집합의 원소를 모두 늘어놓지 않고서도 두 집합이 같은지 알 수 있는 다른
방법을 찾아야 한다.

그런데 집합 A, B 의 원소가 모두 같다는 것은 다음 관계

$$x \in A \iff x \in B$$

가 성립한다는 말이다. 얼핏 보기에 위 관계는 집합 A, B 의 원소가 모두 같
다는 말을 논리 기호로 고쳐 쓴 것에 불과해 보인다. 그러나 이렇게 집합 A,
B 의 원소가 모두 같다는 말을 논리 기호로 고쳐 씀으로써 두 집합의 원소를
모두 늘어놓지 않고서도 두 집합이 같음을 증명할 수 있다. 즉, **임의의** A 의
원소를 가져와서 그것이 다시 B 의 원소가 됨을 증명하고, 역으로 **임의의** B
의 원소를 가져와서 그것이 다시 A 의 원소가 됨을 증명하면 두 집합이 같
다는 증명이 된다.

보기 1. 집합 Z 가 정수 전체의 집합과 같음을 증명해 보자. 먼저 Z 의 원
소는 $2m + 3n$ 의 꼴이고, 정수는 덧셈과 곱셈에 관하여 닫혀 있으므로 이는
당연히 정수 전체의 집합의 원소이다. 역으로 임의의 정수 z 를 택하면 그것
을 $2m + 3n$ 의 꼴로 변형하여야 z 가 Z 의 원소임을 증명할 수 있다. 만약
$m = -z$, $n = z$ 로 놓으면 m, n 은 모두 정수이고 $z = 2(-z) + 3z$ 이므로 z
는 Z 의 원소이다. 이상에서 Z 는 정수 전체의 집합과 같음을 증명하였다.

문제 1.1.1. 양수 전체의 집합을 P 라 할 때, $\{x^2 \,|\, x \in P\} = P$ 임을 증명하여라.

이제 주어진 집합으로부터 새로운 집합을 얻는 방법을 살펴보자. 두 집
합 A, B 에 대하여 합집합, 교집합, 차집합이 무엇인지는 고등학교에서 공

부하였을 것이다. 여기에서 다시 새삼스럽게 이를 반복할 생각은 없다. 다만 여집합에 관해서는 주의할 점을 하나 짚고 넘어가려 한다.

이미 여집합이 무엇인지는 어느 정도 알고 있을 것이다. 남자 전체의 집합의 여집합은 여자 전체의 집합이고, 홀수 전체의 집합의 여집합은 짝수 전체의 집합이라는 것은 쉽게 이해할 수 있을 것이다. 그런데 여기에서 우리는 암암리에 여집합을 생각할 때 생각하는 영역을 상황에 맞게 **제한하였다.** 다시 말해, 남자 전체의 집합의 여집합을 생각할 때에는 사람 전체의 집합이 전부인 것처럼 생각하고, 홀수 전체의 여집합을 생각할 때에는 자연수 전체의 집합이 전부인 것처럼 생각하였다. 이처럼 여집합을 정의하기 위해서는 논의의 영역이 되는 집합을 생각하여야 한다. 이를 **전체집합**이라 하고, 흔히 U 로 나타낸다.

전체집합 U 가 주어져 있을 때 집합 $A^{\complement}$ 를

$$A^{\complement} = \{x \mid x \in U \text{이고 } x \notin A\}$$

로 정의하고 A 의 **여집합**이라 한다. 그런 의미에서 $A^{\complement}$ 보다 $U - A$ 가 더 바람직한 표기법이라 할 수 있다. 다만, 전체집합이 분명한 때에는 전체집합을 언급하지 않고 $A^{\complement}$ 로 나타낼 수 있다.

이제 고등학교에서 공부하지 않은 집합의 연산에 대하여 살펴보자. 지금 정의하려는 곱집합은 수학 전반에서 널리 쓰인다. 집합 A, B 에 대하여 집합 $A \times B$ 를

$$A \times B = \{(a,b) \mid a \in A, b \in B\}$$

로 정의하고 A 와 B 의 **곱집합**이라 한다. 특히, 집합 $A \times A$ 는 A^2 으로 간단히 나타낸다.

그런데 곱집합에서 집합 $A \times B$ 와 $B \times A$ 는 각각

$$A \times B = \{(a,b) \mid a \in A, b \in B\}$$
$$B \times A = \{(b,a) \mid b \in B, a \in A\}$$

이므로 교환법칙이 성립하지 않고, 집합 $(A \times B) \times C$ 와 $A \times (B \times C)$ 는 각각

$$
\begin{aligned}
(A \times B) \times C &= \{((a,b),c) \mid (a,b) \in A \times B, c \in C\} \\
A \times (B \times C) &= \{(a,(b,c)) \mid a \in A, (b,c) \in B \times C\}
\end{aligned}
$$

이므로 결합법칙도 성립하지 않는다. 쉽게 말해서 집합 $(A \times B) \times C$ 의 원소는 $((*,*),*)$ 의 꼴이고, 집합 $A \times (B \times C)$ 의 원소는 $(*,(*,*))$ 의 꼴이기 때문이다.

실수에서는 결합법칙이 성립하기 때문에 abc 를 $(ab)c$ 나 $a(bc)$ 로 계산하여도 그 값이 같다. 따라서 두 실수의 곱만 정의되어도 abc 라는 표현이 가능하다. 그러나 곱집합에서는 결합법칙이 성립하지 않기 때문에 $A \times B \times C$ 의 의미는 불분명하다. 따라서 세 집합의 곱집합, 나아가 n 개의 집합의 곱집합도 따로 정의해 주어야 한다. 집합 $A_1, A_2, \cdots, A_n$ 에 대하여 집합 $A_1 \times A_2 \times \cdots \times A_n$ 을

$$
A_1 \times A_2 \times \cdots \times A_n = \{(a_1, a_2, \cdots, a_n) \mid a_k \in A_k, \ k = 1, 2, \cdots, n\}
$$

으로 정의한다. 특히, 다음 집합

$$
\underbrace{A \times A \times \cdots \times A}_{n\text{개}}
$$

는 A^n 으로 간단히 나타낸다.

문제 1.1.2. 한 번에 두 수만 곱할 수 있는 원시인이 있다고 하자. 이 원시인이 세 수의 곱을 구할 수 있는가? 여기에서 '수'를 '집합'으로, '곱'을 '곱집합'으로 바꾸면 어떻게 달라지는가?

멱집합은 그 집합의 부분집합 전체의 집합이다. 다시 말해, 멱집합은 어떤 집합의 부분집합을 원소로 가지는 집합이다. 집합 A 에 대하여 집합 $\mathcal{P}(A)$ 를

$$
\mathcal{P}(A) = \{X \mid X \subset A\}
$$

로 정의하고 A 의 **멱집합**이라 한다. 멱집합은 주어진 집합으로부터 더 큰, 집합을 원소로 가지는 집합을 구성할 수 있는 방법을 제공한다. 집합 A 가

있다면, $A \in \mathcal{P}(A)$, $\mathcal{P}(A) \in \mathcal{P}(\mathcal{P}(A))$, $\cdots$ 이므로 가장 큰 집합은 없다. 집합 전체의 집합도 없다. 수학자 할모스는 이를 두고 "어떤 것도 모든 것을 담을 수는 없다." 라고 말하였다.

문제 1.1.3. 집합 $\mathcal{P}(\emptyset)$, $\mathcal{P}(\{\emptyset\})$ 을 구하여라. 두 집합은 어떻게 다른지 살펴보아라.

문제 1.1.4. 집합 A의 원소의 개수가 n개일 때, $\mathcal{P}(A)$의 원소의 개수를 구하여라.

마지막으로 이 책에서 쓸 편리한 표기법을 하나 소개한다. 이 표기법은 비단 이 책에서만 쓰는 것이 아니라 수학 전반에서 보편적으로 쓰이는 것이므로 여기에서 미리 익혀 두는 것도 좋을 것이다. 우리는 중학교에서 자연수, 정수, 유리수, 실수로 수의 체계를 넓혀 왔다. 이렇게 수의 체계를 넓혀 오면서 자연수, 정수, 유리수, 실수 전체의 집합을 흔히 N, Z, Q, R로 나타냈다는 사실은 경험으로 알고 있다. 그런데 N, Z, Q, R은 로마자의 한 문자에 지나지 않으므로 아무 말 없이 N, Z, Q, R이라고 쓰면 이것이 일반적인 집합을 가리키는지, 수의 집합을 가리키는지 애매한 경우가 있을 수 있다. 그래서 교과서나 참고서에서 N, Z, Q, R을 써서 수의 집합을 나타낼 때에는 '단, R은 실수 전체의 집합'과 같이 그 문자가 어떤 수의 집합을 가리킨다는 단서가 언제나 따라다녔던 것이다. 그러나 자연수, 정수, 유리수, 실수 전체의 집합은 수학에서 아주 빈번하게 쓰이므로, 수학에서는 특별한 기호를 써서 이들 수의 집합을 나타내기로 하였다. 이제부터 자연수, 정수, 유리수, 실수 전체의 집합은 $\mathbb{N}$, $\mathbb{Z}$, $\mathbb{Q}$, $\mathbb{R}$과 같이 **이중 문자**를 써서 나타낸다.

이중 문자를 쓰면 교과서나 참고서에서처럼 매번 N, Z, Q, R이 어떤 집합인지 일일이 밝히는 수고를 덜 수 있다. 이중 문자와 곱집합을 쓰면 집합 $\mathbb{R}^2$와 $\mathbb{R}^3$는 각각

$$
\begin{aligned}
\mathbb{R}^2 &= \{(x, y) \mid x, y \in \mathbb{R}\} \\
\mathbb{R}^3 &= \{(x, y, z) \mid x, y, z \in \mathbb{R}\}
\end{aligned}
$$

이므로 $\mathbb{R}^2$와 $\mathbb{R}^3$가 바로 좌표평면과 좌표공간임을 확인할 수 있고, $\mathbb{R}^2$와 $\mathbb{R}^3$의 원소를 **점**이라 한다.

문제 1.1.5. 좌표평면이나 좌표공간에서 각 좌표가 모두 정수인 점을 격자점이라 한다. 격자점 전체의 집합을 이중 문자를 써서 나타내어라.

1.2.   명제

참 또는 거짓인 문장을 **명제**라 한다. 어떤 문장이 명제임을 알기 위하여 그
명제가 참임을 알거나, 거짓임을 알아야 할 필요는 없다. 다음 문장

모든 짝수는 두 소수의 합으로 나타낼 수 있다

는 오늘날의 수학으로도 참인지 거짓인지 결론이 나지 않고 있다. 그러나 모
든 짝수는 두 소수의 합으로 나타낼 수 있거나, 그렇지 않을 두 가지 가능성
만이 존재할 뿐이다. 따라서 위 문장은 명제라 할 수 있다. 비단 위 문장뿐만
아니라, 수학의 많은 미해결 문제들이 모두 이런 명제에 속한다. 즉, 어떤 문
장이 참이라는 것도, 거짓이라는 것도 모른다 하더라도 참 또는 거짓이라는
것만 알면 명제라 할 수 있다.

그런데 다음 명제

- 5 는 소수이다.

- $6 = 2 \times 3$ 이다.

는 단편적인 사실에 불과한 것으로서 그 중요성이 작다. 수학적으로 의미 있
는 명제는 다음

- 소수는 무수히 많다.

- 모든 자연수는 소수들의 곱으로 나타낼 수 있고 그 방법은 소수들이
  곱해지는 순서를 무시하면 유일하다.

와 같이 많은 대상에 적용될 수 있는 일반적인 것이어야 한다. 그러려면 먼
저 이런 명제를 구성하는 하위 요소인 조건에 관하여 공부하여야 한다.

여집합을 다루면서 잠깐 언급하였지만, 전체집합의 역할은 때로 매우 중
요하다. 전체집합 U 가 주어졌다 하고, 문장 'x 는 소수이다'를 살펴보자. 이
문장은 x 에 따라 참이 되기도 하고 거짓이 되기도 한다. 이처럼 전체집합 U
의 원소 x 에 따라 참 또는 거짓이 정해지는 문장을 U 에서 정의된 **조건**이라
한다. 조건은 x 가 정해지기 전까지는 참 또는 거짓이 정해지지 않기 때문에
그 자체로는 명제가 아니다. 문자 x 에 따라 참 또는 거짓이 정해지는 조건을

x를 강조하여 흔히 $p(x)$나 $q(x)$로 나타낸다. 만약 조건에서 x가 무엇인지 분명하면 x를 생략하고 간단히 p, q로 나타낼 수 있다.

조건 p는 x에 따라 참일 수도 있고, 거짓일 수도 있다. 만약 두 조건 p와 q가 모든 x에 대하여 그 참과 거짓이 일치하면, 조건 p와 q는 서로 **동치**라 하고 $p \iff q$로 나타낸다. 두 조건의 동치는 두 조건이 사실상 같은 조건임을 뜻한다. 수학의 많은 문제는 여러 조건이 모두 서로 동치임을, 다시 말해서 사실상 같은 조건임을 증명할 것을 요구한다. 그렇다면 두 조건이 동치임은 어떻게 증명하는 것일까?

전체집합 U에서 정의된 조건 p, q에 대하여 문장 'p이면 q이다'를 간단히 $p \longrightarrow q$로 나타낸다. 이제 $p \longrightarrow q$의 뜻을 살펴보기 위하여 먼저 그 부정을 생각하여 보자. 예를 들어 점쟁이가

$$\text{금요일에 입학시험을 치르는 대학에 지원하면 합격한다}$$

고 말했다 하자. 어떤 경우에 이 점괘가 틀렸다고 할 수 있을까? 일단 금요일에 입학시험을 치르는 대학에 지원하지 않고서는 이 점괘가 틀렸다고 말할 수 없다. 이 점괘가 틀렸다고 말할 수 있는 경우는 금요일에 입학시험을 치르는 대학에 지원하고서도 불합격한 경우이다. 따라서 $p \longrightarrow q$의 부정의 뜻은

$$\text{어떤 } U \text{의 원소 } x \text{에 대하여 } p \text{이고} \sim q$$

로 정의하는 것이 자연스럽고, 그 부정인 $p \longrightarrow q$의 뜻은

$$\text{임의의 } U \text{의 원소 } x \text{에 대하여} \sim p \text{ 또는 } q$$

가 된다. 이렇게 문장 $p \longrightarrow q$의 뜻을 정의함으로써 $p \longrightarrow q$는 명제가 된다. 만약 위 성질이 성립하면 명제 $p \longrightarrow q$가 참이라 하고 이를 강조하여 $p \implies q$로 나타낸다. 위 성질이 성립하지 않으면 $p \longrightarrow q$가 거짓이라 함은 물론이다.

문제 1.2.1. 다음 명제

> 미분가능한 함수 f가 정의역의 모든 x에 대하여 $f'(x) \geqq 0$을 만족하면 f는 증가한다

의 전체집합을 말하고, 이 명제가 거짓임을 증명하려면 어떤 함수를 찾아야 하는지 말해 보아라.

한 가지 짚고 넘어갈 것은, 점쟁이의 점괘는 수학에서 명제 $p \longrightarrow q$ 의 뜻을

$$\text{임의의 } U \text{의 원소 } x \text{에 대하여 } \sim p \text{ 또는 } q$$

로 정의하는 것이 자연스러움을 보여 주기 위한 하나의 보기일 뿐이지 일상에서 'p 이면 q 이다' 꼴의 문장이 모두 이런 뜻으로 쓰인다는 것은 아니다.

이제 $p \Longrightarrow q$, $q \Longrightarrow p$ 라 하자. 그러면 다음 성질

$$\text{임의의 } U \text{의 원소 } x \text{에 대하여} \qquad \sim p \text{ 또는 } q \qquad (1)$$

$$\text{임의의 } U \text{의 원소 } x \text{에 대하여} \qquad \sim q \text{ 또는 } p \qquad (2)$$

가 동시에 성립한다. 이제 어떤 x 에 대하여 p 가 참이라 하자. 그러면 $\sim p$ 가 거짓이므로 (1)에 의하여 q 가 참이어야 한다. 한편, 어떤 x 에 대하여 p 가 거짓이라 하자. 그러면 (2)에 의하여 $\sim q$ 가 참이어야 하는데, 이는 q 가 거짓임을 뜻한다. 따라서 $p \Longrightarrow q$, $q \Longrightarrow p$ 이면 모든 x 에 대하여 p 와 q 의 참과 거짓이 일치하고, p 와 q 는 동치이다.

드디어 우리가 찾았던 결론을 얻었다. 두 조건 p, q 가 서로 동치임을 증명하는 방법은 다음과 같다. 만약 $p \Longrightarrow q$, $q \Longrightarrow p$ 이면 조건 p, q 가 서로 동치이므로, 먼저 p 를 가정하여 q 를 증명하고, 역으로 q 를 가정하여 p 를 증명하면 된다. 이런 기계적인 절차에 따르면 두 조건이 서로 동치임이 증명되는 것이다. 이는 두 조건이 서로 동치임을 증명하는 표준적인 방법이다. 그리고 이는 두 조건의 동치를 어째서 $p \iff q$ 로 나타내었는가 하는 것에 대한 답도 된다.

보기 1. 자연수 n 에 대하여 다음 두 조건

$$n \text{ 이 짝수이다}, \quad 2n \text{ 이 4의 배수이다}$$

는 서로 동치임을 증명하여 보자. 먼저 n 이 짝수이면 $2n$ 이 4의 배수임을 증명하자. 만약 n 이 짝수이면 n 은 적당한 자연수 k 에 대하여 $n = 2k$ 로

나타난다. 그러면 $2n = 2(2k) = 4k$ 이므로 $2n$ 은 4의 배수이다. 역으로 $2n$ 이 4의 배수이면 n 이 짝수임을 증명하자. 만약 $2n$ 이 4의 배수이면 $2n$ 은 적당한 자연수 k 에 대하여 $2n = 4k$ 로 나타난다. 그러면 $n = 2k$ 이므로 n 은 짝수이다. 이상에서 n 이 짝수라는 것과 $2n$ 이 4의 배수라는 것은 서로 동치임을 증명하였다.

우리는 명제 $p \longrightarrow q$ 가 참임을 증명하기 위하여 그 대우 $\sim q \longrightarrow \sim p$ 가 참임을 증명하여도 된다는 것을 알고 있다. 마지막으로 이런 방법이 어째서 타당한지 살펴보자. 만약 두 명제 $p \longrightarrow q$ 와 $\sim q \longrightarrow \sim p$ 의 참과 거짓이 조건 p, q 의 구체적인 내용에 **상관 없이** 항상 일치한다면 $p \longrightarrow q$ 가 참임을 증명하기 위하여 $\sim q \longrightarrow \sim p$ 가 참임을 증명하여도 된다. 이제 x 가 주어짐에 따라 두 조건 p, q 는 모두 참이거나, 어느 하나만 참이거나, 모두 거짓이다. 각 경우에 $p \longrightarrow q$ 와 $\sim q \longrightarrow \sim p$ 의 참과 거짓을 표로 나타내면

p	q	$p \longrightarrow q$	$\sim q \longrightarrow \sim p$
T	T	T	T
T	F	F	F
F	T	T	T
F	F	T	T

가 된다. 따라서 조건 p, q 의 구체적인 내용이 무엇이든 $p \longrightarrow q$ 와 $\sim q \longrightarrow \sim p$ 의 참과 거짓이 항상 일치함을 알 수 있다. 따라서 $p \longrightarrow q$ 가 참임을 증명하기 위하여 $\sim q \longrightarrow \sim p$ 가 참임을 증명하여도 된다.

보기 2. 대우를 써서 자연수 n 에 대하여 다음 두 조건

$$n \text{ 이 짝수이다}, \quad n^2 \text{ 이 짝수이다}$$

가 서로 동치임을 증명하여 보자. 만약 n 이 짝수이면 n 은 적당한 자연수 k 에 대하여 $n = 2k$ 로 나타난다. 그러면 $n^2 = (2k)^2 = 4k^2 = 2(2k^2)$ 이므로 n^2 은 짝수이다. 역으로 n^2 이 짝수이면 n 이 짝수임을 증명하여야 하는데, 이것이 곤란하므로 그 대우인

$$n \text{ 이 짝수가 아니면(홀수이면) } n^2 \text{ 이 짝수가 아니다(홀수이다)}$$

를 증명하면 된다. 이제 n이 홀수이면 n은 적당한 자연수 k에 대하여 $n = 2k - 1$로 나타난다. 그러면

$$n^2 = (2k-1)^2 = 4k^2 - 4k + 1 = 2(2k^2 - 2k) + 1$$

이므로 n^2은 홀수이다. 따라서 두 조건은 서로 동치이다.

문제 1.2.2. 위 보기에서 n의 전체집합이 자연수가 아니라 실수이면 어떻게 되는지 살펴보아라.

문제 1.2.3. 자연수 n에 대하여 다음 두 조건

$$n \text{이 } 3 \text{의 배수이다}, \quad n^2 \text{이 } 3 \text{의 배수이다}$$

는 서로 동치임을 증명하여라.

1.3.   수학적귀납법

명제 '임의의 x 에 대하여 $p(x)$ 이다'를 증명하는 방법을 생각하여 보자. 이 명제에서 x 의 전체집합이 유한집합이면 이 명제는 가능한 x 를 모두 대입해 봄으로써 증명할 수 있다. 그러나 x 의 전체집합이 무한집합이면 이런 방법으로 이 명제를 증명하는 것은 불가능하다. 그런데 문제는 수학에서 다루는 대부분의 명제에서 x 의 전체집합이 무한집합이라는 것이다. 자연수나 정수, 유리수, 실수에 관한 명제들은 모두 전체집합이 무한집합인 명제들이다. 여기에서는 그 가운데 전체집합이 자연수인 경우, 즉 명제 '임의의 자연수 n 에 대하여 $p(n)$ 이다'를 증명하는 방법을 살펴보기로 한다.

명제 '임의의 자연수 n 에 대하여 $p(n)$ 이다'가 성립함을 증명하려면 다음 두 명제

1. 명제 $p(1)$ 이 성립한다.

2. 만약 $p(n)$ 이 성립한다고 가정하면 $p(n+1)$ 도 성립한다.

를 증명하면 된다. 이는 자연수에 관한 명제를 증명하는 가장 기본적인 방법으로서 **수학적귀납법**이라 한다.

수학적귀납법의 두 명제가 어떻게 모든 자연수 n 에 대해 주어진 명제가 성립함을 보장해 주는지 살펴보자. 먼저 둘째 명제는 만약 $p(n_0)$ 이 성립하면 $p(n_0+1)$ 이 성립하고, 다시 $p(n_0+2)$ 가 성립하고, $p(n_0+3)$, $p(n_0+4)$, $\cdots$ 가 성립하는 연쇄반응을 보장한다. 그런데 이는 어디까지나 $p(n_0)$ 이 성립하는 가정 아래에서의 결과이다. 이런 연쇄반응이 실제로 일어나려면 어떤 자연수 n 에 대해서는 $p(n)$ 이 성립한다는 기폭제가 필요하다. 앞에서는 n_0 이 그런 역할을 하였다. 명제 $p(1)$ 이 성립한다는 첫째 명제는 이런 연쇄반응이 실제로 일어나게 하는 기폭제의 역할을 한다. 요컨대 수학적귀납법은 **기폭제**와 **연쇄반응**의 두 단계로 구성되어 있다고 할 수 있다.

이제 수학적귀납법을 써서 구체적인 문제를 증명하여 보자. 증명이라고 하면 어렵게 생각하지만, 수학적귀납법을 쓰는 증명은 지극히 기계적인 절차에 따르면 저절로 증명이 끝나기 때문에 익숙해지기만 하면 답을 구하라는 문제보다 오히려 더 **쉽다**.

보기 1. 수열 $\{a_n\}$ 을

$$a_1 = 3, \quad 2a_{n+1} = a_n + \frac{1}{a_n}$$

과 같이 귀납적으로 정의하였을 때, 임의의 자연수 n 에 대하여 다음 등식

$$a_n = \frac{2^{2^{n-1}} + 1}{2^{2^{n-1}} - 1} \tag{3}$$

이 성립함을 증명하여 보자.

수열 $\{a_n\}$ 을 정의하는 점화식은 일반적인 점화식이 아니기 때문에 일반항을 구하라는 문제였다면 처음 몇 항을 직접 구해 보면서 규칙성을 찾아야한다. 실제로 제4항까지 계산하여 보면

$$a_1 = 3, \ a_2 = \frac{5}{3}, \ a_3 = \frac{17}{15}, \ a_4 = \frac{257}{255}$$

이다. 이제 분자와 분모의 차가 2 이고, 분자와 분모가 2 의 거듭제곱과 연관되어 있다는 것을 눈치채고 일반항이 (3)으로 주어질 것이라고 예상할 수 있다.

이제 일반항이 '실제로' 임의의 자연수 n 에 대하여 (3)으로 주어짐을 증명하기 위하여 수학적귀납법을 쓰면 된다. 먼저 $a_1 = \frac{2^{2^1-1}+1}{2^{2^1-1}-1} = 3$ 이므로 n 이 1 일 때가 증명되었다. 이제 a_n 이 (3)으로 주어진다고 하면 다음 등식

$$a_{n+1} = \frac{1}{2}\left(a_n + \frac{1}{a_n}\right) = \frac{1}{2}\left(\frac{2^{2^{n-1}}+1}{2^{2^{n-1}}-1} + \frac{2^{2^{n-1}}-1}{2^{2^{n-1}}+1}\right) = \frac{2^{2^n}+1}{2^{2^n}-1} \tag{4}$$

이 성립한다. 따라서 n 일 때 성립한다고 가정하였을 때 $n+1$ 일 때에도 성립한다. 이상에서 임의의 자연수 n 에 대하여 일반항 a_n 은 (3)으로 주어진다.

위 증명을 곰곰이 뜯어 보면, 일반항이 (3)으로 주어짐을 '증명'하는 문제에서는 처음 네 항을 구하는 계산을 할 **필요가 없다**. 처음 네 항을 구하는 것은 일반항이 어떻게 주어질지 예상하기 위함인데, 증명 문제에서는 일반항이 어떻게 주어진다고 이미 제시되어 있기 때문이다. 따라서 실제 문제에

서는 (3)에 1을 대입한 것이 a_1과 일치한다는 것과, 등식 (4)만 증명하면 된다. 이런 뜻에서 증명 문제가 일반항을 구하는 문제보다 쉽다고 할 수 있다.

문제 1.3.1. 등식 (4)를 증명하여라.

문제 1.3.2. 임의의 자연수 n에 대하여 다음 등식

$$\begin{pmatrix} 1 & 2 \\ 0 & 1 \end{pmatrix}^n = \begin{pmatrix} 1 & 2n \\ 0 & 1 \end{pmatrix}$$

이 성립함을 증명하여라.

수학적귀납법을 쓰는 증명 문제가 직접 구하는 문제보다 쉬움을 보여 주는 또 다른 보기를 살펴보자.

보기 2. 우리는 고등학교에서

$$\sum_{k=1}^{n} k = \frac{n(n+1)}{2}, \quad \sum_{k=1}^{n} k^2 = \frac{n(n+1)(2n+1)}{6}, \quad \sum_{k=1}^{n} k^3 = \left[\frac{n(n+1)}{2} \right]^2$$

임을 공부했을 것이다. 그런데 $\sum_{k=1}^{n} k$는 등차수열의 합이므로 그 합을 구할 수 있다고 하지만, $\sum_{k=1}^{n} k^2$, $\sum_{k=1}^{n} k^3$은 어떻게 구했을까? 그리고 $\sum_{k=1}^{n} k^4$, $\sum_{k=1}^{n} k^5$는 구할 수 있기나 할까?

예를 들어 $\sum_{k=1}^{n} k^2$을 구하려면 다음 등식

$$\sum_{k=1}^{n} \left((k+1)^3 - k^3 \right) = \sum_{k=1}^{n} (3k^2 + 3k + 1) = (n+1)^3 - 1$$

을 생각하는 **천재적인(?)** 발상이 필요하다. 그러면

$$\sum_{k=1}^{n} k^2 = \frac{(n+1)^3 - 1}{3} - \frac{1}{3} \sum_{k=1}^{n} (3k+1)$$

이 되는데, 여기에서 $\sum_{k=1}^{n} k$는 계산할 수 있으므로 $\sum_{k=1}^{n} k^2$을 구할 수 있

는 것이다. 마찬가지로 $\sum_{k=1}^{n} k^3$ 은 등식

$$\sum_{k=1}^{n} \left((k+1)^4 - k^4 \right) = \sum_{k=1}^{n} (4k^3 + 6k^2 + 4k + 1) = (n+1)^4 - 1$$

을 생각하면 되고, 같은 방법으로 식을 정리하면 $\sum_{k=1}^{n} k$, $\sum_{k=1}^{n} k^2$ 은 계산할 수 있으므로 $\sum_{k=1}^{n} k^3$ 도 구해진다.

이처럼 거듭제곱이 2 이상인 합의 공식을 구하려면 등차수열과는 전혀 다른 발상이 필요하며, 그런 발상을 하기는 쉽지 않다. 그러나 합의 공식을 **구하는** 것이 아니라 **증명하라는** 문제라면 이는 기계적인 대입과 계산으로 **전락한다.** 예를 들어 $\sum_{k=1}^{n} k = \frac{n(n+1)}{2}$ 임을 증명하여 보자. 먼저 $n = 1$ 이면 좌변은 $\sum_{k=1}^{1} k = 1$ 이고 우변은 $\frac{1 \cdot 2}{2} = 1$ 이므로 1 일 때가 증명되었다. 이제 $\sum_{k=1}^{n} k = \frac{n(n+1)}{2}$ 이라 가정하면 다음 등식

$$\sum_{k=1}^{n+1} k = \sum_{k=1}^{n} k + (n+1) = \frac{n(n+1)}{2} + (n+1) = \frac{(n+1)(n+2)}{2}$$

가 성립한다. 따라서 $\sum_{k=1}^{n} k = \frac{n(n+1)}{2}$ 가 성립한다고 가정하였을 때 $\sum_{k=1}^{n+1} k = \frac{(n+1)(n+2)}{2}$ 도 성립한다. 이상에서 임의의 자연수 n 에 대하여 $\sum_{k=1}^{n} k = \frac{n(n+1)}{2}$ 가 성립함이 증명되었다.

문제 1.3.3. 임의의 자연수 n 에 대하여 다음 등식

$$\sum_{k=1}^{n} k^2 = \frac{n(n+1)(2n+1)}{6}$$

이 성립함을 증명하여라.

마지막으로 수학적귀납법에 대하여 잘못 이해하기 쉬운 점을 짚고 넘어가자. 수학적귀납법은 임의의 자연수에 대하여 성립하는 증명이지만 그 자연수는 항상 유한임을 기억할 필요가 있다. 즉, 수학적귀납법은 '먼저' 자연수를 임의로 택한 다음, 그 자연수를 '고정' 하였을 때 그 자연수에 대하여 주어진 명제가 성립한다는 것이다. 그러니까 1 만이든, 1 억이든 자연수를 택하는

데에는 아무런 제한이 없지만, 일단 택하고 나서는 우리의 사고에서 그 자연수를 고정시켜야 한다. 이런 뜻에서 수학적귀납법을 **유한귀납법**이라 한다.

보기 3. 수학적귀납법이 유한귀납법이라는 점에 주의하지 않으면 원주율이 유리수라는 황당한 주장에 **속을 수 있다.** 수열 $\{\pi_n\}$ 을

$$
\begin{aligned}
\pi_1 &= 3 \\
\pi_2 &= 3 + 0.1 \\
\pi_3 &= 3 + 0.1 + 0.04 \\
\pi_4 &= 3 + 0.1 + 0.04 + 0.001 \\
&\vdots
\end{aligned}
$$

로 정의하자. 그러면 π_1 은 유리수이고, π_n 이 유리수라 가정하면 π_{n+1} 은 π_n 에 유리수를 더한 것이므로 이 또한 유리수이다. 따라서 임의의 자연수 n 에 대하여 π_n 은 유리수이다. 따라서 π 는 유리수이다.

이 증명의 하자는, 임의의 자연수 n 에 대하여 π_n 이 유리수라는 사실에서 π 가 유리수라고 결론내린 데 있다. 여기에서 π 는 '무한 번째' 항으로 취급할 수 있는데, 임의의 자연수에 대하여 성립한다는 것을 '무한 번째'에 성립한다는 뜻으로 이해해서는 안 된다. 자연수가 무수히 많기는 하지만, 임의의 자연수에 대하여 성립한다는 것과 '무한 번째'에 성립한다는 것은 그 뜻이 다르다. 임의의 자연수에 대하여 성립한다는 것으로부터 '무한 번째'에 성립한다는 것을 이끌어 내려면 '무한 번째'를 나타내는 자연수가 있어야 하는데, '무한 번째'에 해당하는 '수'는 자연수가 아니기 때문이다.

제 2 장

복소수

방정식 $x^2 = -1$의 근이 존재하게 하기 위하여 도입한 복소수는 수학의 한 분야로 자리잡게 되었다. 이 장에서는 중학교에서 실수를 직선 위에 나타내었듯이 복소수를 평면 위에 나타내고 이를 바탕으로 복소수의 기본적인 성질을 공부한다. 복소수는 방정식의 근이 존재하게 하기 위하여 도입한 것이므로, 몇몇 간단한 고차방정식을 풀어 보는데, 여기에서 복소수의 거듭제곱을 쉽게 할 수 있게 해 주는 드 무아브르의 정리는 핵심적인 역할을 한다. 이렇게 수의 범위를 복소수까지 확장하고 나면, 자연히 수의 범위를 더 확장할 필요가 있는가 하는 물음이 생기게 된다. 이 질문의 답이 부정적임을 말해 주는 대수학의 기본정리는 초기 대수학의 중요한 문제였기도 하다.

2.1. 복소수와 복소평면

방정식 $x^2 = -1$의 근은 실수 범위에서 존재하지 않는다. 그래서 이 방정식의 근이 존재하도록 수의 범위를 확장시키려 한다. 이제 $x^2 = -1$을 만족하는 수를 i로 나타내고 i를 **허수단위**라 한다. 실수 a, b에 대하여

$$a + bi$$

로 나타나는 수를 **복소수**라 한다.

복소수 $z = a + bi$ 에 대하여 a 를 z 의 **실수부분**이라 하고 $\operatorname{Re} z$ 로 나타내며, b 를 **허수부분**이라 하고 $\operatorname{Im} z$ 로 나타낸다. 그리고 복소수 $z = a + bi$ 에 대하여 허수부분의 부호만 다른 복소수 $a - bi$ 를 z 의 **켤레복소수**라 하고 $\bar{z}$ 로 나타낸다. 마지막으로 복소수 전체의 집합

$$\{a + bi \mid a, b \text{는 실수}\}$$

는 복소수의 머리글자를 따라 $\mathbb{C}$ 로 나타낸다.

문제 2.1.1. 임의의 복소수 z, w 에 대하여 다음 등식

$$\overline{z + w} = \bar{z} + \bar{w}, \quad \overline{zw} = \bar{z}\,\bar{w}$$

가 성립함을 증명하여라. 이로부터 등식 $\overline{z - w} = \bar{z} - \bar{w}$, $\overline{\left(\frac{z}{w}\right)} = \frac{\bar{z}}{\bar{w}}$ 를 증명하기 위하여 $\overline{-w} = -\bar{w}$, $\overline{\left(\frac{1}{w}\right)} = \frac{1}{\bar{w}}$ 을 증명하는 것으로 충분함을 설명하고, 이 두 등식을 실제로 증명하여라.

우리는 실수를 기하학적으로 나타내는 방법에 익숙해 있다. 실수 x 는 원점과 단위길이 1 이 주어지면 원점으로부터의 거리가 x 인 직선 위의 점 X 로 나타낼 수 있다. 다시 말하면 실수 x 와 직선 위의 점 X 를 일대일로 대응시킬 수 있는 것이다. 이러한 직선을 **실직선**이라 한다. 실수 x 를 실직선 위에 나타냈을 때, 원점으로부터의 거리를 **절댓값**이라 하고 $|x|$ 로 나타낸다.

마찬가지로 복소수도 원점과 단위길이 1 이 주어지면 복소수 $z = a + bi$ 는 평면 위의 한 점 $Z = (a, b)$ 로 나타낼 수 있다. 다시 말하면 복소수 z 와 평면 위의 점 Z 를 일대일로 대응시킬 수 있는 것이다. 이러한 평면을 **복소평면**이라 한다. 여기에서 첫째 성분은 z 의 실수부분을, 둘째 성분은 z 의 허수부분을 나타내므로, 가로축을 **실수축**, 세로축을 **허수축**이라 한다.

복소수를 복소평면 위에 나타내게 되면 복소수의 절댓값도 정의할 수 있게 된다. 앞서 실수 x 의 절댓값 $|x|$ 는 실직선의 원점 0 으로부터의 거리로 정의하였다. 따라서 복소수 z 의 절댓값 $|z|$ 도 복소평면의 원점 $(0, 0)$ 으로부터의 거리로 정의하는 것이 자연스럽다. 복소수 $z = a + bi$ 는 복소평면 위의 점 $Z = (a, b)$ 에 대응되고, 원점 $O = (0, 0)$ 으로부터의 거리는 피타고라스의 정리에 의하여 $OZ = \sqrt{a^2 + b^2}$ 이 된다. 이로부터 복소수 $z = a + bi$ 의 **절대**

값은

$$|z| = \sqrt{a^2 + b^2}$$

으로 정의할 수 있음을 알 수 있다.

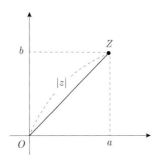

문제 2.1.2. 복소수 $1 + \sqrt{3}i$ 의 절대값을 구하여라.

문제 2.1.3. 임의의 복소수 z 에 대하여 등식 $z\bar{z} = |z|^2$ 을 증명하여라.

문제 2.1.4. 임의의 복소수 z 에 대하여 부등식 $|z| \geqq 0$ 이 성립하고, $|z| = 0$ 은 $z = 0$ 과 서로 동치임을 증명하여라.

복소평면을 쓰면 복소수의 덧셈의 기하학적인 의미도 파악할 수 있다. 고등학교에서 복소수 $z = a + bi$, $w = c + di$ 의 덧셈을

$$z + w = (a + c) + (b + d)i$$

로 정의하였다. 그런데 복소수의 덧셈을 복소평면의 입장에서 보면 벡터 $Z = (a, b)$ 와 $W = (c, d)$ 의 덧셈

$$Z + W = (a + c, b + d)$$

로 이해할 수 있다. 따라서 두 복소수의 합 $z + w$ 는 O, Z, W 를 세 꼭지점으로 하는 평행사변형의 나머지 꼭지점에 대응된다. 복소수 z 와 w 를 벡터로 이해하면 다음 부등식

$$|z + w| \leqq |z| + |w|$$

는 자명하다. 이 부등식을 **삼각부등식**이라 한다.

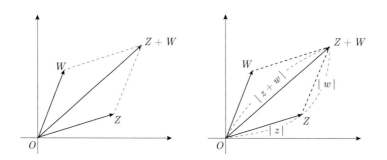

문제 2.1.5. 임의의 복소수 z, w 에 대하여 부등식 $|z + w| \leqq |z| + |w|$ 가 성립함을 증명하여라.

그렇다면 복소평면에서 두 복소수의 곱셈이 대응되는 점은 어떻게 되고, 그 점의 기하학적인 의미는 무엇일까? 이 물음에 답하기 위해서는 복소수의 극형식이라는 개념을 도입하여야 한다. 복소수 z 를 복소평면 위의 점 Z 로 이해할 때, 직선 OZ 와 x 축이 이루는 각을 z 의 **편각**이라 하고 그 크기를 $\arg z$ 로 나타낸다. 그런데 θ 가 $\arg z$ 이면 정수 n 에 대하여 $\theta + 2n\pi$ 또한 $\arg z$ 이므로 z 에 대하여 $\arg z$ 가 유일하게 결정되지 않음을 알 수 있다. 그러나 $z = a + bi$ 에 대응되는 무수히 많은 $\arg z$ 가운데 하나를 택하여 θ 라 하면 θ 의 값에 상관 없이

$$a = OZ \cos\theta = |z| \cos\theta, \quad b = OZ \sin\theta = |z| \sin\theta$$

가 성립함을 알 수 있다. 따라서 복소수 z 는

$$z = |z|(\cos\theta + i \sin\theta)$$

와 같이 z 의 절대값과 편각으로 나타낼 수 있다. 이렇게 복소수를 절대값과 편각으로 나타내는 것을 복소수의 **극형식**이라 한다.

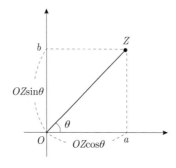

문제 2.1.6. 복소수 $1 + \sqrt{3}i$ 를 극형식으로 나타내어라.

문제 2.1.7. 복소수의 덧셈은 그에 대응하는 벡터의 덧셈임에 착안하여 복소수 z, w 가 $|z| = |w|$ 이면 $\arg(z + w) = \frac{1}{2}(\arg z + \arg w)$ 가 성립함을 기하학적으로 설명하는 그림을 그려 보아라.

복소수의 극형식을 쓰면 복소수의 곱셈의 기하학적인 의미도 파악할 수 있다. 고등학교에서 복소수 $z = a + bi$, $w = c + di$ 의 곱셈을

$$zw = (ac - bd) + (ad + bc)i$$

로 정의하였다. 따라서 z, w 가 각각 극형식으로

$$z = |z|(\cos\alpha + i\sin\alpha), \quad w = |w|(\cos\beta + i\sin\beta)$$

이면

$$zw = |z||w|[(\cos\alpha\cos\beta - \sin\alpha\sin\beta) + i(\sin\alpha\cos\beta + \cos\alpha\sin\beta)]$$

인데, 이는 삼각함수의 덧셈정리에 의하여 $|z||w|[\cos(\alpha + \beta) + i\sin(\alpha + \beta)]$ 가 된다. 따라서 두 복소수 z, w 의 곱 zw 는

원점으로부터의 거리는 $|z||w|$, 편각의 크기는 $\arg z + \arg w$ 인 복소수

라 할 수 있다.

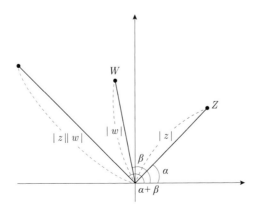

문제 2.1.8. 복소수 z 의 절대값은 2, 편각의 크기는 $30°$ 이고, w 의 절대값은 5, 편각의 크기는 $60°$ 일 때, zw 를 구하여라.

문제 2.1.9. 임의의 복소수 z, w 에 대하여 등식 $|zw| = |z||w|$ 가 성립함을 증명하여라.

문제 2.1.10. 임의의 복소수 z, w 에 대하여 2π 의 정수배를 무시하면 다음 등식

$$\arg zw = \arg z + \arg w$$
$$\arg \frac{z}{w} = \arg z - \arg w$$

이 성립함을 증명하여라. 위 등식이 어떤 등식과 유사한지 살펴보아라.

문제 2.1.11. 복소평면 위의 점 Z 를 원점을 중심으로 θ 만큼 회전시키는 것은 Z 에 대응하는 복소수 z 에 절대값이 1 이고 편각의 크기가 θ 인 복소수를 곱하는 것으로 이해할 수 있다. 점 $X = (x, y)$ 를 원점을 중심으로 θ 만큼 회전시킨 점 $X' = (x', y')$ 는

$$x' = \mathrm{Re}[(x + yi)(\cos\theta + i\sin\theta)], \quad y' = \mathrm{Im}[(x + yi)(\cos\theta + i\sin\theta)]$$

로 주어짐을 설명하여라.

문제 2.1.12. 복소수 $z\alpha$, $z\beta$, $z\gamma$ 에 대응하는 복소평면 위의 점을 세 꼭지점으로 하는 삼각형의 넓이는 복소수 α, β, γ 에 대응하는 복소평면 위의 점을 세 꼭지점으로 하는 삼각형의 넓이의 $|z|^2$ 배임을 증명하여라.

문제 2.1.13. 반지름의 길이가 $\sqrt{2}$ 인 복소평면 위의 반원

$$\{\sqrt{2}(\cos\theta + i\sin\theta) \,|\, 0 \leqq \theta \leqq \pi\}$$

은 그 원 위의 복소수를 제곱하면 어떤 도형으로 옮겨지는지 살펴보아라.

문제 2.1.14. 반지름의 길이가 $\frac{1}{2}$ 인 복소평면 위의 반원

$$\left\{\frac{1}{2}(\cos\theta + i\sin\theta) \,\middle|\, 0 \leq \theta \leq \pi\right\}$$

은 그 원 위의 복소수의 역수를 취하면 어떤 도형으로 옮겨지는지 살펴보아라.

2.2. 방정식의 풀이

절대값이 1 인 복소수 $z = \cos\theta + i\sin\theta$ 를 생각하면 z^2 은 절대값은 1 이고 편각의 크기는 2θ 인 복소수이므로 $z^2 = \cos 2\theta + i\sin 2\theta$ 이다. 같은 방법으로 z^n 도 $z^n = \cos n\theta + i\sin n\theta$ 이다. 따라서 다음 정리가 성립할 것임을 예상할 수 있다.

정리 2.2.1. (드무아브르의 정리) 모든 자연수 n 에 대하여 다음 등식

$$(\cos\theta + i\sin\theta)^n = \cos n\theta + i\sin n\theta$$

가 성립한다.

문제 2.2.1. 수학적귀납법을 써서 드무아브르의 정리를 증명하여라.

드무아브르의 정리를 쓰면 자연수 n 에 대하여 방정식 $x^n = 1$을 풀 수 있다.

보기 1. 고등학교에서 $x^3 - 1 = (x-1)(x^2 + x + 1) = 0$ 으로 인수분해하여 풀었던 방정식 $x^3 = 1$ 을 풀어 보자. 구하는 복소수를 $x = |x|(\cos\theta + i\sin\theta)$ 로 놓으면 드무아브르의 정리에 의하여

$$x^3 = |x|^3(\cos 3\theta + i\sin 3\theta)$$

이다. 그런데 1 의 절대값은 1 이고, 편각은 $0,\ 2\pi,\ 4\pi,\ 6\pi,\ \cdots$ 이므로 x 는

$$|x|^3 = 1, \quad 3\theta = 0,\ 2\pi,\ 4\pi,\ 6\pi,\ \cdots$$

를 만족하는 복소수이다. 따라서 $|x| = 1$ 이고 $\theta = 0,\ \frac{2\pi}{3},\ \frac{4\pi}{3},\ 2\pi, \cdots$ 인데 편각에서 2π 의 정수배는 아무 의미가 없으므로

$$x = \cos 0 + i\sin 0, \quad \cos\frac{2\pi}{3} + i\sin\frac{2\pi}{3}, \quad \cos\frac{4\pi}{3} + i\sin\frac{4\pi}{3}$$

이다. 실제로 이 값을 계산해 보면 인수분해하여 구한 근과 일치함을 알 수 있다. 그리고 방정식 $x^3 = 1$ 의 근을 복소평면 위에 나타내면 다음과 같이 점 $(1, 0)$ 에서 시작하여 단위원을 3등분하는 점이 된다.

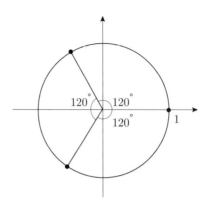

문제 2.2.2. 위에서 구한 방정식의 근을 실제로 계산하여, 인수분해하여 구한 근과 일치함을 확인하여라.

문제 2.2.3. 같은 방법으로 방정식 $x^4 = 1$, $x^6 = 1$ 을 풀고 그 근을 복소평면 위에 나타내어라. 방정식 $x^n = 1$ 의 근을 복소평면 위에 나타내면 어떻게 되겠는가?

방정식 $x^n = 1$ 의 근은

$$\cos \frac{2k\pi}{n} + i \sin \frac{2k\pi}{n} \quad (k = 0, 1, 2, \cdots, n-1)$$

이므로 $\omega = \cos \frac{2\pi}{n} + i \sin \frac{2\pi}{n}$ 이라 놓으면 이들은 순서대로 $1, \omega, \omega^2, \cdots, \omega^{n-1}$ 이 된다. 이들을 복소평면 위에 나타내면 순서대로 점 $(1, 0)$ 에서 시작하여 단위원을 n 등분하는 점이 된다.

이제 더 일반적인 방정식 $x^n = a$ 를 풀어 보자. 방정식 $x^n = a$ 의 한 근을 α 라 하자. 이 방정식의 양변을 a 로 나누자. 여기에서 α 가 이 방정식의 근이므로 $\alpha^n = a$ 임을 쓰면 다음 방정식

$$\left(\frac{x}{\alpha} \right)^n = 1$$

을 얻는다. 따라서

$$\frac{x}{\alpha} = 1, \ \omega, \ \omega^2, \ \cdots, \ \omega^{n-1}$$

이다. 이제 $x^n = a$ 의 근은 $1, \omega, \omega^2, \cdots, \omega^{n-1}$ 에 α 를 곱함으로써 모두 얻을 수 있다.

문제 2.2.4. 방정식 $x^2 = i$, $x^6 = -1$ 을 풀어라.

이제 방정식 $x^n = 1$의 근을 원소로 하는 집합 $\{x \,|\, x^n = 1\}$의 구조를 살펴보자. 먼저 고등학교에서 중요하게 다루어지는 방정식 $x^3 = 1$의 근을 원소로 하는 집합 $\{x \,|\, x^3 = 1\}$은 곱셈에 관하여 닫혀 있다. 방정식 $x^3 = 1$의 한 허근을 ω라 하고 실제로 연산표를 작성해 보면

$\times$	1	ω	ω^2
1	1	ω	ω^2
ω	ω	ω^2	1
ω^2	ω^2	1	ω

이므로 $\{x \,|\, x^3 = 1\}$이 곱셈에 관하여 닫혀 있음을 확인할 수 있다. 그런데 여기에서 ω의 지수만 보면 $\{x \,|\, x^3 = 1\}$에서의 곱셈은 ω의 지수를 더하고 3으로 나눈 나머지가 됨을 알 수 있다. 이런 현상은 집합 $\{x \,|\, x^n = 1\}$에서도 마찬가지이므로 이 집합은 원소가 n개인 집합으로서 곱셈에 관하여 닫혀 있는 집합이다. 이처럼 수의 범위를 복소수까지 확장하면 곱셈에 관하여 닫혀 있는 유한집합을 얼마든지 찾을 수 있다.

다만 덧셈에 관하여 닫혀 있는 유한집합은 $\{0\}$을 제외하면 복소수까지 생각해도 존재하지 않는다. 집합 $A = \{a_1, a_2, \cdots, a_n\}$가 덧셈에 관하여 닫혀 있다고 하자. 이제 0이 아닌 A의 원소를 a_1이라 하면 앞에서와 마찬가지로 A가 덧셈에 관하여 닫혀 있으므로

$$a_1, \ 2a_1, \ 3a_1, \cdots, na_1, \cdots$$

는 모두 A의 원소이어야 한다. 그런데 $|na_1| = n|a_1|$이므로 자연수 n이 커짐에 따라 na_1의 절대값은 한없이 커져서 언젠가는 그 절대값이 $a_2, a_3, \cdots,$ a_n보다도 커지게 된다. 따라서 덧셈에 관하여 닫혀 있는 유한집합은 $\{0\}$을 제외하고는 존재하지 않는다.

마지막으로 복소수를 공부하면서 품게 되는 의문을 해결하자. 복소수는 **실계수** 다항방정식 $x^2 + 1 = 0$이 실수 범위에서 근을 가지지 않기 때문에 도입한 것이었다. 즉, 임의의 실수 x에 대하여 $p(x) \neq 0$을 만족하는 상수가 아닌 실계수 다항식 $p(x)$가 존재하기 때문이다. 그런데 복소수를 끝으로 더 이상 수의 범위를 확장할 필요는 없는 것일까? 만약 상수가 아닌 **복소계수**

다항식 $p(x)$ 가 임의의 복소수 z 에 대하여 $p(z) \neq 0$ 이면 마찬가지로 방정식 $p(x) = 0$ 이 근을 가지게 하기 위하여 복소수보다 더 큰 수의 집합을 도입하여야 한다. 상수가 아닌 복소계수 다항식 $p(x)$ 가 임의의 복소수 z 에 대하여 $p(z) \neq 0$ 이라는 것은 다항식 $p(x)$ 가 임의의 복소수 z 에 대하여 $x - z$ 를 인수로 가지지 않는다는 것이다. 결국 복소수를 확장해야 하는가 하는 문제는 상수가 아닌 임의의 복소계수 다항식이 복소계수 일차식으로 인수분해되는가에 달려 있다. 이는 **대수학의 기본정리**로부터 나온다.

정리 2.2.2. (대수학의 기본정리) 상수가 아닌 임의의 복소계수 다항방정식은 반드시 근을 가진다. 즉, 상수가 아닌 임의의 복소계수 다항식

$$p(x) = a_n x^n + a_{n-1} x^{n-1} + \cdots + a_1 x + a_0$$

에 대하여 $p(\alpha) = 0$ 을 만족하는 복소수 α 가 존재한다.

대수학의 기본정리의 증명은 어려우므로 이 책에서는 증명 없이 이를 받아들이기로 한다. 대수학의 기본정리는 복소수를 끝으로 더 이상 수의 범위를 확장할 필요가 없음을 말해 준다. 상수가 아닌 임의의 복소계수 다항식 $p(x)$ 에 대하여 $p(\alpha) = 0$ 을 만족하는 복소수 α 가 존재하므로 $p(x)$ 는 $x - \alpha$ 를 인수로 가진다. 따라서 $p(x)$ 를 $x - \alpha$ 로 나눈 몫을 $Q(x)$ 라 하면 등식 $p(x) = (x - \alpha)Q(x)$ 가 성립한다. 만약 $Q(x)$ 가 일차 이하의 식이면 $p(x)$ 가 복소계수 일차식으로 인수분해되었으므로 증명할 것이 없고, $Q(x)$ 가 이차 이상의 다항식이면 $p(x)$ 에 했던 것처럼 $Q(x)$ 에 대수학의 기본정리를 거듭 적용하여 $Q(x)$ 를 복소계수 일차식으로 인수분해할 수 있다. 따라서 상수가 아닌 임의의 복소계수 다항식 $p(x)$ 는 복소계수 일차식으로 인수분해되므로 복소수를 끝으로 더 이상 수의 범위를 확장할 필요가 없다.

문제 2.2.5. 대수학의 기본정리를 써서 상수가 아닌 임의의 복소계수 다항식은 복소계수 일차식으로 인수분해됨을 증명하여라.

아마도 우리는 방정식을 공부하면서 'n 차방정식의 근은 모두 n 개이다' 또는 그와 비슷한 말을 들어 보았을 것이다. 상수가 아닌 임의의 복소계수 다항식이 복소계수 일차식으로 인수분해된다는 사실을 쓰면 이에 상응하는

엄밀한 명제를 바로 얻을 수 있다. 상수가 아닌 임의의 복소계수 다항식 $p(x)$ 는 복소계수 일차식으로 인수분해되므로 적당한 복소수 $a,\ \alpha_1,\ \alpha_2,\ \cdots,\ \alpha_n$ 에 대하여 다음 등식

$$p(x) = a(x - \alpha_1)(x - \alpha_2) \cdots (x - \alpha_n)$$

이 성립한다. 따라서 방정식 $p(x) = 0$ 의 근은 $\alpha_1,\ \alpha_2,\ \cdots,\ \alpha_n$ 뿐이다. 즉, 복소계수 n 차방정식의 근의 개수는 (중근을 따로 세면) n 개이다. 이를 대수학의 기본정리라 하기도 한다.

보기 2. 대수학의 기본정리와 켤레복소수의 성질을 쓰면 임의의 실계수 홀수차 방정식이 적어도 하나의 실근을 가짐을 증명할 수 있다. 실계수 다항방정식 $p(x) = 0$ 의 한 근을 α 라 하자. 이제 임의의 복소수 z 에 대하여 등식 $p(\overline{z}) = \overline{p(z)}$ 가 성립하므로 다음 등식

$$p(\overline{\alpha}) = \overline{p(\alpha)} = \overline{0} = 0$$

으로부터 $\overline{\alpha}$ 도 방정식 $p(x) = 0$ 의 근이다. 즉, 복소수 α 와 그 켤레복소수 $\overline{\alpha}$ 는 항상 짝으로 근이 된다.

대부분의 책에서는 여기에서 허근은 짝수 개인데 방정식 $p(x) = 0$ 의 근은 홀수 개이므로 방정식 $p(x) = 0$ 이 적어도 하나의 실근을 가짐을 알 수 있다고 하고 증명을 끝낸다. 그런데 α 가 방정식 $p(x) = 0$ 의 근이면 $\overline{\alpha}$ 도 근이라는 것만으로는 $p(x)$ 가

$$p(x) = (x - \alpha)^2 (x - \overline{\alpha})$$

와 같이 인수분해될 가능성을 배제할 수 없다. 이 때 α 가 허수이면 방정식 $p(x) = 0$ 의 실근이 존재한다고 할 수 없다. 그런데 $p(x)$ 의 차수가 홀수이고 $(x - \alpha)(x - \overline{\alpha})$ 의 차수가 2 이므로 $p(x)$ 를 $(x - \alpha)(x - \overline{\alpha})$ 로 나눈 몫의 차수도 홀수이다. 따라서 만약 $p(x)$ 를 $(x - \alpha)(x - \overline{\alpha})$ 로 나누었을 때 그 몫이 실계수 다항식이 되면, 같은 작업을 반복함으로써 언젠가는 그 몫이 실계수 일차식이 될 것이므로 적어도 하나의 실근을 가진다는 것이 증명된다. 결국 문제는 그 몫이 정말 실계수 다항식이 되는가 하는 것이다.

이제 다음 등식

$$(x - \alpha)(x - \overline{\alpha}) = x^2 - (\alpha + \overline{\alpha})x + \alpha\overline{\alpha}$$

가 성립하고 $\alpha + \overline{\alpha}$, $\alpha\overline{\alpha}$ 가 모두 실수이므로 이는 실계수 다항식이다. 따라서 $(x - \alpha)(x - \overline{\alpha})$ 를 실계수 다항식 $x^2 - (\alpha + \overline{\alpha})x + \alpha\overline{\alpha}$ 로 생각하여 지금까지 다항식의 나눗셈을 했던 것처럼 $p(x)$ 를 $x^2 - (\alpha + \overline{\alpha})x + \alpha\overline{\alpha}$ 로 나누어 그 몫을 $Q(x)$, 나머지를 $R(x)$ 라 하자. 그러면 다음 등식

$$p(x) = (x^2 - (\alpha + \overline{\alpha})x + \alpha\overline{\alpha})Q(x) + R(x)$$

가 성립한다. 이제 위 등식의 양변에 $x = \alpha$ 를 대입하면 $R(\alpha) = 0$ 을 얻는다. 그런데 $R(x)$ 는 실계수 다항식으로서 그 차수가 1 이하이므로, $R(x) = 0$ 일 수밖에 없다.

문제 2.2.6. 임의의 실계수 다항식 $p(x)$ 에 대하여 임의의 복소수 z 가 등식 $p(\overline{z}) = \overline{p(z)}$ 를 만족함을 증명하여라.

문제 2.2.7. 임의의 실계수 다항식은 실계수 일차식과 이차식의 곱으로 인수분해 됨을 증명하여라.

문제 2.2.8. 다항식 $x^5 - 1$ 을 실계수 일차식과 이차식의 곱으로 인수분해하여라.

제 3 장

함수

수학에서 함수에 대한 이해는 대단히 중요하다. 현대 수학에서는 이제까지 함수라고 생각해 보지 않았던 연산, 수열, 변환, 확률에 이르기까지 광범위한 수학적 대상을 함수로 이해하기 때문이다. 그러나 함수라는 개념이 가지는 중요성에 비추어 보았을 때 고등학교에서 함수에 대한 강조는 거의 이루어지지 않고 있다. 이 장에서는 고등학교에서 다루는 함수 개념을 복습하고 특수한 함수로서 우함수와 기함수 그리고 삼차함수의 성질을 공부한다. 삼차함수의 중요한 성질은 그 그래프가 변곡점에 대칭이라는 것인데, 이는 삼차방정식의 풀이에도 결정적인 실마리가 되었다.

3.1.   함수

집합 X, Y 에 대하여 모든 X 의 원소에 Y 의 원소가 유일하게 대응되면 이를 X 에서 Y 로 가는 함수 f 라 하고, 집합 X 를 **정의역**, Y 를 **공역**이라 한다. 따라서 함수를 말하려면 먼저 정의역과 공역이 무엇인지 분명히 밝혀 주어야 한다. 고등학교 내내 실수를 실수에 대응시키는 함수만을 다루어 이러한 함수가 함수의 전부라 생각하기 쉽지만, 실제로 복소수를 실수에 대응시키는 함수도 있을 수 있고, 좌표평면 위의 점을 실수에 대응시키는 함수도 있을 수 있다. 정의역이 X, 공역이 Y 인 함수 f 는 $f : X \longrightarrow Y$ 로 나타낸다. 따라서 $f : X \longrightarrow Y$ 라는 표현은 함수의 정의역과 공역이 무엇인지 밝혀 주고 있는 것이다.

문제 3.1.1. 집합 $X = \{1, 2, \cdots, r\}$, $Y = \{1, 2, \cdots, n\}$ 에 대하여 함수 $f : X \longrightarrow Y$ 의 개수를 구하여라.

그런데 함수의 정의역과 공역이 무엇인지 밝혀 주었다고 해서 이 함수가 어떤 함수인지 완전히 알 수 있는 것은 아니다. 정의역과 공역으로부터 이 함수가 어떤 집합의 원소를 어떤 집합의 원소에 대응시킨다는 큰 그림은 그릴 수 있어도, 구체적으로 정의역의 각 원소가 공역의 어떤 원소에 대응되는지는 알 수 없다. 그래서 정의역을 X, 공역을 Y 라 할 때, X 의 원소 x 가 Y 의 원소 y 에 대응되는 것을 $x \longmapsto y$, $y = f(x)$ 등으로 나타낸다. 따라서 $x \longmapsto y$ 라는 표현은 정의역의 원소와 공역의 원소 사이의 관계를 밝혀 주고 있는 것이다.

보기 1. 우리가 고등학교 1학년에서 공부한 무리함수 $f(x) = \sqrt{x}$ 도 정의역과 공역, 정의역의 원소와 공역의 원소 사이의 관계를 분명하게 밝혀서 기술하면

$$f : \{x \,|\, x \geqq 0\} \longrightarrow \mathbb{R}, \ x \longmapsto \sqrt{x}$$

인 것이다. 만약 정의역과 공역에 대한 언급이 없으면 $y = \sqrt{x}$ 라는 표현만으로는 실수 x 를 복소수 $\sqrt{x}$ 에 대응시키는 함수 $f : \mathbb{R} \longrightarrow \mathbb{C}$ 로도 이해할 수 있다.

우리는 실수를 실수에 대응시키는 함수를 넘어서 더 복잡한 함수를 다루기도 할 것이기 때문에, 함수를 나타냄에 있어 정의역과 공역을 명시해 주는 것은 때에 따라 필수적이다.

문제 3.1.2. 함수 $y = \frac{1}{x}$ 의 정의역, 공역을 구하여라.

지금까지 함수를 정의하고 함수를 나타내는 방법에 대하여 살펴보았다. 이제 집합에서와 마찬가지로, 두 함수가 '같다'는 것이 무엇인지 알아보는 것이 가장 먼저 해야 할 일이다. 두 함수 $f : X \longrightarrow Y$, $g : U \longrightarrow V$ 가 다음 성질

$$X = U, \ Y = V, \ 모든 \ X 의 \ 원소 \ x 에 \ 대하여 \ f(x) = g(x)$$

를 만족하면 함수 f, g 가 **같다**고 하고 $f = g$ 로 나타낸다.

보기 2. 여기에서 우리가 유념해야 할 점이 있다. 다음 함수

$$f : \{-1, 1\} \longrightarrow \mathbb{R}, \ x \longmapsto |x|, \quad g : \{-1, 1\} \longrightarrow \mathbb{R}, \ x \longmapsto x^2$$

는 식으로 쓰면 $f(x) = |x|$, $g(x) = x^2$ 으로 그 식은 다르지만, $f(-1) = g(-1) = 1$, $f(1) = g(1) = 1$ 이므로 $\{-1, 1\}$ 에서 정의되었을 때에는 같은 함수인 것이다. 역으로 다음 함수

$$f : \{x \,|\, x > 0\} \longrightarrow \{x \,|\, x > 0\}, \ x \longmapsto x^2, \quad g : \{x \,|\, x > 0\} \longrightarrow \mathbb{R}, \ x \longmapsto x^2$$

은 식으로 쓰면 $f(x) = x^2$, $g(x) = x^2$ 으로 그 식은 같지만, f 의 공역은 양수이고 g 의 공역은 실수이므로 f 와 g 는 다른 함수인 것이다. 이로부터 함수를 나타내는 식 자체는 두 함수가 같다고 하는 것과 무관함을 알 수 있다.

이제 함수에서 정의역과 공역 사이의 대응을 나타내는 중요한 개념을 소개한다. 고등학교에서 함수 f 가 다음 성질

$$f(x_1) = f(x_2) \text{ 이면 } x_1 = x_2$$

을 만족하면 f 를 일대일 함수라 했는데, 이런 함수 f 를 **단사함수**라 한다. 단사함수를 정의하는 성질 '$f(x_1) = f(x_2)$ 이면 $x_1 = x_2$'의 대우를 생각하면 이는

$$x_1 \neq x_2 \text{ 이면 } f(x_1) \neq f(x_2)$$

이므로 단사함수는 다른 것은 다른 것으로 보내는 함수라 이해할 수 있다. 그럼에도 불구하고 이를 단사함수의 정의로 쓰지 않는 것은 많은 경우 '$x_1 \neq x_2$ 이면 $f(x_1) \neq f(x_2)$'를 증명하는 것보다 '$f(x_1) = f(x_2)$ 이면 $x_1 = x_2$'를 증명하는 것이 쉽기 때문이다.

문제 3.1.3. 집합 $X = \{1, 2, \cdots, r\}$, $Y = \{1, 2, \cdots, n\}$ 에 대하여 단사함수 $f : X \longrightarrow Y$ 의 개수를 구하여라. 물론 여기에서 $n \geqq r$ 이다.

한편, 함수 $f : X \longrightarrow Y$ 가 임의의 Y 의 원소 y 에 대하여 다음 성질

$$y = f(x) \text{ 를 만족하는 } X \text{ 의 원소 } x \text{ 가 존재한다}$$

를 만족하면 f 를 **전사함수**라 한다. 즉, 전사함수는 치역이 공역인 함수이다. 그리고 X 의 원소와 Y 의 원소가 일대일로 대응하는 함수를 일대일 대응이라 했는데, 이는 단사이면서 전사인 함수이므로 **전단사함수**라 한다.

두 함수가 같다는 것을 정의하였으므로 함수 사이의 연산을 정의할 차례이다. 함수 $f : X \longrightarrow Y$, $g : Y \longrightarrow Z$ 의 **합성**은 다음 함수

$$g \circ f : X \longrightarrow Z, \ x \longmapsto g(f(x))$$

로 정의한다. 함수에 합성이라는 연산을 도입하였으므로 합성에서 교환법칙이나 결합법칙, 분배법칙이 성립하는지, 항등원이나 역원이 존재한다면 무엇인지 살펴볼 차례이다. 먼저 다음 문제에서 결합법칙이 성립하고, 교환법칙은 성립하지 않음을 각자 확인하여 보자.

문제 3.1.4. 함수의 합성에서 결합법칙이 성립함을 증명하고, 교환법칙이 성립하지 않는 예를 들어라. 함수의 합성처럼 결합법칙은 성립하지만 교환법칙이 성립하지 않는 것에는 무엇의 어떤 연산이 있는지 살펴보아라.

이제 합성의 항등원과 역원이 존재하는지, 존재한다면 무엇인지 살펴보자. 합성의 항등원은 다음 성질

$$\text{모든 함수 } f : X \longrightarrow Y \text{ 에 대하여 } f \circ e = e \circ f = f$$

를 만족하는 함수 e 이다. 그런데 $f \circ e = f$ 를 만족하는 함수는 $e : X \longrightarrow X$, $x \longmapsto x$ 이고 $e \circ f = f$ 를 만족하는 함수는 $e : Y \longrightarrow Y$, $y \longmapsto y$ 이므로 두 함수는 다르다. 따라서 합성의 항등원은 존재하지 않으며 더구나 역원은 생각할 수도 없다. 그럼에도 불구하고 $f \circ e = f$ 를 만족하는 함수 e 를 X 의 **항등함수**라 하고 id_X 로 나타내고, $e \circ f = f$ 를 만족하는 함수 e 를 Y 의 항등함수라 하고 id_Y 로 나타낸다. 각 집합마다 항등함수는 하나씩 존재한다. 항등함수의 개념은 역함수를 규정짓는 핵심 성질을 기술하는 데 중요하게 쓰인다.

3.2. 역함수

만약 함수 $f : X \longrightarrow Y$ 가 전단사함수이면 역으로 y 를 x 에 대응시키는 함수 $g : Y \longrightarrow X$ 를 생각할 수 있다. 이런 함수 g 를 f 의 **역함수**라 하고, f^{-1} 로 나타낸다. 함수 $g : Y \longrightarrow X$ 가 $f : X \longrightarrow Y$ 의 역함수이면 다음 등식

$$g \circ f = \mathrm{id}_X, \quad f \circ g = \mathrm{id}_Y$$

가 성립함은 자명하다. 따라서 역함수는 합성의 역원에 가까운 함수이다.

문제 3.2.1. 함수 $g : Y \longrightarrow X$ 가 $f : X \longrightarrow Y$ 의 역함수이면 다음 등식

$$g \circ f = \mathrm{id}_X, \quad f \circ g = \mathrm{id}_Y$$

가 성립함을 증명하여라.

문제 3.2.2. 등식 $g \circ f = \mathrm{id}_X$, $f \circ g = \mathrm{id}_Y$ 가운데 어느 하나가 성립하면 자동으로 나머지 하나가 유도되는지 살펴보아라. 그리고 만약 어느 하나가 성립한다고 할 때, g 가 f 의 역함수가 되는지 살펴보아라.

문제 3.2.3. 집합 F 를

$$F = \{ f : X \longrightarrow X \,|\, f \text{는 전단사함수} \}$$

로 정의할 때, 이 집합이 합성에 관하여 닫혀 있는지 살펴보아라. 이 집합의 합성에 관한 항등원과 역원이 존재하는지도 살펴보아라.

이제 함수 $f : X \longrightarrow Y$, $g : Y \longrightarrow X$ 가 다음 등식

$$g \circ f = \mathrm{id}_X, \quad f \circ g = \mathrm{id}_Y$$

을 만족한다고 하자. 만약 $f(x_1) = f(x_2)$ 이면 양변에 g 를 합성하여 $(g \circ f)(x_1) = (g \circ f)(x_2)$ 를 얻는다. 그런데 $g \circ f = \mathrm{id}_X$ 이므로 $(g \circ f)(x_1) = x_1$, $(g \circ f)(x_2) = x_2$ 이고 $x_1 = x_2$ 이다. 따라서 f 는 단사함수이다. 한편, 임의의 Y 의 원소 y 에 대하여

$$f(g(y)) = (f \circ g)(y) = \mathrm{id}_Y(y) = y$$

이므로 $x = g(y)$ 로 놓으면 $y = f(x)$ 가 성립하므로 f 는 전사함수이다. 이상에서 f 는 전단사함수이고, 역함수가 존재한다.

지금까지 살펴본 내용을 정리하면

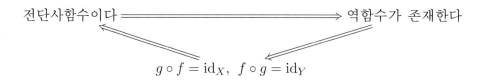

$$g \circ f = \mathrm{id}_X, \quad f \circ g = \mathrm{id}_Y$$

로 나타낼 수 있다. 따라서 함수 $f : X \longrightarrow Y$ 의 역함수가 존재한다는 것은 등식 $g \circ f = \mathrm{id}_X$, $f \circ g = \mathrm{id}_Y$ 를 만족하는 함수 $g : Y \longrightarrow X$ 가 존재한다는 것이나, f 가 전단사함수라는 것과 서로 동치이다.

문제 3.2.4. 함수 f 의 역함수가 존재하면 그 역함수는 다음 등식

$$g \circ f = \mathrm{id}_X, \quad f \circ g = \mathrm{id}_Y$$

을 만족하는 함수 g 임을 증명하여라.

이제 구체적인 함수의 역함수가 존재함을 증명하여 보자. 앞에서 살펴본 바에 의하면 함수 $f : X \longrightarrow Y$ 의 역함수가 존재한다는 것은 등식 $g \circ f = \mathrm{id}_X$, $f \circ g = \mathrm{id}_Y$ 를 만족하는 함수 $g : Y \longrightarrow X$ 가 존재한다는 것이나, f 가 전단사함수라는 것과 서로 동치이므로, 위 등식을 만족하는 함수 g 를 구하거나 f 가 전단사함수임을 증명하면 된다.

보기 1. 다음 함수

$$f : \{x \mid x > 0\} \longrightarrow \{x \mid x > 0\}, \ x \longmapsto x^2$$

의 역함수가 존재함을 증명하여 보자. 만약 함수 g 를

$$g : \{x \mid x > 0\} \longrightarrow \{x \mid x > 0\}, \ x \longmapsto \sqrt{x}$$

로 놓으면 다음 등식

$$(g \circ f)(x) = g(f(x)) = g(x^2) = \sqrt{x^2} = x$$
$$(f \circ g)(y) = f(g(y)) = f(\sqrt{y}) = (\sqrt{y})^2 = y$$

가 성립하므로 등식 $g \circ f = \mathrm{id}_X$, $f \circ g = \mathrm{id}_Y$ 를 만족하는 함수 $g : Y \longrightarrow X$ 가 존재한다. 따라서 f 의 역함수가 존재한다.

위의 보기로부터 다음 함수

$$f : \{x \,|\, x > 0\} \longrightarrow \{x \,|\, x > 0\}, \ x \longmapsto x^2, \quad g : \{x \,|\, x > 0\} \longrightarrow \mathbb{R}, \ x \longmapsto x^2$$

이 식으로 쓰면 $f(x) = x^2$, $g(x) = x^2$ 으로 같아 보이지만, 다른 함수로 정의하는 이유를 알 수 있다. 그것은 f 는 역함수가 존재하는 함수이지만 g 는 역함수가 존재하지 않는 함수이기 때문이다.

문제 3.2.5. 양수 a 에 대하여 함수 $f : \mathbb{R} \longrightarrow \{x \,|\, x > 0\}, \ x \longmapsto a^x$ 의 역함수가 존재함을 증명하여라.

그런데 위 등식을 만족하는 함수 g 는 f 의 역함수이므로 g 를 구하는 것은 f 의 역함수를 구하는 것과 마찬가지이다. 그러나 언제나 역함수를 구할 수 있는 것은 아닌데, 예를 들어 다음 함수

$$f : \left\{ x \,\middle|\, -\frac{\pi}{2} < x < \frac{\pi}{2} \right\} \longrightarrow \mathbb{R}, \ x \longmapsto \tan x$$

의 역함수가 존재할 것은 분명해 보이지만 그 역함수는 구할 수 없다. 따라서 역함수를 구할 수 없는 함수의 역함수가 존재한다는 것을 증명하려면 그 함수가 전단사함수임을 증명해야 한다.

보기 2. 다음 함수

$$f : \left\{ x \,\middle|\, -\frac{\pi}{2} < x < \frac{\pi}{2} \right\} \longrightarrow \mathbb{R}, \ x \longmapsto \tan x$$

의 역함수가 존재함을 증명하여 보자.

먼저 $f'(x) = \sec^2 x > 0$ 이므로 f 는 증가함수이고, 따라서 단사함수이다. 한편, 함수 f 는 연속이고 다음

$$\lim_{x \to \frac{\pi}{2}-} f(x) = \infty, \qquad \lim_{x \to -\frac{\pi}{2}+} f(x) = -\infty$$

가 성립하므로 사이값 정리에 의하여 임의의 실수 y 에 대하여 $y = f(x)$ 를 만족하는 x 가 존재한다. 따라서 f 는 전단사함수이고, 역함수가 존재한다.

문제 3.2.6. 다음 함수

$$f : \left\{ x \,\middle|\, -\frac{\pi}{2} < x < \frac{\pi}{2} \right\} \longrightarrow \{ x \mid -1 < x < 1 \}, \;\; x \longmapsto \sin x$$

의 역함수가 존재함을 증명하여라.

마지막으로 역함수에 관하여 잘못 알기 쉬운 점을 바로잡고 넘어간다. 역함수가 존재하는 함수 f 에 대하여 f 의 그래프와 그 역함수 f^{-1} 의 그래프의 교점을 구하기 위하여 직선 $y = x$ 와의 교점을 구한 경우가 많았을 것이다. 이런 방법은 전혀 근거가 없는 것은 아니지만 함수 f 에 대한 추가적인 정보가 없는 상태에서 f 의 그래프와 f^{-1} 의 그래프의 교점을 모두 구했다고 결론짓기에는 무리가 있다.

정리 3.2.1. 집합 X 에서 X 의 부분집합으로 가는 함수 f 의 역함수가 존재하면 f 의 그래프와 직선 $y = x$ 의 교점은 f 의 그래프와 그 역함수 f^{-1} 의 그래프의 교점이기도 하다. 즉, 다음 포함관계

$$\{ x \mid f(x) = x \} \subset \{ x \mid f(x) = f^{-1}(x) \}$$

가 성립한다.

증명: 우변의 집합에서 조건 $f(x) = f^{-1}(x)$ 는 양변에 f 를 합성하여 $(f \circ f)(x) = x$ 로 고쳐 쓸 수 있다. 이제 좌변의 집합에서 원소 x 를 택하면 x 는 등식 $f(x) = x$ 를 만족하므로

$$(f \circ f)(x) = f(f(x)) = f(x) = x$$

가 되어 포함관계가 증명된다.

이 정리는 역함수가 존재하는 함수에 대하여 그 그래프와 직선 $y = x$ 의 교점을 구하기 위하여 그 그래프와 그 역함수의 그래프의 교점을 구해도 된다는 사실을 말한다. 이 사실은 아무 짝에도 쓸모가 없는데, f 의 그래프와 직선 $y = x$ 의 교점을 구한답시고 그 역함수 f^{-1} 를 구하는 것은 엄청난 시간과 노력의 낭비이기 때문이다. 우리가 지금까지 써 왔던 사실을 뒷받침하려면 반대 방향의 포함관계가 필요하다. 반대 방향의 포함관계가 f 의 그래프와 f^{-1} 의 그래프의 교점을 구하기 위하여 f 의 그래프와 직선 $y = x$ 의 교점을 구해도 됨을 말해 주기 때문이다. 그러나 반대 방향의 포함관계는 일반적으로 성립하지 않는다.

보기 3. 함수 $f(x) = \left(\frac{1}{16}\right)^x$ 의 역함수는 $f^{-1}(x) = \log_{\frac{1}{16}} x$ 이다. 그런데 $f(0) = 1 > 0$, $f(1) = \frac{1}{16} < 1$ 이고 f 는 감소하므로 방정식 $f(x) - x = 0$ 은 오직 하나의 근을 가진다. 그 근을 α 라 하면 (α, α) 는 f 의 그래프와 f^{-1} 의 그래프의 교점이기도 하다. 그러나 f 의 그래프와 f^{-1} 의 그래프는 그 밖에도 $\left(\frac{1}{2}, \frac{1}{4}\right)$, $\left(\frac{1}{4}, \frac{1}{2}\right)$ 에서도 만나는데 이들은 직선 $y = x$ 위에 있지 않다.

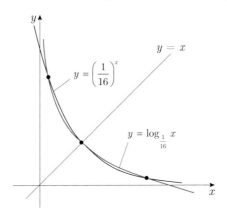

문제 3.2.7. 역함수가 존재하는 함수로서 그 그래프와 그 역함수의 그래프의 교점이 직선 $y = x$ 위에 있지 않은 함수의 다른 예를 들어라.

문제 3.2.8. 역함수가 존재하는 함수 f 에 대하여 f 의 그래프와 f^{-1} 의 그래프의 교점이 (a, b) 이면 (b, a) 도 f 의 그래프와 f^{-1} 의 그래프의 교점임을 증명하여라.

그렇다면 함수 f 의 그래프와 그 역함수 f^{-1} 의 그래프의 교점을 구하기 위하여 f 의 그래프와 직선 $y = x$ 의 교점을 구해도 되는 경우는 언제일까? 만약 f 가 **증가함수이면** 이런 방법을 쓸 수 있다.

정리 3.2.2. 실수에서 실수의 부분집합으로 가는 함수 f가 역함수를 가지고 증가하면 f의 그래프와 그 역함수 f^{-1}의 그래프의 교점은 f의 그래프와 직선 $y = x$의 교점이기도 하다. 즉, 다음 포함관계

$$\{x \mid f(x) = f^{-1}(x)\} \subset \{x \mid f(x) = x\}$$

가 성립한다.

증명: 집합 A, B를 각각

$$A = \{x \mid f(x) = f^{-1}(x)\}, \quad B = \{x \mid f(x) = x\}$$

로 놓으면 증명해야 할 것은 포함관계 $A \subset B$이다. 그런데 이를 증명하기 곤란하므로 그 대우를 증명하자. 만약 $x \notin B$이면 $f(x) \neq x$이므로 $f(x) < x$이거나 $f(x) > x$이다. 먼저 $f(x) < x$라 하고 양변에 f를 합성하면 f가 증가함수이므로 다음 부등식

$$(f \circ f)(x) = f(f(x)) < f(x) < x$$

가 성립한다. 따라서 $(f \circ f)(x) \neq x$이고, $x \notin A$이다. 같은 방법으로 $f(x) > x$인 경우도 증명된다.

위 두 정리를 종합하면 실수에서 실수의 부분집합으로 가는 증가함수 f에 대하여는 다음

$$\{x \mid f(x) = f^{-1}(x)\} = \{x \mid f(x) = x\}$$

가 성립함을 알 수 있다.

문제 3.2.9. 위 정리에서 $f(x) > x$인 경우를 증명하여라.

문제 3.2.10. 1보다 큰 양수 a에 대하여 지수함수 $y = a^x$의 그래프와 로그함수 $y = \log_a x$의 그래프의 교점은 직선 $y = x$ 위에 있음을 증명하고, a의 값에 따라 교점의 개수가 어떻게 달라지는지 살펴보아라.

3.3. 우함수와 기함수

우함수와 기함수는 친숙한 개념이지만 그에 대한 체계적인 공부는 고등학교에서 이루어지지 않고 있다. 이 절에서는 먼저 우함수와 기함수의 정의역 역할을 하는 대칭집합을 규정지은 다음, 우함수와 기함수의 성질을 살펴보도록 한다.

우함수와 기함수는 각각 흔히 임의의 x에 대하여 $f(-x) = f(x)$, $g(-x) = -g(x)$인 함수 f, g로 정의된다. 그런데 우함수와 기함수를 말하려면 일단 임의의 정의역의 원소 x에 대하여 $-x$에서의 함수값이 정의되어야 하므로 $-x$도 정의역의 원소이어야 한다. 예를 들어 양수에서만 정의되는 로그함수가 우함수인가, 기함수인가 하는 물음은 그 옳고 그름을 떠나서 물음 자체가 성립하지 않는다.

실수의 부분집합 S가 다음 성질

$$x \in S \text{이면} -x \in S$$

를 만족하면 S를 **대칭집합**이라 하기로 한다. 이제 이렇게 정의한 대칭집합이 이름처럼 원점에 대칭임을 증명하여 보자. 즉, 0 이상인 원소를 알면 0 이하인 원소는 0 이상인 원소에 음의 부호를 붙임으로써 모두 얻을 수 있어야 한다.

집합 S에 대하여 그 부분집합 P를 S의 원소 가운데 0 이상인 원소들의 집합, 즉 $P = S \cap \{x \mid x \geqq 0\}$이라 놓고, $-P$를 P의 원소에 음의 부호를 붙인 원소들의 집합, 즉 $-P = \{-x \mid x \in P\}$라 놓자. 만약 집합 S가 등식 $S = P \cup (-P)$를 만족하면 S가 원점에 대칭임이 증명된다.

정리 3.3.1. 실수의 부분집합 S에 대하여 집합 P, $-P$를

$$P = S \cap \{x \mid x \geqq 0\}, \quad -P = \{-x \mid x \in P\}$$

로 정의하자. 집합 S가 대칭집합이면 등식 $S = P \cup (-P)$가 성립하고, 그 역도 성립한다.

증명: 집합 S 가 대칭집합이라 하자. 먼저 포함관계 $S \subset P \cup (-P)$ 를 증명하기 위하여 $x \in S$ 를 택하자. 만약 $x \geqq 0$ 이면 $x \in P$ 이므로 증명할 것이 없고, $x < 0$ 이면 대칭집합의 정의에 의하여 $-x$ 는 양수로서 S 의 원소이므로 $-x \in P$ 이다. 따라서 $x = -(-x) \in -P$ 이고 한쪽 방향의 포함관계가 증명되었다.

이제 반대 방향의 포함관계 $P \cup (-P) \subset S$ 를 증명하자. 만약 $x \in P$ 이면 당연히 $x \in S$ 이므로 증명할 것이 없고, $x \in -P$ 이면 $x = -(-x)$ 이므로 $-x \in P$ 이고, 이는 당연히 S 의 원소이다. 이제 대칭집합의 정의에 의하여 $x = -(-x) \in S$ 이므로 반대 방향의 포함관계가 증명되었다.

그 역을 증명하기 위하여 $S = P \cup (-P)$ 가 성립한다고 하자. 만약 S 의 원소 x 가 P 의 원소이면 $-x \in -P$ 이므로 $-x \in S$ 이다. 한편, S 의 원소 x 가 $-P$ 의 원소이면 $-x \in P$ 이므로 $x \in S$ 이다. 따라서 S 는 대칭집합이다.

주어진 집합이 대칭집합인지를 살펴보기 위해서는 그 정의에 충실히 입각하여 따져 보면 된다. 즉, 집합 S 가 대칭집합임을 증명하기 위해서는 임의의 S 의 원소 x 에 대하여 $-x$ 도 S 의 원소임을 증명하면 되고, 대칭집합이 아님을 증명하기 위해서는 $x \in S$ 이지만 $-x \notin S$ 인 x 를 하나 찾으면 된다.

문제 3.3.1. 유리수 전체의 집합과 무리수 전체의 집합은 모두 대칭집합임을 증명하여라.

문제 3.3.2. 집합 S 가 대칭집합이면 그 여집합 $\mathbb{R} - S$ 도 대칭집합임을 증명하여라.

대칭집합의 개념을 조금 확장하여 임의의 실수 s 에 대하여 s 대칭집합을 정의할 수도 있다. 대칭집합은 0 을 기준으로 원소가 대칭으로 분포하고 있다. 즉, 대칭집합은 임의의 원소 x 에 대하여 0 이 중점이 되는 $-x$ 도 원소로 하는 집합이다. 따라서 s 대칭집합은 임의의 원소 x 에 대하여 s 가 중점이 되는 $2s - x$ 를 원소로 하는 집합이라 정의하는 것이 자연스럽다. 즉, 집합 S 가 다음 성질

$$x \in S \text{ 이면 } 2s - x \in S$$

를 만족할 때 S 를 s 대칭집합이라 하겠다는 것이다.

문제 3.3.3. 유리수 전체의 집합은 임의의 유리수 q 에 대하여 q 대칭집합임을 증명하여라.

문제 3.3.4. 무리수 전체의 집합이 π 대칭집합인지 살펴보아라.

문제 3.3.5. 구간 $[0, 1)$ 은 어떤 실수 s 에 대하여도 s 대칭집합이 아님을 증명하여라.

지금까지 우함수와 기함수의 정의역 역할을 하는 대칭집합을 정의하였으므로 본격적으로 우함수와 기함수의 성질을 살펴보자. 대칭집합에서 정의된 함수 f, g 가 다음 성질

$$f(-x) = f(x), \quad g(-x) = -g(x)$$

를 만족하면 f, g 를 각각 **우함수**, **기함수**라 한다. 우함수와 기함수는 많은 성질을 가지고 있는데, 이는 우함수와 기함수의 정의에 입각하면 쉽게 증명할 수 있다. 다음 보기를 통하여 확인하여 보자.

보기 1. 우함수와 우함수의 합은 우함수이고, 기함수와 기함수의 합은 기함수임을 증명하여 보자. 함수 f_1, f_2 가 모두 우함수라 하면 $f_1(-x) = f_1(x)$, $f_2(-x) = f_2(x)$ 이므로 다음 등식

$$f_1(-x) + f_2(-x) = f_1(x) + f_2(x)$$

로부터 증명이 끝난다. 마찬가지로 g_1, g_2 가 모두 기함수라 하면 $g_1(-x) = -g_1(x)$, $g_2(-x) = -g_2(x)$ 이므로 다음 등식

$$g_1(-x) + g_2(-x) = -g_1(x) - g_2(x)$$

로부터 증명이 끝난다.

문제 3.3.6. 다음 관계

$$
\begin{aligned}
(\text{우함수}) \times (\text{우함수}) &= (\text{우함수}) \\
(\text{우함수}) \times (\text{기함수}) &= (\text{기함수}) \\
(\text{기함수}) \times (\text{우함수}) &= (\text{기함수}) \\
(\text{기함수}) \times (\text{기함수}) &= (\text{우함수})
\end{aligned}
$$

가 성립함을 증명하여라. 이런 관계가 무엇과 유사한지 살펴보아라.

문제 3.3.7. 다음 관계

$$
\begin{aligned}
(\text{우함수}) \circ (\text{우함수}) &= (\text{우함수}) \\
(\text{우함수}) \circ (\text{기함수}) &= (\text{우함수}) \\
(\text{기함수}) \circ (\text{우함수}) &= (\text{우함수}) \\
(\text{기함수}) \circ (\text{기함수}) &= (\text{기함수})
\end{aligned}
$$

가 성립함을 증명하여라. 이런 관계가 무엇과 유사한지 살펴보아라.

보기 2. 미분가능한 우함수의 도함수는 기함수이고, 미분가능한 기함수의 도함수는 우함수임을 증명하여 보자. 함수 f 를 우함수라 하면 $f(-x) = f(x)$ 이므로 양변을 미분하면 $-f'(-x) = f'(x)$ 이다. 따라서 $f'(-x) = -f'(x)$ 이고, f' 는 기함수이다. 한편, 함수 g 를 기함수라 하면 $g(-x) = -g(x)$ 이므로 양변을 미분하면 $-g'(-x) = -g'(x)$ 이다. 따라서 $g'(-x) = g'(x)$ 이고, g' 는 우함수이다.

위 보기의 역에 해당하는 명제도 생각할 수 있다.

문제 3.3.8. 연속함수 f 가 우함수이면 $F(x) = \int_0^x f(t)dt$ 는 기함수임을 증명하여라.

문제 3.3.9. 연속함수 g 가 기함수이면 $G(x) = \int_0^x g(t)dt$ 는 우함수임을 증명하여라.

보기 3. 대칭집합에서 정의된 함수 f 는 우함수와 기함수의 합으로 나타낼 수 있다. 함수 f_1, f_2 를

$$
f_1(x) = \frac{f(x) + f(-x)}{2}, \quad f_2(x) = \frac{f(x) - f(-x)}{2}
$$

로 놓으면 $f(x) = f_1(x) + f_2(x)$ 이고 f_1 은 우함수, f_2 는 기함수이다.

문제 3.3.10. 같은 방법으로 지수함수를 우함수와 기함수의 합으로 나타내어라.

3.4. 삼차함수

삼차함수 $y = ax^3 + bx^2 + cx + d$ 를 미분하면 이차함수 $y' = 3ax^2 + 2bx + c$ 인데, 그 그래프는 대칭축 $x = -\frac{b}{3a}$ 에 대칭이다. 따라서 삼차함수 y 의 그래프가 다음 점

$$\left(-\frac{b}{3a}, f\left(-\frac{b}{3a}\right)\right)$$

에 대칭임을 예상할 수 있다.

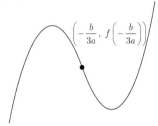

그런데 $x = -\frac{b}{3a}$ 는 삼차함수의 이계도함수 $y'' = 6ax + 2b$ 의 x 절편이기도 하다. 이계도함수 y'' 가 $x = -\frac{b}{3a}$ 의 좌우에서 부호가 바뀌므로 다음 점

$$\left(-\frac{b}{3a}, f\left(-\frac{b}{3a}\right)\right)$$

은 삼차함수의 그래프의 변곡점이다. 따라서 지금까지 한 이야기를 다음과 같이 간단히 정리할 수 있다.

정리 3.4.1. (삼차함수의 대칭성) 삼차함수의 그래프는 변곡점에 대칭이다.

증명: 삼차함수 $y = ax^3 + bx^2 + cx + d$ 의 그래프는 변곡점에 대칭일 것이다. 따라서 일단

$$y = A\left(x + \frac{b}{3a}\right)^2 + C\left(x + \frac{b}{3a}\right) + D$$

라 놓으면 다음 등식

$$A\left(x + \frac{b}{3a}\right)^2 + C\left(x + \frac{b}{3a}\right) + D = ax^3 + bx^2 + cx + d$$

가 성립하는 상수 A, C, D 가 존재할 것이다. 열심히 계산하여 보면 상수 A,

C, D 의 값이 각각

$$A = a, \quad C = c - \frac{b^2}{3a}, \quad D = d - \frac{bc}{3a} + \frac{2b^3}{27a^2}$$

임을 확인할 수 있다.

문제 3.4.1. 상수 A, C, D 의 값이 각각

$$A = a, \quad C = c - \frac{b^2}{3a}, \quad D = d - \frac{bc}{3a} + \frac{2b^3}{27a^2}$$

임을 증명하여라.

삼차함수의 그래프의 대칭성을 쓰면 삼차함수의 접선과 삼차함수의 그래프의 교점의 좌표를 쉽게 구할 수 있다.

정리 3.4.2. 삼차함수의 접선과 삼차함수의 그래프가 $x = \alpha$ 에서 접하고, $x = \beta$ 에서 만난다고 하자. 물론 여기에서 $\alpha \neq \beta$ 이다. 그러면 삼차함수의 변곡점의 x 좌표는 α 와 β 를 $1 : 2$ 로 내분한다.

증명: 삼차함수 f 의 그래프의 변곡점이 원점이라 하자. 만약 변곡점이 원점이 아니면 그래프를 평행이동시켜 변곡점을 원점으로 옮기면 되므로 처음부터 변곡점이 원점이라 해도 무방하다. 삼차함수 f 의 그래프는 변곡점에 대칭인데, 그 변곡점이 원점이므로 f 는 기함수이고, 따라서 f 를 $f(x) = ax^3 + cx$ 라 놓을 수 있다. 이제 $x = \alpha$ 에서 접하는 접선의 방정식을 $g(x)$ 라 하자. 그러면 함수 $f(x) - g(x)$ 의 그래프는 $x = \alpha, \beta$ 에서 x 축과 만난다. 따라서 함수 $f(x) - g(x)$ 가 될 수 있는 것은 다음 두 가지 가능성

$$(x - \alpha)^2 (x - \beta) \quad \text{또는} \quad (x - \alpha)(x - \beta)^2$$

뿐이다. 그런데 $f(x) - g(x) = (x - \alpha)(x - \beta)^2$ 이면 $f'(\alpha) - g'(\alpha) = (\alpha - \beta)^2 \neq 0$ 이므로 이는 불가능하다. 따라서 $f(x) - g(x) = (x - \alpha)^2 (x - \beta)$ 이다. 그런데 $f(x) = ax^3 + cx$ 이고 $g(x)$ 는 일차식이므로 $f(x) - g(x)$ 의 이차항의 계수는 0 이다. 따라서 삼차방정식의 근과 계수의 관계에 의하여 $\alpha + \alpha + \beta = 0$ 이고, $|\beta| = 2|\alpha|$ 이다. 앞에서 삼차함수 f 의 변곡점은 원점이라 했으므로 모든 증명이 끝난다.

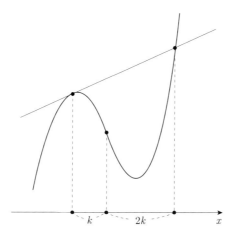

문제 3.4.2. 삼차함수 $y = x^3 - x$ 의 그래프와 $x = 1$ 에서 접하는 접선으로 둘러싸인 부분의 넓이를 구하여라.

삼차함수의 대칭성은 삼차방정식의 해법과도 연관이 있다. 삼차함수의 그래프는 변곡점에 대칭이기 때문에, 임의의 삼차방정식 $ax^3 + bx^2 + cx + d = 0$ 은

$$A \left(x + \frac{b}{3a} \right)^3 + C \left(x + \frac{b}{3a} \right) + D = 0$$

의 꼴로 고칠 수 있고, $y = x + \frac{b}{3a}$ 로 놓으면 $Ay^3 + Cy + D = 0$ 이 되어 이차항이 없는 삼차방정식을 푸는 문제로 바꿀 수 있다.

이제 이차항이 없는 삼차방정식 $x^3 + mx = n$ 을 풀어 보자. 다음 항등식

$$(a + b)^3 - 3ab(a + b) = a^3 + b^3$$

을 생각하면, 다음 두 등식

$$-3ab = m, \quad a^3 + b^3 = n$$

을 만족하는 a, b 만 구하면 x 는 $x = a + b$ 로 구해짐을 알 수 있다. 이제 $a^3 b^3 = -\frac{m^3}{27}$ 이므로 a^3, b^3 은 다음 이차방정식

$$y^2 - ny - \frac{m^3}{27} = 0$$

의 근이다. 이 이차방정식을 풀면 $y = \frac{n \pm \sqrt{n^2 + \frac{4m^3}{27}}}{2}$ 이므로

$$a^3 = \frac{n + \sqrt{n^2 + \frac{4m^3}{27}}}{2}, \quad b^3 = \frac{n - \sqrt{n^2 + \frac{4m^3}{27}}}{2}$$

이 된다.

이제 a^3, b^3 에 세제곱근만 씌우면 a, b 가 되므로 x 를 구할 수 있다. 그런데 a^3, b^3 은 실수인지 허수인지 모르므로 함부로 세제곱근을 씌울 수가 없다. 세제곱근 $\sqrt[3]{x}$ 는 x 가 실수일 때에만 정의하였기 때문이다. 그러나 x 가 허수일 때 $\sqrt[3]{x}$ 를 정의하는 것은 우리의 논점을 흐리므로, 잠시 동안 $\sqrt[3]{x}$ 를 세제곱해서 x 가 되는 복소수 가운데 아무 하나를 가리킨다고 하자. 이제

$$A = \sqrt[3]{\frac{n + \sqrt{n^2 + \frac{4m^3}{27}}}{2}}$$

라 놓으면 세제곱해서 a^3 이 되는 나머지 두 복소수는 $A\omega$, $A\omega^2$ 이 된다. 물론 여기에서 ω 는 방정식 $x^3 = 1$ 의 한 허근이다. 한편, $ab = -\frac{m}{3}$ 이므로 $a = A$ 일 때

$$b = -\frac{m}{3A} = \sqrt[3]{\frac{n - \sqrt{n^2 + \frac{4m^3}{27}}}{2}}$$

이다. 인내심을 가지고 이를 확인하고 $B = -\frac{m}{3A}$ 라 놓으면 a 가 A, $A\omega$, $A\omega^2$ 일 때 b 는 각각 B, $B\omega^2$, $B\omega$ 임은 쉽게 확인할 수 있다. 따라서

$$x = A + B, \quad A\omega + B\omega^2, \quad A\omega^2 + B\omega$$

이다.

문제 3.4.3. 삼차방정식 $4x^3 - 3x = \frac{1}{2}$ 을 풀어라. 3배각 공식

$$4\cos^3 \theta - 3\cos \theta = \cos 3\theta$$

를 써서 이 삼차방정식의 근이 $x = \cos 20°$, $\cos 100°$, $\cos 140°$ 임을 설명하여라.

지금까지 푼 삼차방정식 $x^3 + mx = n$ 은 이차항이 없는 특수한 경우였다. 그러나 임의의 삼차방정식 $ax^3 + bx^2 + cx + d = 0$ 은

$$A\left(x + \frac{b}{3a}\right)^3 + C\left(x + \frac{b}{3a}\right) + D = 0$$

의 꼴로 고칠 수 있으므로, $y = x + \frac{b}{3a}$ 로 놓고 앞에서 설명한 대로 y 를 구하면 x 는 $x = y - \frac{b}{3a}$ 로 구할 수 있다. 따라서 이차항이 없는 삼차방정식 $x^3 + mx = n$ 을 푸는 것만으로도 모든 삼차방정식을 풀었다고 할 수 있다.

제 4 장

수열과 급수

고등학교에서 공부하는 수열의 핵심은 규칙성에 있다. 수열의 점화식은 그 수열의 규칙성을 파악하는 데 중요한 역할을 한다. 이 장에서는 다양한 점화식을 푸는 연습으로서 피보나치 수열의 일반항과 교란순열의 수를 구하는 공식을 유도한다. 특히, 교란순열의 수에 관한 문제는 경우의 수를 구하는 문제로 제시되므로 여기에서 그 공식을 유도하고 기억하는 것은 점화식을 푸는 연습 이상의 가치가 있다. 나아가 수열이 있으면 자연스럽게 그 합을 생각할 수 있는데, 그 합의 수렴 여부를 판정하는 여러 가지 방법을 다룬다. 이런 판정법의 기저에 있는 완비성공리는 실수의 핵심 성질인데, 자연로그의 밑을 정의하는 극한이 수렴한다는 것도 이로부터 얻어지는 결과이다.

4.1. 피보나치 수열

피보나치는 1202년에 자신의 책 '산반서'에서 흥미로운 문제를 제시하였다. 그 문제는

> 갓 태어난 암수 한 쌍의 토끼가 있다. 이 토끼는 태어나서 한 달이 지나면 성체가 되고, 두 달이 지나면 매달 암수 한 쌍의 토끼를 낳는다. 태어난 한 쌍의 토끼는 두 달이 지나면 마찬가지로 매달 한 쌍의 토끼를 낳는다고 한다. 이와 같이 계속될 때, 열두 번째 달에 토끼는 몇 쌍이 되겠는가?

49

하는 것이다. 첫째 달, 둘째 달, $\cdots$, 열두 번째 달의 토끼의 쌍을 차근차근 구해 보면

$$1,\ 1,\ 2,\ 3,\ 5,\ 8,\ 13,\ 21,\ 34,\ 55,\ 89,\ 144$$

이므로 열두 번째 달의 토끼는 144 쌍이다.

그런데 이 수열의 이웃한 세 항을 관찰해 보면 앞의 두 항의 합이 마지막 항과 같음을 확인할 수 있다. 이렇게

$$a_1 = a_2 = 1, \quad a_{n+2} = a_{n+1} + a_n$$

으로 귀납적으로 정의된 수열 $\{a_n\}$ 을 **피보나치 수열**이라 한다. 피보나치 수열은 토끼의 번식뿐만 아니라 나뭇가지의 성장 등 자연에서 쉽게 찾아볼 수 있다.

피보나치 수열의 점화식을 구했으므로 이로부터 일반항을 구하는 것이 우리의 목표이다. 그런데 피보나치 수열의 점화식을 살펴보면 우리가 고등 학교에서 다룬 점화식과 비슷해 보이지만 중요한 차이가 있다. 고등학교에 서 다룬 점화식은

$$pa_{n+2} + qa_{n+1} + ra_n = 0$$

에서 각 항의 계수 $p,\ q,\ r$ 의 합이 0 이었다. 그래야만

$$p(a_{n+2} - a_{n+1}) = -r(a_{n+1} - a_n)$$

이므로 계차수열이 공비가 $-\frac{r}{p}$ 인 등비수열이 되어 일반항이

$$a_n = a_1 + \sum_{k=1}^{n-1}(a_2 - a_1)\left(-\frac{r}{p}\right)^{k-1}$$

으로 쉽게 구해지기 때문이다.

문제 4.1.1. 점화식 $pa_{n+2} + qa_{n+1} + ra_n = 0$ 에서 $p + q + r = 0$ 이면 다음 등식

$$p(a_{n+2} - a_{n+1}) = -r(a_{n+1} - a_n)$$

이 성립함을 증명하여라.

그런데 피보나치 수열의 점화식을 정리해 보면 $a_{n+2} - a_{n+1} - a_n = 0$ 이므로 각 항의 계수의 합이 0 이 아니다. 따라서 피보나치 수열처럼 $p+q+r \neq 0$ 인 점화식 $pa_{n+2} + qa_{n+1} + ra_n = 0$ 을 풀려면 다른 방법을 써야 한다. 발상은 각 항의 계수의 합이 0 인 점화식과 비슷하지만 하나의 새로운 문자 α 를 첨가하여 점화식 $pa_{n+2} + qa_{n+1} + ra_n = 0$ 을 다음

$$(a_{n+2} - \alpha a_{n+1}) = \beta(a_{n+1} - \alpha a_n)$$

의 꼴로 변형하는 것이다. 계수를 비교하면 $\alpha + \beta = -\frac{q}{p}$, $\alpha\beta = \frac{r}{p}$ 이므로 α, β 는 이차방정식 $px^2 + qx + r = 0$ 의 두 근이다. 이 방정식을 점화식 $pa_{n+2} + qa_{n+1} + ra_n = 0$ 의 **특성방정식**이라 한다. 특성방정식의 두 근이 모두 실근이라 가정하면 수열 $\{a_{n+1} - \alpha a_n\}$ 은 첫째항이 $a_2 - \alpha a_1$ 이고 공비가 β 인 등비수열이므로

$$a_{n+1} - \alpha a_n = (a_2 - \alpha a_1)\beta^{n-1} \tag{1}$$

이고, α 와 β 의 역할을 바꾸면 마찬가지로

$$a_{n+1} - \beta a_n = (a_2 - \beta a_1)\alpha^{n-1} \tag{2}$$

을 얻는다. 이제 등식 (2) 에서 (1) 을 빼면

$$(\alpha - \beta)a_n = (a_2 - \beta a_1)\alpha^{n-1} - (a_2 - \alpha a_1)\beta^{n-1}$$

이므로 양변을 $\alpha - \beta$ 로 나누면 수열 $\{a_n\}$ 의 일반항 a_n 이 구해진다.

문제 4.1.2. 피보나치 수열의 특성방정식을 구하여라. 이 특성방정식을 풀어 α, β 의 값을 구하고, 피보나치 수열의 일반항을 구하여라.

이제 조금 더 세련된 방법으로 피보나치 수열의 일반항을 구해 보자. 앞에서 $p+q+r \neq 0$ 인 점화식 $pa_{n+2} + qa_{n+1} + ra_n = 0$ 을 푸는 방법을 살펴보았다. 그런데 구한 일반항을 관찰해 보면 특성방정식의 두 근을 α, β 라 할 때 일반항이

$$a_n = A\alpha^n + B\beta^n \quad (\text{단, } A, B \text{ 는 상수})$$

의 꼴임을 알 수 있다. 이제 $n = 1, 2$를 대입하면 A, B에 관한 두 방정식을 얻을 수 있고, 이를 연립하면 A, B의 값이 구해지므로 일반항을 구할 수 있다.

피보나치 수열의 특성방정식은 $x^2 - x - 1 = 0$이므로 $\alpha = \frac{1+\sqrt{5}}{2}$, $\beta = \frac{1-\sqrt{5}}{2}$라 놓자. 이제

$$a_n = A\alpha^n + B\beta^n$$

이라 놓고 $a_1 = 1$, $a_2 = 1$로부터 연립방정식

$$\begin{cases} \alpha A + \beta B = 1 \\ \alpha^2 A + \beta^2 B = 1 \end{cases} \tag{3}$$

을 풀면 $A = \frac{1}{\sqrt{5}}$, $B = -\frac{1}{\sqrt{5}}$이므로 피보나치 수열의 일반항은

$$a_n = \frac{1}{\sqrt{5}} \left[\left(\frac{1+\sqrt{5}}{2} \right)^n - \left(\frac{1-\sqrt{5}}{2} \right)^n \right]$$

으로 주어진다.

문제 4.1.3. 연립방정식 (3)을 풀어라.

그렇다면 피보나치 수열의 이웃한 항의 비의 극한값 $\lim\limits_{n \to \infty} \frac{a_{n+1}}{a_n}$은 얼마일까? 우리는 이미 고등학교에서 피보나치 수열의 점화식 $a_{n+2} = a_{n+1} + a_n$이 주어졌을 때 이를 구해 보았다. 주어진 점화식의 양변을 a_{n+1}로 나누면

$$\frac{a_{n+2}}{a_{n+1}} = 1 + \frac{a_n}{a_{n+1}}$$

이 된다. 이제 이웃한 항의 비의 극한값을 r라 놓고 점화식의 양변에 극한을 취하면 $r = 1 + \frac{1}{r}$이므로 $r = \frac{1 \pm \sqrt{5}}{2}$인데 r은 양수이므로 $r = \frac{1+\sqrt{5}}{2}$라 풀었을 것이다.

그런데 이렇게 피보나치 수열의 이웃한 항의 비의 극한값을 구하는 데에는 치명적인 하자가 있다. 바로 이웃한 항의 비의 극한이 수렴함을 보이지

않고 그 극한값을 r 라 놓은 점이다. 그러나 이제 우리는 피보나치 수열의 일반항을 알고 있으므로, 하자 없이 이웃한 항의 비의 극한값을 구할 수 있다. 일반항은 $a_n = \frac{1}{\sqrt{5}}(\alpha^n - \beta^n)$ 이므로 이웃한 항의 비의 극한값은

$$\lim_{n \to \infty} \frac{a_{n+1}}{a_n} = \lim_{n \to \infty} \frac{\alpha^{n+1} - \beta^{n+1}}{\alpha^n - \beta^n} = \lim_{n \to \infty} \frac{\alpha - \beta \left(\frac{\beta}{\alpha}\right)^n}{1 - \left(\frac{\beta}{\alpha}\right)^n} = \alpha$$

이다. 이 값은 **황금비**라 하는 값인데, 피보나치 수열은 황금비를 이웃한 항의 비의 극한값으로 가지는 수열인 셈이다.

이제 피보나치 수열의 합에 관한 공식을 살펴보자. 피보나치 수열의 합은

$$\sum_{k=1}^{n} a_k = a_{n+2} - 1 \tag{4}$$

이다. 이는 피보나치 수열의 점화식으로부터

$$
\begin{aligned}
a_1 + a_2 + \cdots + a_n &= (1 + a_1) + a_2 + \cdots + a_n - 1 \\
&= (a_2 + a_1) + a_2 + \cdots + a_n - 1 \\
&= a_3 + a_2 + \cdots + a_n - 1 \\
&\ \ \vdots \\
&= a_{n+1} + a_n - 1 \\
&= a_{n+2} - 1
\end{aligned}
$$

로 바로 유도된다.

문제 4.1.4. 등식 (4)를 증명하여라.

비슷하게 피보나치 수열의 홀수 번째 항의 합과 짝수 번째 항의 합은 각각

$$\sum_{k=1}^{n} a_{2k-1} = a_{2n}, \quad \sum_{k=1}^{n} a_{2k} = a_{2n+1} - 1 \tag{5}$$

이다. 홀수 번째 항의 합은 피보나치 수열의 점화식으로부터

$$
\begin{aligned}
a_1 + a_3 + \cdots + a_{2n-1} &= a_2 + a_3 + \cdots + a_{2n-1} \\
&= a_4 + a_5 + \cdots + a_{2n-1} \\
&\;\;\vdots \\
&= a_{2n-2} + a_{2n-1} \\
&= a_{2n}
\end{aligned}
$$

으로 바로 유도된다. 짝수 번째 항의 합도 마찬가지로 유도된다.

문제 4.1.5. 등식 (5)를 증명하여라.

그리고 피보나치 수열의 각 항의 제곱의 합은

$$
\sum_{k=1}^{n} a_k{}^2 = a_n a_{n+1} \tag{6}
$$

이다. 이 또한 피보나치 수열의 점화식으로부터

$$
\begin{aligned}
a_1{}^2 + a_2{}^2 + \cdots + a_n{}^2 &= a_1 a_2 + a_2{}^2 + \cdots + a_n{}^2 \\
&= (a_1 + a_2)a_2 + \cdots + a_n{}^2 \\
&= a_3 a_2 + a_3{}^2 + \cdots + a_n{}^2 \\
&\;\;\vdots \\
&= a_n a_{n-1} + a_n{}^2 \\
&= a_n a_{n+1}
\end{aligned}
$$

로 바로 유도된다.

문제 4.1.6. 등식 (6)을 증명하고, 이 등식을 기하학적으로 설명하는 그림을 그려 보아라.

마지막으로 피보나치 수열에 대하여 다음 등식

$$\sum_{k=1}^{n} \frac{a_k}{a_{k+1}a_{k+2}} = \frac{1}{a_2} - \frac{1}{a_{n+2}} \tag{7}$$

이 성립한다. 부분분수로 분해하면 $\frac{a_k}{a_{k+1}a_{k+2}} = \frac{1}{a_{k+1}} - \frac{1}{a_{k+2}}$ 이므로 바로 유도된다.

문제 4.1.7. 등식 (7)을 증명하여라.

4.2.   교란순열

누구나 고등학교에서 모든 사람이 다른 사람의 모자를 쓰는 경우의 수를 구하는 문제를 한번쯤은 풀어 보았을 것이다. 꼭 모자가 아니더라도 모든 사람이 다른 사람의 자리에 앉거나 다른 사람의 시험지를 가져가는 경우의 수를 구하는 문제도 그 표현만 다를 뿐이지 모든 사람이 다른 사람의 모자를 쓰는 경우의 수를 구하는 문제와 마찬가지이다. 그런데 이런 문제는 가끔씩 나옴에도 불구하고 그 경우의 수를 순열이나 조합으로 간단히 계산할 수 없어 이런 문제가 나올 때마다 속수무책으로 가능한 경우를 일일이 구해야만 하였다.

사람을 $1, 2, \cdots, n$ 이라 하고, 사람 x 의 모자를 x 라 하면 이 문제는 다음 성질

$$\text{임의의 } x = 1, 2, \cdots, n \text{ 에 대하여 } f(x) \neq x$$

를 만족하는 전단사함수 $f : \{1, 2, \cdots, n\} \longrightarrow \{1, 2, \cdots, n\}$ 의 개수를 구하는 문제가 된다. 이런 함수 f 를 **교란순열**이라 하고, 그 개수를 **교란순열의 수**라 하며 흔히 D_n 으로 나타낸다.

이제 구체적으로 교란순열의 수를 계산하는 공식을 구해 보자. 지금부터 f 를 r 번 합성한 함수

$$\underbrace{f \circ f \circ \cdots \circ f}_{r\text{개}}$$

는 간단히 f^r 로 나타낸다. 먼저 등식 $f^r(1) = 1$ 을 만족하는 n 이하의 자연수 r 이 존재한다는 것부터 증명하자. 다음 $n+1$ 개의 수

$$1, f(1), f^2(1), \cdots, f^n(1)$$

을 생각하면 이들은 모두 1 부터 n 까지의 자연수 가운데 하나이다. 그런데 1 부터 n 까지의 자연수의 개수는 n 개이므로 이들 가운데 같은 것이 있어야 한다. 이를 $f^i(1), f^j(1)$ 이라 하자. 그러면 i 와 j 는 서로 다르므로 $i > j$ 이거나 $i < j$ 이어야 한다. 편의상 $i > j$ 라 하자. 함수 f 는 전단사함수이므로 역함수가 존재한다. 이제 등식 $f^i(1) = f^j(1)$ 의 양변에 $(f^{-1})^j$ 를 합성하면

등식 $f^{i-j}(1) = 1$ 이 성립한다. 그런데 $0 \leqq j < i \leqq n$ 이므로 $i-j$ 는 n 이하의 자연수이고, 원하는 결론을 얻는다.

만약 $f^r(1) = 1$ 을 만족하는 최소의 자연수 r 이 m 이면 m 개의 수 $1, f(1),$ $f^2(1), \cdots, f^{m-1}(1)$ 은 모두 다르다. 그리고 이들은 다음 순서

$$1 \longrightarrow f(1) \longrightarrow f^2(1) \longrightarrow \cdots \longrightarrow f^{m-1}(1) \longrightarrow 1 \longrightarrow \cdots$$

에 따라 순환하므로 집합 $\{f(1), f^2(1), \cdots, f^m(1)\}$ 안에서는 자체적으로 교란이 이루어진다.

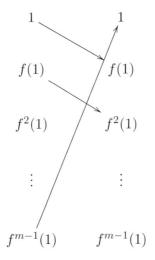

문제 4.2.1. 만약 $f^r(1) = 1$ 을 만족하는 최소의 자연수 r 이 m 이면 다음 m 개의 수

$$1, \ f(1), \ f^2(1), \ \cdots, \ f^{m-1}(1)$$

은 모두 서로 다름을 증명하여라.

교란순열의 수 D_n 은 $f^r(1) = 1$ 을 만족하는 최소의 자연수 r 의 값에 따라 경우를 나누어 구할 수 있다. 자연수 r 이 1 일 수는 없으므로 $r = 2$ 라 하자. 이 경우 $f(1)$ 의 값을 정해야 하므로 그 경우의 수는 $_{n-1}\mathrm{P}_1$ 이다. 그리고 집합 $\{1, f(1)\}$ 안에서는 자체적으로 교란이 이루어지므로 1 부터 n 까지의 자연수에서 $1, f(1)$ 을 뺀 자연수를 교란시켜야 하는데, 그 경우의 수는 D_{n-2} 이다. 따라서 $r = 2$ 인 경우 교란순열의 개수는 $_{n-1}\mathrm{P}_1 D_{n-2}$ 이다.

마찬가지로 $r = 3$ 이라 하면 $f(1)$, $f^2(1)$ 의 값을 정해야 하므로 그 경우의
수는 $_{n-1}\mathrm{P}_2$ 이다. 그리고 집합 $\{1, f(1), f^2(1)\}$ 안에서는 자체적으로 교란이
이루어지므로 1 부터 n 까지의 자연수에서 1, $f(1)$, $f^2(1)$ 을 뺀 자연수를 교
란시켜야 하는데, 그 경우의 수는 D_{n-3} 이다. 따라서 $r = 3$ 인 경우 교란순
열의 개수는 $_{n-1}\mathrm{P}_2 D_{n-3}$ 이다.

같은 작업을 $r = 4, 5, \cdots, n$ 인 경우에 반복하면

$$D_n = {}_{n-1}\mathrm{P}_1 D_{n-2} + {}_{n-1}\mathrm{P}_2 D_{n-3} + \cdots + {}_{n-1}\mathrm{P}_{n-2} D_1 + {}_{n-1}\mathrm{P}_{n-1}$$

이다. 따라서

$$D_{n-1} = {}_{n-2}\mathrm{P}_1 D_{n-3} + {}_{n-2}\mathrm{P}_2 D_{n-4} + \cdots + {}_{n-2}\mathrm{P}_{n-3} D_1 + {}_{n-2}\mathrm{P}_{n-2}$$

이다. 그런데 등식 $_{n-1}\mathrm{P}_r = (n-1){}_{n-2}\mathrm{P}_{r-1}$ 로부터 다음 등식

$$(n-1)D_{n-1} = {}_{n-1}\mathrm{P}_2 D_{n-3} + \cdots + {}_{n-1}\mathrm{P}_{n-2} D_1 + {}_{n-1}\mathrm{P}_{n-1}$$

이 성립하므로 다음 점화식

$$D_n = (n-1)(D_{n-1} + D_{n-2})$$

를 얻는다.

이제 D_n 을 n 에 관한 식으로 나타내기 위하여 $M_n = \frac{D_n}{n!}$ 이라 놓고 점화
식 $D_n = (n-1)(D_{n-1} + D_{n-2})$ 의 양변을 $\frac{1}{n!}$ 로 나누면

$$M_n = \frac{D_n}{n!} = \frac{D_{n-1} + D_{n-2}}{n(n-2)!} = \frac{n-1}{n}M_{n-1} + \frac{1}{n}M_{n-2}$$

이 되므로 이를 $M_n - M_{n-1} = \frac{-1}{n}(M_{n-1} - M_{n-2})$ 로 고쳐 쓸 수 있다. 따라서
다음 등식

$$M_n - M_{n-1} = \frac{-1}{n} \cdot \frac{-1}{n-1} \cdot \cdots \cdot \frac{-1}{3}(M_2 - M_1) = \frac{(-1)^{n-2}}{n!}2(M_2 - M_1)$$

이 성립한다. 이제 M_n 은

$$
\begin{aligned}
M_n &= M_1 + (M_2 - M_1) + (M_3 - M_2) + \cdots + (M_n - M_{n-1}) \\
&= M_1 + \left(\frac{1}{2!} - \frac{1}{3!} + \frac{1}{4!} - \cdots + \frac{(-1)^{n-2}}{n!} \right) 2(M_2 - M_1)
\end{aligned}
$$

이다. 그런데 $D_1 = 0$, $D_2 = 1$ 에서 $M_1 = 0$, $M_2 = \frac{1}{2}$ 이고 $D_n = n! M_n$ 이므로

$$
D_n = n! \left(\frac{1}{2!} - \frac{1}{3!} + \cdots + \frac{(-1)^{n-2}}{n!} \right)
$$

이다. 여기에서 D_n 을

$$
D_n = n! \left(\frac{1}{0!} - \frac{1}{1!} + \frac{1}{2!} - \cdots + \frac{(-1)^n}{n!} \right)
$$

으로 정의해도 마찬가지이므로 교란순열의 수를 확장하여 D_0 의 값을 정의할 수 있다.

문제 4.2.2. 교란순열의 수를 확장하여 D_0 의 값을 정의하여라.

지금까지는 교란순열의 수가 만족하는 점화식을 유도하고, 그 점화식을 풀어 교란순열의 수를 계산하는 공식을 구하였다. 이런 접근법을 택한 것은 우리가 수열을 다루고 있는 만큼 다양한 점화식을 푸는 방법에 익숙해지도록 하기 위함이었다. 사실 교란순열의 수는 좀 더 쉬운 방법으로 유도할 수 있다.

등식 $f(r) = r$ 을 만족하는 전단사함수 f 의 집합을 A_r 라 하자. 그러면 교란순열의 수 D_n 은 전단사함수 $f : \{1, 2, \cdots, n\} \longrightarrow \{1, 2, \cdots, n\}$ 의 개수에서 집합 $A_1 \cup A_2 \cup \cdots \cup A_n$ 의 원소의 개수를 빼서 구할 수 있다. 전단사함수 $f : \{1, 2, \cdots, n\} \longrightarrow \{1, 2, \cdots, n\}$ 의 개수는 $n!$ 로 쉽게 구할 수 있으므로, 문제는 집합 $A_1 \cup A_2 \cup \cdots \cup A_n$ 의 원소의 개수를 구하는 것이다.

두 집합의 합집합 $A \cup B$ 의 원소의 개수는

$$
n(A \cup B) = n(A) + n(B) - n(A \cap B)
$$

로 구하였고, 세 집합의 합집합 $A \cup B \cup C$의 원소의 개수는

$$
\begin{aligned}
n(A \cup B \cup C) &= n(A) + n(B) + n(C) \\
&\quad - n(A \cap B) - n(B \cap C) - n(C \cap A) \\
&\quad + n(A \cap B \cap C)
\end{aligned}
$$

로 구하였다는 것을 생각하면 집합 $A_1 \cup A_2 \cup \cdots \cup A_n$의 원소의 개수는

$$
\begin{aligned}
n(A_1 \cup A_2 \cup \cdots \cup A_n) &= [n(A_i \text{ 꼴의 집합})\text{의 합}] \\
&\quad - [n(A_i \cap A_j \text{ 꼴의 집합})\text{의 합}] \\
&\quad + [n(A_i \cap A_j \cap A_k \text{ 꼴의 집합})\text{의 합}] \\
&\quad - \cdots
\end{aligned}
$$

로 구할 수 있음을 알 수 있다. 물론 여기에서 i, j, k는 모두 서로 달라야한다.

이제 A_i 꼴의 집합의 개수는 n개의 자연수 가운데 등식 $f(i) = i$를 만족하는 i를 고르는 경우의 수이므로 $_n\mathrm{C}_1$개이고, 각 A_i 꼴의 집합의 원소의 개수는 i를 뺀 집합에서 정의된 전단사함수의 개수이므로 $(n-1)!$개이다. 마찬가지로 $A_i \cap A_j$ 꼴의 집합의 개수는 n개의 자연수 가운데 등식 $f(i) = i$, $f(j) = j$를 만족하는 i, j를 고르는 경우의 수이므로 $_n\mathrm{C}_2$개이고, 각 $A_i \cap A_j$ 꼴의 집합의 원소의 개수는 i, j를 뺀 집합에서 정의된 전단사함수의 개수이므로 $(n-2)!$개이다. 같은 작업을 반복하면 집합 $A_1 \cup A_2 \cup \cdots \cup A_n$의 원소의 개수는

$$
\sum_{r=1}^{n} (-1)^{r+1} {}_n\mathrm{C}_r (n-r)! = n! \sum_{r=1}^{n} \frac{(-1)^{r+1}}{r!}
$$

이고, 교란순열의 수는

$$
D_n = n! - n! \sum_{r=1}^{n} \frac{(-1)^{r+1}}{r!} = n! \left(\frac{1}{0!} - \frac{1}{1!} + \frac{1}{2!} - \cdots + \frac{(-1)^n}{n!} \right)
$$

이다.

4.3.　급수의 수렴판정

수열 $\{a_n\}$ 에 대하여 첫째항부터 제 n 항까지의 합 $\sum_{k=1}^{n} a_k$ 를 부분합이라 한다. 그리고 각 항이 부분합 $\sum_{k=1}^{n} a_k$ 로 이루어진 수열을 $\{a_n\}$ 의 **급수**라 하고 $\sum_{n=1}^{\infty} a_n$ 으로 나타낸다.

문제 4.3.1. 다음 수열

$$1,\ -1,\ 1,\ -1,\ \cdots,\ (-1)^{n+1},\ \cdots$$

의 급수의 항을 앞에서부터 몇 개 나열해 보아라.

　수열 $\{a_n\}$ 에 대하여 유한 개의 항의 합이 무엇인지, 그리고 그 값이 얼마인지 하는 것은 어렵지 않다. 그러나 무한 개의 항의 합이 무엇인지, 그리고 그 값이 얼마인지 하는 문제는 상당히 까다롭다. 급수 $\sum_{n=1}^{\infty} a_n$ 에 대하여 다음 극한

$$\lim_{n \to \infty} \sum_{k=1}^{n} a_k$$

가 존재하면 급수 $\sum_{n=1}^{\infty} a_n$ 이 **수렴한다**고 하고, 그 극한값을 **급수의 합**이라 하며 급수와 같이 $\sum_{n=1}^{\infty} a_n$ 으로 나타낸다. 따라서 $\sum_{n=1}^{\infty} a_n$ 이라고 할 때에는 그것이 '급수'를 가리키는지, '급수의 합'을 가리키는지 문맥에 따라 판단하여야 한다. 반대로 극한 $\lim_{n \to \infty} \sum_{k=1}^{n} a_k$ 가 존재하지 않으면 급수 $\sum_{n=1}^{\infty} a_n$ 이 **발산한다**고 한다.

　모든 수렴하는 급수의 합을 구할 수 있을까? 그렇다면 좋겠지만, 대부분의 급수는 그 합을 구하기 대단히 어렵다. 급수의 합을 구하기 위해서는 부분합을 구하는 것이 가장 초보적인 방법인데 이런 초보적인 방법을 쓸 수 있는 급수가 몇 안 되기 때문이다. 그러나 급수의 합이 무엇인지는 몰라도 주어진 급수의 수렴 여부는 판정할 수 있다.

　가장 쉬운 일반항 판정법부터 살펴보자. 일반항 판정법은 수열의 일반항으로부터 급수의 수렴 여부를 판정한다.

정리 4.3.1. (일반항 판정법) 급수 $\sum_{n=1}^{\infty} a_n$ 이 수렴하면 $\lim_{n\to\infty} a_n = 0$ 이다.

증명: 수열 $\{a_n\}$ 의 부분합을 S_n, 급수의 합을 S 라 하면 다음 등식

$$\lim_{n\to\infty} a_n = \lim_{n\to\infty} (S_n - S_{n-1}) = \lim_{n\to\infty} S_n - \lim_{n\to\infty} S_{n-1} = S - S = 0$$

이 성립한다.

그러나 일반항 판정법은 급수가 수렴할 필요조건일 뿐이지 충분조건은 아니다. 즉, $\lim_{n\to\infty} a_n \neq 0$ 으로부터 그 급수가 발산한다고 할 수는 있어도 $\lim_{n\to\infty} a_n = 0$ 이라고 그 급수가 수렴한다고 할 수는 없다. 수렴판정법의 하나인 비교판정법을 다루면서 $\lim_{n\to\infty} a_n = 0$ 이지만 그 급수가 발산하는 예를 살펴볼 것이다.

이제 다른 수렴판정법을 공부하기에 앞서 이들 수렴판정법을 얻는 데 쓰이는 근본적인 원리를 증명 없이 소개한다. 이는 실수의 핵심 성질이기도 하다.

정리 4.3.2. (완비성공리) 증가수열 $\{a_n\}$ 이 모든 자연수 n 에 대하여 다음 성질

$$a_n \leqq A \text{ 를 만족하는 실수 } A \text{ 가 존재한다}$$

를 만족하면 수열 $\{a_n\}$ 은 수렴한다.

완비성공리는 쉽게 말해서 어떤 수열이 증가하는데 그 수열이 넘지 못하도록 막고 있는 장애물이 있으면, 그 수열은 어떤 실수에 수렴한다는 뜻이다. 이 때 이 실수가 A 일 필요는 없다.

보기 1. 완비성공리를 쓰면 자연로그의 밑을 정의하는 다음 극한

$$\lim_{n\to\infty} \left(1 + \frac{1}{n}\right)^n$$

이 수렴함을 증명할 수 있다.

수열 $\{a_n\}$ 을 $a_n = \left(1 + \frac{1}{n}\right)^n$ 로 정의하면

$$
\begin{aligned}
a_n &= 1 + {}_n\mathrm{C}_1 \frac{1}{n} + {}_n\mathrm{C}_2 \left(\frac{1}{n}\right)^2 + {}_n\mathrm{C}_3 \left(\frac{1}{n}\right)^3 + \cdots + {}_n\mathrm{C}_n \left(\frac{1}{n}\right)^n \\
&= 1 + 1 + \frac{1}{2!} \cdot \frac{n(n-1)}{n^2} + \frac{1}{3!} \cdot \frac{n(n-1)(n-2)}{n^3} + \cdots + \frac{1}{n!} \cdot \frac{n(n-1)\cdots 1}{n^n} \\
&= 1 + 1 + \frac{1}{2!}\left(1 - \frac{1}{n}\right) + \frac{1}{3!}\left(1 - \frac{1}{n}\right)\left(1 - \frac{2}{n}\right) + \cdots \\
&\qquad + \frac{1}{n!}\left(1 - \frac{1}{n}\right)\left(1 - \frac{2}{n}\right)\cdots\left(1 - \frac{n-1}{n}\right)
\end{aligned}
$$

인데, 각 자연수 $r = 1, 2, \cdots, n$ 에 대하여 다음 부등식

$$
\left(1 - \frac{1}{n}\right)\left(1 - \frac{2}{n}\right)\cdots\left(1 - \frac{r}{n}\right) < \left(1 - \frac{1}{n+1}\right)\left(1 - \frac{2}{n+1}\right)\cdots\left(1 - \frac{r}{n+1}\right)
$$

이 성립하므로 $\{a_n\}$ 은 증가수열이다. 그런데 다음 부등식

$$
\begin{aligned}
a_n &= 1 + 1 + \frac{1}{2!}\left(1 - \frac{1}{n}\right) + \frac{1}{3!}\left(1 - \frac{1}{n}\right)\left(1 - \frac{2}{n}\right) + \cdots \\
&\qquad + \frac{1}{n!}\left(1 - \frac{1}{n}\right)\left(1 - \frac{2}{n}\right)\cdots\left(1 - \frac{n-1}{n}\right) \\
&< 1 + 1 + \frac{1}{2!} + \frac{1}{3!} + \cdots + \frac{1}{n!} \\
&< 1 + 1 + \frac{1}{2} + \frac{1}{4} + \cdots + \frac{1}{2^{n-1}} < 3
\end{aligned}
$$

이 성립하므로 모든 자연수 n 에 대하여 $a_n < 3$ 이다. 따라서 완비성공리에 의하여 수열 $\{a_n\}$ 은 수렴한다.

문제 4.3.2. 만약 $1 < a < e^{\frac{1}{e}}$ 이면 함수 $y = a^x$ 의 그래프와 직선 $y = x$ 는 서로 다른 두 점에서 만난다. 두 점의 x 좌표 가운데 작은 것을 α 라 하자. 수열 $\{a_n\}$ 을

$$
a_1 = a, \quad a_{n+1} = a^{a_n}
$$

으로 정의할 때, 수학적귀납법을 써서 수열 $\{a_n\}$ 이 증가하며 모든 자연수 n 에 대하여 $a_n < \alpha$ 임을 증명하여라. 수열 $\{a_n\}$ 이 α 로 수렴함을 증명하여라.

이제 완비성공리에서 파생되는 판정법을 살펴보자. 모든 항이 양인 수열을 간단히 **양항수열**이라 한다. 비교판정법은 주어진 수열과 비교할 수 있는 수열을 구성하여 급수의 수렴 여부를 판정한다.

정리 4.3.3. (비교판정법) 양항수열 $\{a_n\}$, $\{b_n\}$ 이 모든 자연수 n 에 대하여 부등식 $a_n \leqq b_n$ 을 만족한다고 하자. 이 때, 급수 $\sum_{n=1}^{\infty} b_n$ 이 수렴하면 급수 $\sum_{n=1}^{\infty} a_n$ 도 수렴한다.

비교판정법은 쉽게 말해서 수열 $\{a_n\}$ 의 각 항보다 더 큰 항으로 이루어진 $\{b_n\}$ 의 급수가 수렴하면 $\{a_n\}$ 의 급수도 수렴한다는 말이다.

증명: 수열 $\{a_n\}$ 이 양항수열이므로 급수 $\sum_{n=1}^{\infty} a_n$ 은 증가수열이다. 급수 $\sum_{n=1}^{\infty} b_n$ 이 수렴하므로 그 수렴값을 B 라 하면 $\{b_n\}$ 도 양항수열이므로 임의의 자연수 n 에 대하여 다음 부등식

$$\sum_{k=1}^{n} a_k \leqq \sum_{k=1}^{n} b_k < B$$

가 성립한다. 따라서 완비성공리에 의하여 급수 $\sum_{n=1}^{\infty} a_n$ 은 수렴한다.

문제 4.3.3. 양항수열 $\{a_n\}$, $\{b_n\}$ 이 모든 자연수 n 에 대하여 부등식 $a_n \leq b_n$ 을 만족한다고 하자. 만약 급수 $\sum_{n=1}^{\infty} a_n$ 이 발산하면 급수 $\sum_{n=1}^{\infty} b_n$ 도 발산함을 증명하여라.

비록 비교판정법이라는 말을 쓰지는 않았지만, 고등학교에서 급수 $\sum_{n=1}^{\infty} \frac{1}{n}$ 이 발산함을 증명할 때 비교판정법을 썼다. 고등학교에서는 다음 부등식

$$\begin{aligned}
\sum_{n=1}^{\infty} \frac{1}{n} &= 1 + \frac{1}{2} + \frac{1}{3} + \frac{1}{4} + \frac{1}{5} + \frac{1}{6} + \frac{1}{7} + \frac{1}{8} + \cdots \\
&> 1 + \frac{1}{2} + \frac{1}{4} + \frac{1}{4} + \frac{1}{8} + \frac{1}{8} + \frac{1}{8} + \frac{1}{8} + \cdots \\
&= 1 + \frac{1}{2} + \frac{1}{2} + \cdots
\end{aligned}$$

을 생각하여 급수 $\sum_{n=1}^{\infty} \frac{1}{n}$ 이 발산함을 증명하였다. 이것을 우리의 말로 바

꾸어 보면 모든 자연수 n에 대하여 다음 부등식

$$\frac{1}{2^{-[-\log_2 n]}} \leq \frac{1}{n}$$

이 성립하고 급수 $\sum_{n=1}^{\infty} \frac{1}{2^{-[-\log_2 n]}}$ 이 발산하므로 비교판정법에 의하여 급수 $\sum_{n=1}^{\infty} \frac{1}{n}$ 도 발산한다는 정도로 쓸 수 있다. 물론 여기에서 $[x]$ 는 x 를 넘지 않는 최대의 정수이다. 급수 $\sum_{n=1}^{\infty} \frac{1}{n}$ 은 $\lim_{n \to \infty} \frac{1}{n} = 0$ 이지만 그 급수는 수렴하지 않는 수열의 보기가 된다.

문제 4.3.4. 모든 자연수 n에 대하여 다음 부등식

$$\frac{1}{2^{-[-\log_2 n]}} \leq \frac{1}{n}$$

이 성립함을 증명하여라.

문제 4.3.5. 수열 $\{\frac{1}{n}\}$ 의 제 n 항까지의 합이 100 을 넘는 자연수 n 의 값을 하나 구하여라.

문제 4.3.6. 1 이하의 양수 p 에 대하여 급수 $\sum_{n=1}^{\infty} \frac{1}{n^p}$ 이 수렴하는지 판정하여라.

문제 4.3.7. 2 이상의 자연수 n 에 대하여 다음 부등식

$$\frac{1}{n^2} \leq \frac{1}{n(n-1)}$$

이 성립함을 써서 급수 $\sum_{n=1}^{\infty} \frac{1}{n^2}$ 이 수렴함을 증명하여라. 이로부터 2 이상의 양수 p 에 대하여 급수 $\sum_{n=1}^{\infty} \frac{1}{n^p}$ 이 수렴하는지 판정하여라.

문제 4.3.8. 수열 $\{\gamma_n\}$ 을

$$\gamma_n = \frac{1}{n} - \int_n^{n+1} \frac{1}{x} dx$$

로 정의할 때, 급수 $\sum_{n=1}^{\infty} \gamma_n$ 이 수렴하는지 판정하여라.

비교판정법을 쓰려면 그 급수가 수렴하는 수열이나 발산하는 수열을 구성하고, 그 수열의 각 항이 주어진 수열의 각 항보다 작거나 또는 크다는 것을 증명해야 한다. 그러려면 먼저 그 급수가 수렴하거나 발산하는 수열을 알고 있어야 한다. 그 급수가 수렴하거나 발산하는 수열을 많이 알고 있으면

있을수록 수렴판정은 쉬워진다. 그 급수가 수렴하는 대표적인 수열은 바로 등비수열이다.

예를 들어 급수 $\sum_{n=1}^{\infty} \frac{1}{n!}$ 이 수렴하는지 판정하여 보자. 수열 $\{\frac{1}{n!}\}$ 의 처음 몇 항을 나열하여 보면

$$\frac{1}{1}, \ \frac{1}{2}, \ \frac{1}{6}, \ \frac{1}{24}, \ \frac{1}{120}, \ \cdots$$

인데 이를 관찰하여 보면 공비가 $\frac{1}{2}$ 인 등비수열보다 빨리 줄어듦을 알 수 있다. 이것은 임의의 자연수 n 에 대하여 제 $n+1$ 항은 제 n 항의 $\frac{1}{n+1}$ 배가 되기 때문이다. 따라서 이웃한 항의 비 $\frac{a_{n+1}}{a_n}$ 가 주어진 수열의 수렴 여부를 판정하는 실마리가 될 수 있다.

정리 4.3.4. (비율판정법) 양항수열 $\{a_n\}$ 이 임의의 자연수 n 에 대하여 다음 성질

$$\text{부등식 } \frac{a_{n+1}}{a_n} \leqq r < 1 \text{ 을 만족하는 실수 } r \text{ 이 존재한다}$$

을 만족하면 급수 $\sum_{n=1}^{\infty} a_n$ 은 수렴한다.

증명: 임의의 자연수 n 에 대하여 부등식 $a_n \leqq a_1 r^{n-1}$ 이 성립하고, 다음 등식

$$\sum_{n=1}^{\infty} a_1 r^{n-1} = \frac{a_1}{1-r}$$

이 성립하므로 급수 $\sum_{n=1}^{\infty} a_1 r^{n-1}$ 은 수렴한다. 따라서 비교판정법에 의하여 급수 $\sum_{n=1}^{\infty} a_n$ 도 수렴한다.

문제 4.3.9. 급수 $\sum_{n=1}^{\infty} \frac{1}{n!}$ 이 수렴하는지 판정하여라.

비율판정법에서 부등식 $\frac{a_{n+1}}{a_n} \leqq r < 1$ 을 만족하는 실수 r 이 존재해야 한다는 것은 필수적이다. 만약 이웃한 항의 비 $\frac{a_{n+1}}{a_n}$ 이 항상 1 보다 작다고 해도 $\frac{a_{n+1}}{a_n}$ 이 1 에 수렴하면 비율판정법은 주어진 급수의 수렴, 발산 여부에 대하여 아무런 답을 주지 못한다. 예를 들어 급수 $\sum_{n=1}^{\infty} \frac{1}{n}$ 과 $\sum_{n=1}^{\infty} \frac{1}{n^2}$ 은 모든 자연수 n 에 대하여 이웃한 항의 비가 1 보다 작지만 1 로 수렴하는데, 전자는 발산하고 후자는 수렴하므로 급수의 수렴 여부를 판정할 수 없다.

문제 4.3.10. 양항수열 $\{a_n\}$ 이 임의의 자연수 n 에 대하여 다음 성질

$$\text{부등식 } \frac{a_{n+1}}{a_n} \geqq r > 1 \text{을 만족하는 실수 } r \text{ 이 존재한다}$$

을 만족하면 급수 $\sum_{n=1}^{\infty} a_n$ 은 발산함을 증명하여라. 임의의 자연수 n 에 대하여 부등식 $\frac{a_{n+1}}{a_n} \geqq 1$ 을 만족한다고 해도 급수 $\sum_{n=1}^{\infty} a_n$ 이 여전히 발산하는지 살펴보아라.

정리 4.3.5. (적분판정법) 구간 $[1, \infty)$ 에서 정의된 연속함수 f 가 항상 양의 값을 취하면서 감소한다고 하자. 만약 다음 극한

$$\lim_{n \to \infty} \int_1^n f(x)dx$$

가 수렴하면 급수 $\sum_{n=1}^{\infty} f(n)$ 도 수렴하고, 위 극한이 발산하면 급수 $\sum_{n=1}^{\infty} f(n)$ 도 발산한다.

증명: 극한 $\lim_{n \to \infty} \int_1^n f(x)dx$ 가 수렴한다고 하자. 함수 f 가 감소함수이므로 임의의 자연수 n 에 대하여 부등식 $f(n+1) < \int_n^{n+1} f(x)dx$ 가 성립하고, 다음 등식

$$\sum_{n=1}^{\infty} \int_n^{n+1} f(x)dx = \lim_{n \to \infty} \int_1^n f(x)dx$$

가 성립하므로 급수 $\sum_{n=1}^{\infty} \int_n^{n+1} f(x)dx$ 는 수렴한다. 따라서 비교판정법에 의하여 급수 $\sum_{n=2}^{\infty} f(n)$ 도 수렴하고, 이에 $f(1)$ 을 더한 $\sum_{n=1}^{\infty} f(n)$ 도 수렴한다.

이제 극한 $\lim_{n \to \infty} \int_1^n f(x)dx$ 가 발산한다고 하자. 함수 f 가 감소함수이므로 임의의 자연수 n 에 대하여 부등식 $f(n) > \int_n^{n+1} f(x)dx$ 이 성립하고, 다음 등식

$$\sum_{n=1}^{\infty} \int_n^{n+1} f(x)dx = \lim_{n \to \infty} \int_1^n f(x)dx$$

로부터 급수 $\sum_{n=1}^{\infty} \int_n^{n+1} f(x)dx$ 는 발산한다. 따라서 비교판정법에 의하여 급수 $\sum_{n=1}^{\infty} f(n)$ 도 발산한다.

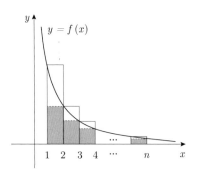

적분판정법이 유용한 것은 그 합을 구할 수 있는 급수는 극히 제한되어 있는 반면, 식으로 나타낼 수 있는 함수는 비교적 그 적분값을 구하기 쉽다는 점에 있다. 또, 적분판정법만의 장점은 극한 $\lim_{n\to\infty}\int_1^n f(x)dx$ 의 수렴 여부가 급수의 수렴 여부와 완전히 일치한다는 것이다.

보기 2. 적분판정법으로 급수 $\sum_{n=1}^{\infty}\frac{1}{n}$ 이 발산함을 증명할 수도 있다. 함수 f 를 $f(x)=\frac{1}{x}$ 로 놓으면 f 가 적분판정법의 전제조건

$$\text{연속함수, 항상 양의 값을 취한다, 감소함수, } f(n)=\frac{1}{n}$$

을 모두 만족하므로 적분판정법을 쓸 수 있다. 이제

$$\lim_{n\to\infty}\int_1^n \frac{1}{x}dx = \lim_{n\to\infty}\ln n = \infty$$

이므로 급수 $\sum_{n=1}^{\infty}\frac{1}{n}$ 은 발산한다.

보기 3. 적분판정법으로 $p>1$ 이면 급수 $\sum_{n=1}^{\infty}\frac{1}{n^p}$ 이 수렴한다는 것도 알 수 있다. 함수 f 를 $f(x)=\frac{1}{x^p}$ 로 놓으면 f 는 적분판정법의 전제조건을 모두 만족하고

$$\lim_{n\to\infty}\int_1^n \frac{1}{x^p}dx = \lim_{n\to\infty}\frac{1}{p-1}\left(1-\frac{1}{n^{p-1}}\right) = \frac{1}{p-1}$$

이므로 급수 $\sum_{n=1}^{\infty}\frac{1}{n^p}$ 은 수렴한다.

문제 4.3.11. 적분판정법을 써서 $0 \leqq p < 1$ 이면 급수 $\sum_{n=1}^{\infty}\frac{1}{n^p}$ 이 발산함을 증명하여라.

적분판정법의 증명에서 다음 부등식

$$f(n+1) < \int_n^{n+1} f(x)dx < f(n)$$

은 핵심적인 역할을 하였다. 이와 비슷한 방법을 쓰면 양항감소수열에 한하여 일반항 판정법보다 강한 결과를 얻을 수 있다.

보기 4. 양항감소수열 $\{a_n\}$ 의 급수 $\sum_{n=1}^{\infty} a_n$ 이 수렴하면 $\lim_{n \to \infty} na_n = 0$ 임을 증명하여 보자. 수열 $\{a_n\}$ 의 부분합을 S_n 이라 하자. 그러면 $\{a_n\}$ 이 양항감소수열이므로 다음 부등식

$$
\begin{aligned}
S_{2n} - S_n &= a_{n+1} + a_{n+2} + \cdots + a_{2n} \\
&> a_{2n} + a_{2n} + \cdots + a_{2n} = na_{2n} > 0
\end{aligned}
$$

이 성립한다. 그런데 급수 $\sum_{n=1}^{\infty} a_n$ 이 수렴하므로 그 수렴값을 S 라 하면

$$\lim_{n \to \infty} (S_{2n} - S_n) = S - S = 0$$

이고, $\lim_{n \to \infty} (2n)a_{2n} = 0$ 이다. 그런데 이는 수열 $\{na_n\}$ 의 짝수 번째 항이 0 으로 수렴한다는 것에 불과하므로 이 수열의 홀수 번째 항도 0 으로 수렴함을 증명하여야 한다.

마찬가지로 $S_{2n+1} - S_{n+1}$ 을 생각하면 $\lim_{n \to \infty} (2n+1)a_{2n+1} = 0$ 도 꼭 같은 방법으로 증명할 수 있으나 $\lim_{n \to \infty} (2n)a_{2n} = 0$ 임을 쓰는 쪽이 간결하다. 다음 부등식

$$0 < (2n+1)a_{2n+1} = 2na_{2n+1} + a_{2n+1} < 2na_{2n} + a_{2n+1}$$

에 극한을 취하면 $\lim_{n \to \infty} (2na_{2n} + a_{2n+1}) = 0$ 이므로 $\lim_{n \to \infty} (2n+1)a_{2n+1} = 0$ 이다. 이상에서 수열 $\{na_n\}$ 의 짝수 번째 항과 홀수 번째 항이 모두 0 으로 수렴하므로 $\lim_{n \to \infty} na_n = 0$ 이다.

문제 4.3.12. 마찬가지로 $S_{2n+1} - S_{n+1}$ 을 생각하여 $\lim_{n \to \infty} (2n)a_{2n} = 0$ 을 증명한 것과 꼭 같은 방법으로 $\lim_{n \to \infty} (2n+1)a_{2n+1} = 0$ 을 증명하여라.

문제 4.3.13. 수열 $\left\{\frac{1}{n\ln n}\right\}$ 을 생각하여 위 보기의 역이 성립하지 않음을 증명하여라.

보기 5. 위 보기는 급수 $\sum_{n=1}^{\infty} \frac{1}{n}$ 이 발산한다는 또 다른 증명을 제공해 준다. 수열 $\left\{\frac{1}{n}\right\}$ 은 양항감소수열이고 $\lim_{n\to\infty} n \cdot \frac{1}{n} = 1$ 이므로 급수 $\sum_{n=1}^{\infty} \frac{1}{n}$ 은 발산한다.

지금까지는 양항수열에 적용되는 수렴판정법을 다루었다. 마지막으로 양항수열이 아닌 수열에 적용되는 수렴판정법을 하나 소개한다. 수열 $\{a_n\}$ 이 모든 자연수 n 에 대하여 다음 성질

$$a_n a_{n+1} < 0$$

을 만족하면 $\{a_n\}$ 을 **교대수열**이라 하고, 교대수열의 급수를 **교대급수**라 한다.

정리 4.3.6. (교대급수 판정법) 양항감소수열 $\{a_n\}$ 이 $\lim_{n\to\infty} a_n = 0$ 을 만족하면 다음 교대급수

$$\sum_{n=1}^{\infty} (-1)^{n+1} a_n$$

은 수렴한다.

교대급수 판정법은 쉽게 말해서 교대수열의 각 항의 절대값이 작아져서 0 에 수렴하면 그 급수도 수렴한다는 말이다. 시계추가 시간이 지남에 따라 좌우로 흔들리는 폭이 줄어들다 보면 결국은 한 점에 멈출 수밖에 없을 것임을 생각하면 쉽게 이해될 것이다.

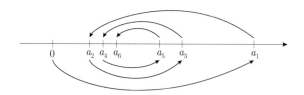

증명: 수열 $\{(-1)^{n+1} a_n\}$ 의 부분합을 S_n 이라 하고 수직선 위에 수열 $\{S_n\}$ 의 처음 몇 항을 나타내어 보면 $\{S_n\}$ 의 홀수 번째 항은 감소하고 짝수 번째 항은 증가함을 알 수 있다. 따라서 모든 홀수 번째 항보다 작은 실수, 모든

짝수 번째 항보다 큰 실수를 찾으면 완비성공리에 의하여 홀수 번째 항의 수열 $\{S_{2n-1}\}$ 과 짝수 번째 항의 수열 $\{S_{2n}\}$ 이 모두 수렴함을 증명할 수 있고, 그 수렴값이 같음을 증명하면 모든 증명이 끝난다.

먼저 홀수 번째 항이 감소함을 증명하자. 수열 $\{a_n\}$ 이 양항감소수열이므로 $S_{2n+1} - S_{2n-1} = a_{2n+1} - a_{2n} < 0$ 이고, 수열 $\{S_n\}$ 의 홀수 번째 항은 감소한다. 짝수 번째 항이 증가함도 꼭 같은 방법으로 증명할 수 있다. 이제 임의의 자연수 n 에 대하여 다음 부등식

$$S_2 < S_{2n} = S_{2n-1} - a_{2n} < S_{2n-1} < S_1$$

이 성립하므로 완비성공리에 의하여 홀수 번째 항의 수열 $\{S_{2n-1}\}$ 과 짝수 번째 항의 수열 $\{S_{2n}\}$ 이 모두 수렴한다. 이제 그 수렴값이 같다는 것만 증명하면 된다. 그런데 $\lim_{n\to\infty} a_n = 0$ 이므로

$$\lim_{n\to\infty} S_{2n} - \lim_{n\to\infty} S_{2n-1} = \lim_{n\to\infty} (S_{2n} - S_{2n-1}) = \lim_{n\to\infty} (-a_{2n}) = 0$$

이 되어 홀수 번째 항의 수열 $\{S_{2n-1}\}$ 과 짝수 번째 항의 수열 $\{S_{2n}\}$ 은 같은 값으로 수렴한다.

문제 4.3.14. 다음 교대급수

$$\sum_{n=1}^{\infty} (-1)^{n+1} \frac{1}{n} = 1 - \frac{1}{2} + \frac{1}{3} - \frac{1}{4} + \frac{1}{5} - \frac{1}{6} + \cdots$$

이 수렴하는지 판정하여라.

문제 4.3.15. 함수 $f(x) = \frac{\sin x}{x}$ 의 그래프를 그려라. 여기에서 $f(0) = 1$ 로 놓는다. 수열 $\{a_n\}$ 을

$$a_n = \int_{(n-1)\pi}^{n\pi} f(x)dx$$

로 정의하면 2 이상의 자연수 n 에 대하여 부등식 $|a_n| \leqq \frac{1}{n-1}$ 이 성립함을 증명하고, 급수 $\sum_{n=1}^{\infty} a_n$ 이 수렴함을 증명하여라.

문제 4.3.16. 다음 교대급수

$$\sum_{n=1}^{\infty}(-1)^{n+1}\frac{n+1}{n} = \frac{2}{1} - \frac{3}{2} + \frac{4}{3} - \frac{5}{4} + \frac{6}{5} - \frac{7}{6} + \cdots$$

이 발산함을 증명하여라. 이로부터 교대급수 판정법에서 $\lim\limits_{n\to\infty} a_n = 0$ 이라는 조건이 필수적임을 설명하여라.

문제 4.3.17. 수열 $\{a_n\}$ 을 $a_n = \begin{cases} \frac{1}{n} & (n \text{은 홀수}) \\ \frac{1}{2^n} & (n \text{은 짝수}) \end{cases}$ 로 정의하면 다음 교대급수

$$\sum_{n=1}^{\infty}(-1)^{n+1}a_n = 1 - \frac{1}{4} + \frac{1}{3} - \frac{1}{16} + \frac{1}{5} - \frac{1}{64} + \cdots$$

은 발산함을 증명하여라. 이로부터 교대급수 판정법에서 $\{a_n\}$ 이 양항감소수열이라는 조건이 필수적임을 설명하여라.

제 5 장

함수의 미분

고등학교 수학에서 미분은 적분과 더불어 중요한 자리를 차지하고 있지만 그 중요성에 비하여 제대로 다루어지지 못하는 부분이 많다. 이 장에서는 미분을 엄밀하게 다루어야 할 필요성을 살펴보고, 미분을 엄밀하게 다루는 보기로서 미분법의 확장과 대칭미분을 공부한다. 미분에서 가장 중요한 정리는 평균값 정리인데, 이를 바탕으로 고등학교에서 극한을 구하기 위하여 편리하게 썼던 로피탈의 정리를 증명한다. 나아가 미분을 통하여 함수의 그래프의 개형을 그리는 데 평균값 정리가 어떻게 쓰이는지 살펴본다. 미분을 다루려면, 양쪽 극한이 정의되어야 하므로 정의역의 임의의 점 a에 대하여 그 근방이 정의역에 포함되어야 한다. 따라서 이 장에서 별다른 말이 없는 한 모든 함수는 열린 구간에서 실수로 가는 함수로 생각한다.

5.1. 미분 다지기

어떤 함수가 도함수가 될 수 있을까? 조금만 생각해 보면 어떤 점에서 불연속인 함수는 그 점에서 접선의 기울기가 갑자기 변하므로 원래 함수의 그래프는 그 점에서 뾰족하게 된다. 따라서 도함수가 될 수 있는 함수는 접선의 기울기가 천천히 변해야 하고, 연속함수이어야 한다는 예상을 할 수 있다. 즉, 미분가능한 함수 f의 도함수 f'는 연속함수라는 예상이다. 정말 그 예상이 옳을까?

언뜻 보기에 이 예상은 그럴듯해 보이지만, 여기에는 반례가 존재한다. 함수 f 를

$$f(x) = \begin{cases} x^2 \sin \frac{1}{x} & (x \neq 0) \\ 0 & (x = 0) \end{cases}$$

으로 정의하면

$$f'(0) = \lim_{h \to 0} \frac{f(h) - f(0)}{h} = \lim_{h \to 0} \frac{h^2 \sin \frac{1}{h}}{h} = \lim_{h \to 0} h \sin \frac{1}{h} = 0$$

이므로

$$f'(x) = \begin{cases} 2x \sin \frac{1}{x} - \cos \frac{1}{x} & (x \neq 0) \\ 0 & (x = 0) \end{cases}$$

이다. 그런데 도함수 f' 를 관찰해 보면 $\lim_{x \to 0} f'(x)$ 는 진동하는데 $f'(0) = 0$ 이므로 f' 는 $x = 0$ 에서 불연속이다. 따라서 미분가능한 함수 f 의 도함수 f' 가 연속함수라는 예상은 보기 좋게 빗나갔다.

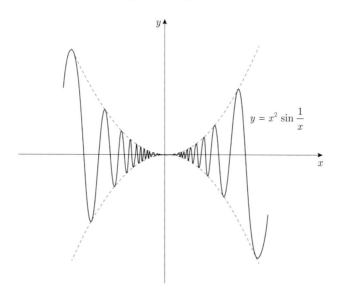

위 보기는 미분을 다룰 때 막연한 직관에만 의존하여서는 안 된다는 것을 말해 준다. 이 장의 나머지 부분에서 우리는 고등학교에서 제대로 다루어지지 못하는 부분을 엄밀하게 증명하고 넘어갈 것이다.

그런데 때에 따라서는 미분가능한 함수의 도함수가 연속일 것을 요구하는 경우가 있다. 그러나 미분가능한 함수라고 도함수가 자동적으로 연속인 것은 아니므로 도함수가 연속인 함수에 이름을 붙이려 한다. 도함수가 존재하고 연속인 함수를 **일급함수**라 하고, 그런 함수 전체의 집합을 C^1 로 나타낸다.

문제 5.1.1. 위에서 정의한 함수 f 가 일급함수인지 살펴보아라.

문제 5.1.2. 함수 f 를
$$f(x) = \begin{cases} x^m \sin \frac{1}{x^n} & (x \neq 0) \\ 0 & (x = 0) \end{cases}$$
으로 정의할 때, f 가 일급함수일 자연수 m, n 의 조건을 구하여라.

일반적으로, k 계도함수가 존재하고 연속인 함수를 $\boldsymbol{k}$ **급함수**라 하고, 그런 함수 전체의 집합은 C^k 로 나타낸다. 특히, 임의의 자연수 k 에 대하여 k 급인 함수를 **무한급함수**라 하고, 그런 함수 전체의 집합은 C^∞ 로 나타낸다.

문제 5.1.3. 영급함수를 정의하여라.

우리가 일급함수라는 개념을 도입한 것은 미분가능하지만 그 도함수가 연속이 아닌 함수가 존재하기 때문이었다. 마찬가지로 k 급함수의 개념이 의미가 있으려면 k 급이지만 $k+1$ 급은 아닌 함수가 존재하여야 한다.

문제 5.1.4. 임의의 자연수 k 에 대하여 포함관계 $C^{k+1} \subsetneq C^k$ 가 성립함을 증명하여라.

아마 문제를 풀 때에는 도함수가 불연속인 함수를 거의 찾아보기 어려웠을 것이다. 그것은 고등학교 과정에서 다루는 대부분의 함수들이 '너무나 좋은' 무한급함수이기 때문이다.

문제 5.1.5. 수학적귀납법을 써서 임의의 자연수 k 에 대하여 k 급함수의 합과 곱, 합성이 k 급함수임을 증명하여라. 이로부터 무한급함수의 합과 곱, 합성이 무한급함수임을 증명하여라.

문제 5.1.6. 다항함수와 분수함수, 지수함수와 로그함수, 무리함수, 삼각함수가 모두 무한급함수임을 증명하여라.

미분을 엄밀하게 다루는 것의 시작으로서 임의의 실수 c 에 대하여 $(x^c)' = cx^{c-1}$ 이 성립함을 증명하여 보자. 우리는 이미 이를 알고 있지만 c 가 자연수인 경우만 확인하고 정수나 유리수, 실수인 경우에는 마찬가지로 성립할 것이라고 생각하고 넘겨 버렸을 것이다. 여기에서는 $(x^c)' = cx^{c-1}$ 을 c 가 자연수인 경우부터 정수, 유리수, 실수인 경우로 확장할 것이다. 그 과정은 그렇게 쉽지 않다. 지금까지 우리가 배워 온 몫의 미분법, 음함수 미분법 등을 자유자재로 쓸 수 있어야 하기 때문이다.

먼저 자연수 n 에 대하여 $(x^n)' = nx^{n-1}$ 가 성립함을 증명하여 보자. 이것은 고등학교에서 미분을 공부하면서 이미 증명해 보았던 것이다. 함수 $y = x^n$ 의 도함수는 정의에 의하여

$$y' = \lim_{h \to 0} \frac{(x+h)^n - x^n}{h} = \lim_{h \to 0} \frac{\sum_{r=1}^{n} {}_nC_r x^{n-r} h^r}{h} = nx^{n-1}$$

이다. 따라서 $(x^n)' = nx^{n-1}$ 이 성립한다.

자연수 n 에 대하여 $(x^n)' = nx^{n-1}$ 이 성립함을 증명하는 방법이 도함수의 정의에 입각하는 방법만 있는 것은 아니다. 이는 모든 자연수 n 에 관한 명제이므로 수학적귀납법을 쓸 수도 있다. 수학적귀납법을 쓰는 증명은 낯설게 느껴질 수도 있지만 $(x+h)^n$ 을 전개할 필요가 없어 더 간결하다.

문제 5.1.7. 수학적귀납법을 써서 모든 자연수 n 에 대하여 $(x^n)' = nx^{n-1}$ 이 성립함을 증명하여라.

이제 정수 m 에 대하여 $(x^m)' = mx^{m-1}$ 이 성립함을 증명해 보자. 정수 가운데 자연수인 경우는 이미 증명했으므로 $m = 0$ 이거나 m 이 음의 정수인 경우만 증명하면 된다. 만약 $m = 0$ 이면 $y = x^0 = 1$ 이므로 $y' = 0$ 인데 이는 $y' = 0x^{0-1}$ 로 이해할 수 있으므로 $m = 0$ 인 경우에 성립한다. 만약 m 이 음의 정수이면 적당한 자연수 n 에 대하여 $m = -n$ 이므로 $y = x^{-n}$ 을 미분하면 된다. 이제 몫의 미분법을 쓰면

$$y' = \frac{-nx^{n-1}}{(x^n)^2} = -nx^{-n-1}$$

이다. 따라서 $m = 0$ 이거나 m 이 음의 정수인 경우에 $(x^m)' = mx^{m-1}$ 이 성립한다.

자연수의 경우와 마찬가지로 정수인 경우에도 $(x^m)' = mx^{m-1}$ 이 성립함을 도함수의 정의에 입각하여 증명할 수도 있고, 수학적귀납법을 쓸 수도 있다. 수학적귀납법을 쓸 때에는 모든 음의 정수에 대하여 성립함을 증명하여야 하므로 m 일 때 성립한다고 가정하면 $m-1$ 일 때에도 성립함을 증명하면 된다.

문제 5.1.8. 수학적귀납법을 써서 모든 음의 정수 m 에 대하여 $(x^m)' = mx^{m-1}$ 이 성립함을 증명하여라.

그러면 유리수 r 에 대하여 $(x^r)' = rx^{r-1}$ 이 성립함은 어떻게 증명할까? 우리가 아는 것은 지수가 정수인 경우의 미분법이므로 $y = x^r$ 의 지수가 모두 정수가 되도록 고쳐야 한다. 먼저 $r = \frac{q}{p}$ 라 놓고 $y = x^r$ 의 양변을 p 제곱하면 $y^p = x^q$ 이다. 이제 여기에 음함수 미분법을 쓰면 $py^{p-1}y' = qx^{q-1}$ 이므로 정리하면

$$y' = \frac{qx^{q-1}}{py^{p-1}} = \frac{qx^{q-1}}{px^{q-\frac{q}{p}}} = \frac{q}{p}x^{\frac{q}{p}-1}$$

인데, $r = \frac{q}{p}$ 라 놓았던 것을 떠올리면 유리수 r 에 대하여도 $(x^r)' = rx^{r-1}$ 이 성립함을 알 수 있다.

마지막으로 실수 c 에 대하여 $(x^c)' = cx^{c-1}$ 이 성립함을 증명해 보자. 실수는 두 정수의 비로 나타낼 수 없으므로 다른 획기적인 방법을 써야 한다. 우리는 로그의 성질로부터 $x^c = e^{c \ln x}$ 임을 알고 있다. 이렇게 나타내면 합성함수 미분법에 의하여 $y = x^c$ 을 미분할 수 있으므로 c 가 무엇인지에 구애받지 않는다. 따라서

$$(x^c)' = (e^{c \ln x})' = \frac{c}{x}e^{c \ln x} = \frac{c}{x}x^c = cx^{c-1}$$

이므로 실수 c 에 대하여도 마찬가지로 성립함을 알 수 있다.

문제 5.1.9. 함수 $y = x^c$ 의 양변에 로그를 취하고 양변을 미분하여 모든 실수 c 에 대하여 $(x^c)' = cx^{c-1}$ 이 성립함을 증명하여라.

문제 5.1.10. 위 문제와 같이 함수를 미분하기 위하여 양변에 로그를 취하고 미분하는 방법을 로그미분법이라 한다. 본문의 증명과 로그미분법을 쓰는 증명을 비교하고, 각각의 장단점이 무엇인지 살펴보아라.

5.2.   대칭미분

몇 해 전 대학수학능력시험 모의평가에 다음 명제

$$f(x) = |x - 1|\text{이면}\ \lim_{h \to 0} \frac{f(1+h) - f(1-h)}{2h} = 0$$

의 참, 거짓을 판정하라는 문제가 출제되었다. 고등학교에서 미분을 공부하면서 극한을 다음

$$\lim_{h \to 0} \frac{f(a+3h) - f(a-2h)}{h} = 5 \lim_{h \to 0} \frac{f(a+3h) - f(a-2h)}{5h} = 5f'(a)$$

와 같이 계산하는 것에 익숙해진 많은 학생들은 함수 f 는 $x = 1$ 에서 미분가능하지 않으므로 이 극한은 존재하지 않는다고 생각하였다. 그러나 이 극한을 실제로 계산해 보면 그 값이 0 임을 확인할 수 있다.

문제 5.2.1. 위 극한값이 0 임을 증명하여라.

그렇다면 고등학교에서 미분을 공부하면서 익힌 계산법은 무엇이 잘못된 것일까? 그리고 그럼에도 불구하고 그것이 유효하였던 이유는 무엇일까? 이 물음에 답하려면 대칭연속과 대칭미분의 개념이 필요하다.

함수 f 가 다음 성질

$$\lim_{h \to 0}[f(a+h) - f(a-h)] = 0$$

을 만족하면 f 가 $x = a$ 에서 **대칭연속**이라 한다. 대칭연속은 $x = a$ 의 근방의 두 함수값이 비슷해야 한다는 것이므로, 연속보다 약한 조건임을 예상할 수 있다. 실제로 f 가 $x = a$ 에서 연속이면 다음

$$\lim_{h \to 0}[f(a+h) - f(a-h)] = \lim_{h \to 0} f(a+h) - \lim_{h \to 0} f(a-h) = f(a) - f(a) = 0$$

이 성립하므로 f 는 $x = a$ 에서 대칭연속이기도 하다. 그러나 그 역은 성립하지 않는다. 근방의 두 함수값만 같으면 대칭연속이므로, 고등학교 문제집에서 흔히 볼 수 있는 극한값이 존재하지만 함수값은 극한값과 다른 함수를

찾으면 반례가 된다. 다음 함수

$$f(x) = \begin{cases} |x| & (x \neq 0) \\ 1 & (x = 0) \end{cases}$$

는 $x = 0$ 에서 대칭연속이지만 연속이 아닌 대표적인 예이다. 심지어 $x = a$ 에서 극한값이 존재하지 않아도 대칭연속이 될 수 있다. 다음 함수

$$g(x) = \begin{cases} \dfrac{1}{x^2} & (x \neq 0) \\ 0 & (x = 0) \end{cases}$$

은 $x = 0$ 에서 대칭연속이지만 $x = 0$ 에서의 극한값조차 존재하지 않는다.

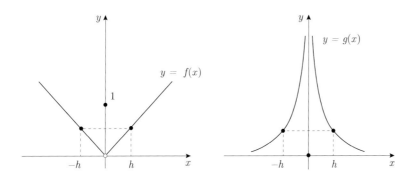

문제 5.2.2. 위에서 정의한 함수 f, g 가 $x = 0$ 에서 대칭연속이지만 연속이 아님을 증명하여라.

문제 5.2.3. 어떤 점에서 대칭연속이 아닌 함수의 예를 들어라.

함수 f 에 대하여 다음 극한

$$\lim_{h \to 0} \frac{f(a+h) - f(a-h)}{2h}$$

이 존재하면 f 가 $x = a$ 에서 **대칭미분가능하다**고 하고 그 극한값을 **대칭미분계수**라 하며 흔히 $f_s{}'(a)$ 로 나타낸다. 대칭미분가능 또한 미분가능보다 약

한 조건이다. 만약 f 가 $x = a$ 에서 미분가능하면 다음

$$
\begin{aligned}
\lim_{h \to 0} \frac{f(a+h) - f(a-h)}{2h} &= \lim_{h \to 0} \frac{[f(a+h) - f(a)] + [f(a) - f(a-h)]}{2h} \\
&= \lim_{h \to 0} \frac{f(a+h) - f(a)}{2h} + \lim_{h \to 0} \frac{f(a) - f(a-h)}{2h} \\
&= \frac{1}{2} f'(a) + \frac{1}{2} f'(a) = f'(a)
\end{aligned}
$$

이 성립하므로 $x = a$ 에서 대칭미분가능하다. 그러나 그 역은 성립하지 않는다. 앞에서 살펴본 함수 $f(x) = |x - 1|$ 는 $x = 1$ 에서 대칭미분가능하지만 미분가능하지 않은 함수의 보기이다.

문제 5.2.4. 함수 $f(x) = |x - 1|$ 은 $x = 1$ 에서 대칭미분가능하지만 미분가능하지 않음을 증명하여라.

보기 1. 한 가지 흥미로운 보기는 고등학교에서 연속성을 조사해 보라는 문제로 제시되는 다음 함수

$$
f(x) = \begin{cases} 1 & (x\text{는 유리수}) \\ 0 & (x\text{는 무리수}) \end{cases}
$$

이다. 이 함수는 유리수 $x = q$ 에서는 h 가 유리수이면 $q \pm h$ 도 유리수, h 가 무리수이면 $q \pm h$ 도 무리수이므로 다음

$$
\lim_{h \to 0} \frac{f(q+h) - f(q-h)}{2h} = 0
$$

이 성립한다. 따라서 함수 f 는 모든 유리수에서 대칭미분가능하다.

그러나 무리수 p 가 십진법으로 $p = \alpha_0.\alpha_1\alpha_2\alpha_3\cdots$ 라 할 때, 수열 $\{p_n\}$ 을 다음

$$
p_1 = \alpha_0, \; p_2 = \alpha_0.\alpha_1, \; p_3 = \alpha_0.\alpha_1\alpha_2, \; \cdots, \; p_n = \alpha_0.\alpha_1\alpha_2\cdots\alpha_{n-1}
$$

로 정의하자. 그러면 수열 $\{p_n\}$ 은 p 로 수렴하고, 모든 자연수 n 에 대하여 p_n 은 유리수이다. 이제 수열 $\{h_n\}$ 을 $h_n = p - p_n$ 으로 정의하면 수열 $\{h_n\}$

은 0으로 수렴하고 $p + h_n$은 무리수, $p - h_n$은 유리수이므로

$$\lim_{n \to \infty} \frac{f(p + h_n) - f(p - h_n)}{2h_n} = \lim_{n \to \infty} \frac{0 - 1}{2h_n} = \pm \infty$$

가 되어 함수 f는 모든 무리수에서 대칭미분가능하지 않다.

문제 5.2.5. 만약 $p > 0$이면 수열 $\{p_n\}$에 대하여 다음 등식

$$p_n = \frac{1}{10^{n-1}}[10^{n-1} p]$$

이 성립함을 증명하여라. 물론 여기에서 $[x]$는 x를 넘지 않는 최대의 정수이다.

문제 5.2.6. 집합 $A = \{\frac{1}{n} \mid n$은 0이 아닌 정수$\}$에 대하여 함수 f를

$$f(x) = \begin{cases} 1 & (x \in A) \\ 0 & (x \notin A) \end{cases}$$

로 정의하자. 집합 A가 대칭집합임을 증명하고 이로부터 함수 f가 $x = 0$에서 대칭미분가능함을 증명하여라.

앞에서 함수 f가 $x = a$에서 미분가능하면 대칭미분가능함을 보였다. 맨 앞에서 제기된 물음의 답은 이를 보이는 과정에 모두 들어 있다. 먼저 고등학교에서 익힌 계산법이 잘못된 이유를 살펴보자. 앞에서

$$\lim_{h \to 0} \frac{f(a + h) - f(a - h)}{2h} = f'(a)$$

를 보이는 데에는 f가 $x = a$에서 미분가능하다는 조건이 핵심적인 역할을 하였다. 다시 말해, f가 $x = a$에서 미분가능하기 때문에 이를 더하고 뺀 다음 극한을 분리하여 계산할 수 있었던 것이다. 따라서 이 극한이 $f'(a)$가 되려면 f가 미분가능하다는 조건이 뒷받침되어야 한다. 함수 f가 미분가능하다는 조건이 없으면 이 극한이 언제나 $f'(a)$와 같다는 보장이 없으므로, 이 극한이 존재한다고 미분가능, 존재하지 않는다고 미분가능하지 않다고 생각해서는 안 된다. 바로 여기에서 잘못이 생긴 것이다. 문제집의 풀이에서 $f(a)$를 더하고 빼는 풀이가 종이 낭비라고 생각하는 고등학생도 있는데, 그렇게 풀 수밖에 없는 이유가 여기에 있다.

그러나 경험적으로 매번 $f(a)$ 를 더하고 빼는 과정을 생략하여도 답을 구하는 데 지장이 없음을 알고 있다. 그것은 무슨 이유에서일까? 만약 함수 f 가 미분가능하면 이 극한을 구할 때 더하고 빼는 과정을 생략하여도 같은 값이 나옴을 알 수 있다. 그런데 가만히 생각해 보면 고등학교에서 다루는 절대다수의 함수가 미분가능한 함수임을 깨달을 수 있다. 따라서 의도적으로 함수 f 가 미분가능하지 않은 함수로 주어지지 않는 이상, 대칭미분계수가 미분계수와 달라지는 경우는 생각하기 어렵다. 고등학생들이 무턱대고 이런 약식 계산법을 쓰면서도 그 잘못을 깨닫지 못하는 이유는 이런 계산법이 문제에 주어지는 거의 모든 함수에 통용되기 때문이다.

대칭연속과 대칭미분이라는 개념을 살펴봄으로써 이 절에서 제기된 물음에 대한 답을 얻을 수 있었다. 마지막으로 연속, 대칭연속, 미분, 대칭미분 사이의 관계를 살펴보자. 먼저 미분가능하면 연속임은 잘 알려져 있고, 앞에서 연속이면 대칭연속, 미분가능하면 대칭미분가능함은 이미 살펴보았다. 이제 대칭미분가능하면 대칭연속임을 증명하자. 만약 f 가 $x = a$ 에서 대칭미분가능하면

$$\lim_{h \to 0}[f(a+h) - f(a-h)] = \lim_{h \to 0} \frac{f(a+h) - f(a-h)}{2h} \cdot 2h = f_s{}'(a) \cdot 0 = 0$$

이므로 $x = a$ 에서 대칭연속이다.

그렇다면 그 역은 어떨까? 대칭연속이라고 대칭미분가능이라 할 수 없을 것은 분명해 보이지만, 반례를 찾는 것은 연속이지만 미분가능하지 않은 함수를 찾는 것만큼 쉽지 않다. 연속이지만 미분가능하지 않은 함수는 그 점에서 함수의 그래프가 뾰족하면 되지만, 뾰족하다고 대칭미분가능하지 않다고 할 수는 없기 때문이다. 연속이지만 미분가능하지 않은 함수 $y = |x|$ 는 $x = 0$ 에서 대칭미분가능하므로 반례로 부적절함을 알 수 있다. 대칭연속이지만 대칭미분가능하지 않은 함수로는 $f(x) = x^{\frac{1}{3}}$ 을 들 수 있다. 함수 f 의 그래프를 그려 보면 f 가 $x = 0$ 에서 대칭연속임은 쉽게 확인할 수 있고, 약간의 계산을 통하여 $x = 0$ 에서 대칭미분가능하지 않음을 확인할 수 있다.

문제 5.2.7. 함수 $f(x) = x^{\frac{1}{3}}$ 은 $x = 0$ 에서 대칭연속이지만 대칭미분가능하지 않음을 증명하여라.

지금까지 연속, 대칭연속, 미분가능, 대칭미분가능 사이에 존재하는 12 가지 관계 가운데 10 가지를 밝혔다. 여기에서 직접 다루지 않은 미분가능과 대칭연속 사이의 관계는 지금까지 밝힌 관계로 바로 얻을 수 있다. 이제 연속과 대칭미분가능 사이의 관계만 밝히면 이들 사이에 존재하는 모든 관계를 밝힌 것이 된다. 앞에서 다룬 함수

$$y = x^{\frac{1}{3}}, \quad y = \begin{cases} |x| & (x \neq 0) \\ 1 & (x = 0) \end{cases}$$

을 생각하면, 이들이 각각 연속이지만 대칭미분가능하지 않고, 대칭미분가능하지만 연속이 아닌 함수가 되므로 연속과 대칭미분가능 사이에는 아무런 관계도 없다.

연속, 대칭연속, 미분가능, 대칭미분가능 사이의 관계를 그림으로 나타내어 보면

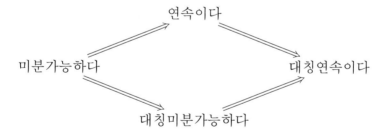

와 같다. 12 가지 관계 가운데 의미가 있는 관계를 모두 보여 줄 수 있는 화살표 4 개를 표시하였다. 조건 p 에서 출발하여 화살표를 따라 q 에 도착할 수 있으면 명제 $p \longrightarrow q$ 가 참이고, 그렇지 않으면 거짓이다.

5.3.   평균값 정리

고등학교에서 미분을 공부하는 가장 큰 목적은 도함수의 부호를 통하여 함수의 증감을 조사함으로써 그 그래프를 그리는 데 있다. 그런데 미분은 한 점에서 함수가 어떻게 변화하는지만을 말하고 있을 뿐이다. 미분이라는 한 점에서의 성질을 바탕으로 증감과 같은 정의역 전체에서의 성질을 이끌어내려면 평균값 정리가 필수적이다. 다음 절에서 보게 되겠지만, 평균값 정리는 함수의 증감, 요철 등 정의역 전체에서의 중요한 성질을 증명할 때마다 어김없이 등장하게 된다.

정리 5.3.1. (롤의 정리) 함수 f 가 닫힌 구간 $[a, b]$ 에서 연속이고 열린 구간 (a, b) 에서 미분가능하며 $f(a) = f(b)$ 이면 다음 등식

$$f'(c) = 0$$

을 만족하는 c 가 열린 구간 (a, b) 에 존재한다.

증명: 만약 f 가 상수함수이면 증명할 것이 없다. 이제 f 가 상수함수가 아니라고 하면 $f(x) \neq f(a)$ 인 x 가 (a, b) 에 존재한다. 편의상 $f(x) > f(a)$ 라 하자. 그러면 f 는 닫힌 구간 $[a, b]$ 에서 정의된 연속함수이므로 최대·최소의 정리에 의하여 최대값을 가지고, 최대점 c 는 구간의 양끝이 아니다.

이제 모든 x 에 대하여 $f(x) \leq f(c)$ 이므로 $x > c$ 이면 부등식 $\frac{f(x)-f(c)}{x-c} \leq 0$ 이, $x < c$ 이면 부등식 $\frac{f(x)-f(c)}{x-c} \geq 0$ 이 성립하고, 여기에 극한을 취하면 다음 부등식

$$\lim_{x \to c+} \frac{f(x) - f(c)}{x - c} \leq 0, \quad \lim_{x \to c-} \frac{f(x) - f(c)}{x - c} \geq 0$$

이 성립한다. 그런데 f 가 (a, b) 에서 미분가능하므로 다음 부등식

$$0 \leq \lim_{x \to c-} \frac{f(x) - f(c)}{x - c} = f'(c) = \lim_{x \to c+} \frac{f(x) - f(c)}{x - c} \leq 0$$

으로부터 $f'(c) = 0$ 이다. 한편, $f(x) < f(a)$ 인 경우도 마찬가지로 증명된다.

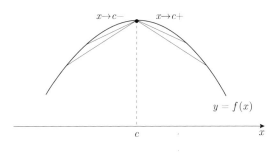

문제 5.3.1. 위 함수 f 가 $f(x) < f(a)$ 일 때 롤의 정리를 증명하여라.

문제 5.3.2. 최대점 또는 최소점이 구간의 양끝이면 어떤 문제가 생기는지 살펴보아라. 이를 바탕으로 롤의 정리를 증명할 때 f 가 상수함수인 경우와 그렇지 않은 경우로 나누어 증명하는 이유를 생각해 보아라.

이제 이 절의 핵심인 평균값 정리를 증명한다.

정리 5.3.2. (평균값 정리) 함수 f 가 닫힌 구간 $[a, b]$ 에서 연속이고 열린 구간 (a, b) 에서 미분가능하면 다음 등식

$$\frac{f(b) - f(a)}{b - a} = f'(c)$$

를 만족하는 c 가 열린 구간 (a, b) 에 존재한다.

평균값 정리에서 $\frac{f(b) - f(a)}{b - a}$ 는 두 점 $A = (a, f(a))$, $B = (b, f(b))$ 를 지나는 직선의 기울기이므로, 평균값 정리는 두 점 A, B 를 지나는 직선과 평행한 접선이 열린 구간 (a, b) 에 존재한다는 말이다. 그런데 우리가 알고 있는 것은 롤의 정리이므로, 평균값 정리에 기술된 상황을 롤의 정리를 쓸 수 있는 상황으로 고쳐야 한다.

증명: 두 점 A, B 를 지나는 일차함수

$$g(x) = \frac{f(b) - f(a)}{b - a}(x - a) + f(a)$$

을 생각하고 함수 $f(x) - g(x)$ 를 생각하면 $x = a$, b 에서의 함수값이 같아지

고, 롤의 정리를 쓸 수 있다. 이제 함수 h 를

$$h(x) = f(x) - g(x) = f(x) - f(a) - \frac{f(b) - f(a)}{b - a}(x - a)$$

로 놓으면 $h(a) = h(b) = 0$ 이므로 롤의 정리에 의하여

$$h'(c) = f'(c) - \frac{f(b) - f(a)}{b - a} = 0$$

인 c 가 열린 구간 (a, b) 에 존재한다.

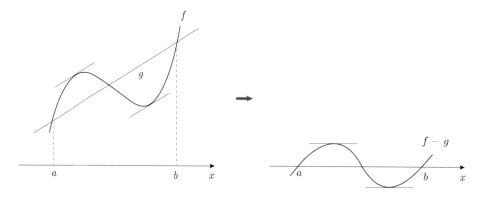

문제 5.3.3. 롤의 정리와 평균값 정리가 서로 동치임을 보여라. 즉, 롤의 정리로부터 평균값 정리를 유도하고, 평균값 정리로부터 롤의 정리를 유도하여라.

문제 5.3.4. 미분가능한 함수 f 가 $\lim_{x \to \infty} f'(x) = \alpha$ 를 만족할 때, $\lim_{x \to \infty} [f(x + 1) - f(x)] = \alpha$ 임을 증명하여라.

이제 평균값 정리를 확장한 몇몇 정리들을 나열한다. 그 증명은 모두 평균값 정리의 응용이다. 그리고 이로부터 우리가 고등학교에서 극한을 구할 때 편리하게 썼던 로피탈의 정리를 증명할 수 있다.

정리 5.3.3. (적분의 평균값 정리) 연속함수 f 에 대하여 다음 등식

$$\frac{1}{b - a} \int_a^b f(x) dx = f(c)$$

를 만족하는 c 가 열린 구간 (a, b) 에 존재한다.

증명: 함수 f 의 한 부정적분을 F 라 하면 평균값 정리에 의하여 다음 등식

$$\frac{F(b) - F(a)}{b - a} = F'(c) = f(c)$$

를 만족하는 c 가 열린 구간 (a, b) 에 존재한다.

문제 5.3.5. 닫힌 구간 $[a, b]$ 에서 정의된 연속함수 f 의 최대값과 최소값을 각각 M, m 이라 하면 다음 부등식

$$m \leqq \frac{1}{b - a} \int_a^b f(x) dx \leqq M$$

이 성립함을 증명하여라.

문제 5.3.6. 닫힌 구간 $[a, b]$ 에서 정의된 연속함수 f, g 에 대하여 g 가 항상 양의 값을 가지면 다음 등식

$$\int_a^b f(x)g(x) dx = f(c) \int_a^b g(x) dx$$

를 만족하는 c 가 닫힌 구간 $[a, b]$ 에 존재함을 증명하여라.

정리 5.3.4. (코시의 평균값 정리) 함수 f, g 가 닫힌 구간 $[a, b]$ 에서 연속이고 열린 구간 (a, b) 에서 미분가능하며 $g(a) \neq g(b)$, 열린 구간 (a, b) 에 속하는 모든 x 에 대하여 $g'(x) \neq 0$ 이면 다음 등식

$$\frac{f(b) - f(a)}{g(b) - g(a)} = \frac{f'(c)}{g'(c)}$$

을 만족하는 c 가 열린 구간 (a, b) 에 존재한다.

증명: 함수 h 를

$$h(x) = [g(b) - g(a)]f(x) - [f(b) - f(a)]g(x)$$

로 놓으면 $h(a) = h(b) = f(a)g(b) - f(b)g(a)$ 이므로 롤의 정리에 의하여 다음 등식

$$h'(c) = [g(b) - g(a)]f'(c) - [f(b) - f(a)]g'(c) = 0$$

을 만족하는 c 가 열린 구간 (a, b) 에 존재한다.

문제 5.3.7. 평균값 정리와 코시의 평균값 정리가 서로 동치임을 증명하여라. 즉, 평균값 정리로부터 코시의 평균값 정리를, 코시의 평균값 정리로부터 평균값 정리를 유도하여라.

이제 고등학교에서 극한을 구하기 위하여 편리하게 썼던 로피탈의 정리를 증명하자. 흔히 로피탈의 정리를 분수함수의 극한을 구하기 위하여 분자와 분모를 각각 미분하여 그 극한값을 구할 수 있다는 정도로 알고 있지만, 실제 로피탈의 정리는 그렇게 막연히 알고 있는 것보다 훨씬 까다롭다.

정리 5.3.5.   (로피탈의 정리) 함수 f, g가 $x = a$가 빠진 열린 구간에서 미분가능하고 그 구간에 속하는 모든 x에 대하여 $g'(x) \neq 0$이라 하자. 만약 $\lim_{x \to a} f(x) = \lim_{x \to a} g(x) = 0$이고 극한 $\lim_{x \to a} \frac{f'(x)}{g'(x)}$이 존재하면 극한 $\lim_{x \to a} \frac{f(x)}{g(x)}$도 존재하고 다음 등식

$$\lim_{x \to a} \frac{f(x)}{g(x)} = \lim_{x \to a} \frac{f'(x)}{g'(x)}$$

가 성립한다.

증명에 앞서 로피탈의 정리가 우리가 흔히 알고 있는 것과 어떻게 다른지 살펴보자. 로피탈의 정리는 단순히 $\lim_{x \to a} f(x) = \lim_{x \to a} g(x) = 0$일 때 극한 $\lim_{x \to a} \frac{f(x)}{g(x)}$의 값을 $\lim_{x \to a} \frac{f'(x)}{g'(x)}$로 구할 수 있다는 것이 아니다. 로피탈의 정리가 성립하려면 많은 가정이 필요하다. 함수 f, g는 미분가능하며 그 구간에서 $g'(x) \neq 0$이어야 하고, 분자와 분모를 미분한 극한 $\lim_{x \to a} \frac{f'(x)}{g'(x)}$이 존재한다는 것도 가정되어야 한다.

증명: 우극한 $\lim_{x \to a+} \frac{f(x)}{g(x)}$의 극한값이 $\lim_{x \to a} \frac{f'(x)}{g'(x)}$임을 증명하자. 먼저 $f(a) = g(a) = 0$으로 정의하면 f, g는 닫힌 구간 $[a, x]$에서 연속이고 열린 구간 (a, x)에서 미분가능하므로 코시의 평균값 정리에 의하여 다음 등식

$$\frac{f(x)}{g(x)} = \frac{f(x) - f(a)}{g(x) - g(a)} = \frac{f'(c_x)}{g'(c_x)}$$

를 만족하는 c_x가 열린 구간 (a, x)에 존재한다. 그런데 $x \longrightarrow a+$이면 $c_x \longrightarrow a+$이므로 극한을 취하면 다음 등식

$$\lim_{x \to a+} \frac{f'(c_x)}{g'(c_x)} = \lim_{x \to a+} \frac{f'(x)}{g'(x)} = \lim_{x \to a} \frac{f'(x)}{g'(x)}$$

이 성립한다. 좌극한 $\displaystyle\lim_{x \to a-} \frac{f(x)}{g(x)}$ 의 극한값이 $\displaystyle\lim_{x \to a} \frac{f'(x)}{g'(x)}$ 라는 것도 꼭 같은 방법으로 증명할 수 있다.

문제 5.3.8. 좌극한 $\displaystyle\lim_{x \to a-} \frac{f(x)}{g(x)}$ 의 극한값이 $\displaystyle\lim_{x \to a} \frac{f'(x)}{g'(x)}$ 임을 증명하여라.

문제 5.3.9. 로피탈의 정리에서 함수 f, g 가 $x = a$ 에서도 미분가능하고 $g'(a) \neq 0$ 이면 다음 등식

$$\lim_{x \to a} \frac{f'(x)}{g'(x)} = \frac{f'(a)}{g'(a)}$$

가 성립함을 증명하여라. 여기에서 함수 f, g 가 일급이라는 가정이 필요한지 살펴보아라.

그런데 우리는 로피탈의 정리에서 a 를 ∞ 로 바꾸거나, 0 을 ∞ 로 바꾸어도 여전히 성립함을 알고 있다.

먼저 로피탈의 정리에서 a 를 ∞ 로 바꾼 명제를 증명하자. 함수 F, G 를 $F(t) = f\left(\frac{1}{t}\right)$, $G(t) = g\left(\frac{1}{t}\right)$ 로 놓으면 $\displaystyle\lim_{x \to \infty} \frac{f(x)}{g(x)} = \lim_{t \to 0+} \frac{F(t)}{G(t)}$ 가 성립한다. 그런데 $\displaystyle\lim_{t \to 0+} F(t) = \lim_{t \to 0+} G(t) = 0$ 이고 다음 등식

$$\frac{F'(t)}{G'(t)} = \frac{\frac{1}{t^2} f'\left(\frac{1}{t}\right)}{\frac{1}{t^2} g'\left(\frac{1}{t}\right)} = \frac{f'\left(\frac{1}{t}\right)}{g'\left(\frac{1}{t}\right)}$$

으로부터 $\displaystyle\lim_{t \to 0+} \frac{F'(t)}{G'(t)} = \lim_{x \to \infty} \frac{f'(x)}{g'(x)}$ 가 성립하고, 원하는 결론을 얻는다.

이제 로피탈의 정리에서 0 을 ∞ 로 바꾼 명제를 증명할 차례이지만, 이는 엄밀한 극한의 정의를 필요로 한다. 따라서 이 책에서는 증명 없이 이를 받아들이기로 한다.

로피탈의 정리는 분자와 분모를 얼마든지 미분하여 극한값을 구할 수 있음을 말해 준다. 만약 $\frac{f(x)}{g(x)}$ 의 분자, 분모를 두 번 미분한 극한 $\displaystyle\lim_{x \to a} \frac{f''(x)}{g''(x)}$ 의 값이 α 이면 로피탈의 정리에 의하여 $\displaystyle\lim_{x \to a} \frac{f'(x)}{g'(x)} = \alpha$ 이고, 마찬가지로 $\displaystyle\lim_{x \to a} \frac{f(x)}{g(x)} = \alpha$ 이다. 지금까지의 설명을 정리해 보면

$$\lim_{x \to a} \frac{f''(x)}{g''(x)} = \alpha \longrightarrow \lim_{x \to a} \frac{f'(x)}{g'(x)} = \alpha \longrightarrow \lim_{x \to a} \frac{f(x)}{g(x)} = \alpha$$

로 나타낼 수 있다.

보기 1. 로피탈의 정리를 쓰면 고등학교에서부터 경험으로 알고 있던 '지수함수는 다항함수보다 빠르게 증가한다'에 상응하는 임밀한 명제를 증명할 수 있다. 임의의 자연수 n 에 대하여 $\lim\limits_{x\to\infty} \frac{x^n}{e^x}$ 에 로피탈의 정리를 거듭 적용하면 다음 등식

$$\lim_{x\to\infty} \frac{x^n}{e^x} = \lim_{x\to\infty} \frac{nx^{n-1}}{e^x} = \cdots = \lim_{x\to\infty} \frac{n!}{e^x} = 0$$

이 성립하고, 이를 두고 지수함수가 다항함수보다 빠르게 증가한다고 하는 것이다.

문제 5.3.10. 임의의 다항식 $p(x)$ 에 대하여 다음

$$\lim_{x\to\infty} \frac{p(x)}{e^x} = 0$$

을 증명하고, 이로부터 $\lim\limits_{x\to\infty} (e^x - p(x)) = \infty$ 를 증명하여라.

문제 5.3.11. 임의의 자연수 n 에 대하여 다음

$$\lim_{x\to\infty} \frac{(\ln x)^n}{x} = 0$$

이 성립함을 증명하여라.

로피탈의 정리는 그 내용을 정확히 이해하고 정리를 적용할 수 있는지 살펴보는 것도 중요하지만, 이를 적용할 수 있다고 하더라도 극한을 계산하는 데 도움이 되는지 판단하는 것 또한 중요하다.

보기 2. 극한 $\lim\limits_{x\to\infty} \frac{e^x-e^{-x}}{e^x+e^{-x}}$ 의 분자, 분모를 미분한 극한 $\lim\limits_{x\to\infty} \frac{e^x+e^{-x}}{e^x-e^{-x}}$ 이 존재한다. 물론 이 극한이 존재한다는 것을 알 만한 능력이 있으면서 극한 $\lim\limits_{x\to\infty} \frac{e^x-e^{-x}}{e^x+e^{-x}}$ 을 계산하지 못해 로피탈의 정리를 적용한다는 건 앞뒤가 안 맞지만, 어쨌거나 로피탈의 정리를 적용할 수는 있다는 말이다. 따라서 다음

$$\lim_{x\to\infty} \frac{e^x - e^{-x}}{e^x + e^{-x}} = \lim_{x\to\infty} \frac{e^x + e^{-x}}{e^x - e^{-x}}$$

가 성립한다. 그런데 극한 $\lim\limits_{x\to\infty} \frac{e^x+e^{-x}}{e^x-e^{-x}}$ 의 분자, 분모를 미분한 극한 $\lim\limits_{x\to\infty} \frac{e^x+e^{-x}}{e^x-e^{-x}}$ 도 존재하므로 로피탈의 정리를 다시 적용하면 원래 극한을 구하는 문제로 되돌아오게 되어 극한값을 계산하는 데 아무런 도움을 주지 못한다.

마지막으로 로피탈의 정리를 쓸 때 주의할 점을 하나 짚고 넘어가자. 로피탈의 정리의 역은 일반적으로 성립하지 않는다. 즉, 분수함수의 분자와 분모를 미분한 함수의 극한이 존재하지 않는다고 원래 분수함수의 극한도 존재하지 않는다고는 할 수 없다.

보기 3. 함수 f, g 를

$$f(x) = \begin{cases} x^2 \sin \dfrac{1}{x} & (x \neq 0) \\ 0 & (x = 0) \end{cases}, \quad g(x) = x$$

이라 놓으면 다음 극한

$$\lim_{x \to 0} \frac{f'(x)}{g'(x)} = \lim_{x \to 0} \left(2x \sin \frac{1}{x} - \cos \frac{1}{x} \right)$$

은 진동하지만 다음 극한은

$$\lim_{x \to 0} \frac{f(x)}{g(x)} = \lim_{x \to 0} \frac{x^2 \sin \frac{1}{x}}{x} = \lim_{x \to 0} x \sin \frac{1}{x} = 0$$

으로 존재한다.

5.4.   증감과 미분

미분이 함수의 성질을 파악하는 중요한 도구가 될 수 있는 것은 미분을 통하여 함수의 그래프를 그릴 수 있기 때문이다. 미분가능한 함수의 그래프를 그릴 때 도함수의 부호는 함수의 증감을 파악하는 데 중요한 역할을 한다. 도함수의 부호가 양이면 원래 함수는 증가하고, 음이면 감소함은 잘 알고 있을 것이다. 이런 사실은 도함수가 그 점에서의 접선의 기울기를 나타낸다는 점에 비추어 보면 당연해 보인다. 어떤 점에서 접선의 기울기가 양이면 그 점 주위에서 함수는 증가해야 하지 않겠는가? 그러나 어떤 점에서 접선의 기울기가 양이라고 그 점 주위에서 함수가 반드시 증가하는 것은 아니다. 다시 말해 한 점에서 미분계수가 양이지만 그 점을 포함한 어떤 구간에서도 증가함수가 아닌 함수가 존재한다는 것이다. 그 반례는 우리가 앞에서 보았던 함수와 크게 다르지 않다.

보기 1. 함수 f 를

$$f(x) = \begin{cases} x^2 \sin \dfrac{1}{x} + \dfrac{1}{2}x & (x \neq 0) \\ 0 & (x = 0) \end{cases}$$

으로 정의하면 $f'(0) > 0$ 이지만 0 을 포함하는 어떤 구간에서도 0 을 주위로 끊임없이 진동하기 때문에 증가함수가 아니다.

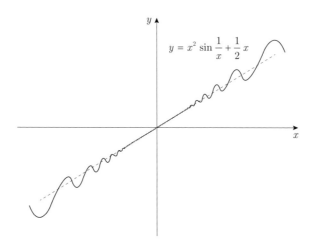

문제 5.4.1. 위에서 정의한 함수 f 의 도함수를 구하고, $f'(0) > 0$ 임을 증명하여라. 자연수 n 에 대하여 $x_n = \frac{1}{n\pi}$ 로 놓으면 다음 부등식

$$f'(x_{2n}) < 0, \quad f'(x_{2n+1}) > 0$$

이 성립함을 증명하여라. 정리 5.4.6의 대우를 써서 함수 f 가 0을 포함하는 어떤 구간에서도 증가함수가 아님을 증명하여라.

이처럼 그래프에 입각한 어설픈 추측은 잘못된 결론으로 이르기 십상이다. 이는 도함수의 부호는 한 점에서의 성질이지만 증감은 정의역 전체에서의 성질이기 때문이다. 한 점에서의 성질로부터 정의역 전체에서의 성질을 이끌어 내려면 평균값 정리가 필수적이다. 그러나 이를 증명하기에 앞서 먼저 증가와 감소의 의미를 분명히 할 필요가 있다. 함수 f 가 다음 성질

$$a < b \text{ 이면 } f(a) < f(b)$$

를 만족하면 f 를 **증가함수**라 한다. 감소함수도 마찬가지로 정의한다.

문제 5.4.2. 집합 $X = \{1, 2, \cdots, r\}$, $Y = \{1, 2, \cdots, n\}$ 에 대하여 증가함수 $f : X \longrightarrow Y$ 의 개수를 구하여라.

문제 5.4.3. 집합 $X = \{1, 2, \cdots, r\}$, $Y = \{1, 2, \cdots, n\}$ 에 대하여 다음 성질

$$a < b \text{ 이면 } f(a) \leqq f(b)$$

를 만족하는 함수 $f : X \longrightarrow Y$ 의 개수를 구하여라.

문제 5.4.4. 감소함수를 정의하여라.

문제 5.4.5. 증가함수와 감소함수를 통틀어 단조함수라 한다. 단조함수는 단사함수임을 증명하여라.

함수 f 가 정의역의 모든 x 에 대하여 $f(x) > 0$ 이면 $f > 0$, $f(x) = 0$ 이면 $f \equiv 0$ 으로 간단히 나타내기로 한다. 마찬가지 방법으로 $f < 0$ 등의 표현도 쓴다. 상수함수를 미분하면 0임은 쉽게 확인할 수 있는데, 역으로 미분해서 0인 함수는 상수함수뿐이다.

정리 5.4.1. 미분가능한 함수 f 가 $f' \equiv 0$ 을 만족하면 f 는 상수함수이다.

증명: 정의역의 한 점 a 와 임의의 점 x 를 잡으면 평균값 정리에 의하여 다음 등식

$$\frac{f(x) - f(a)}{x - a} = f'(c)$$

을 만족하는 c 가 a, x 사이에 존재한다. 그런데 $f'(c) = 0$ 이므로 $f(x) = f(a)$ 이다. 따라서 f 는 상수함수이다.

　　미분해서 f 가 되는 함수들을 f 의 **부정적분**이라 한다. 따라서 f 의 한 부정적분에 상수를 더한 함수 또한 f 의 부정적분이다. 우리의 의문은 상수를 더한 것 외에 다른 변형을 가하면 f 의 부정적분이 되는 것이 불가능한가 하는 것이다. 상수를 더한 것 외에는 다른 f 의 부정적분이 없어야 모든 f 의 부정적분을 찾았다고 할 수 있기 때문이다. 도함수가 0 인 함수가 상수함수 뿐임을 쓰면 부정적분의 유일성을 증명할 수 있다.

정리 5.4.2. (부정적분의 유일성) 함수 f 의 부정적분은 상수차를 무시하면 유일하다. 즉, 함수 F, G 가 f 의 부정적분이면 $F(x) - G(x)$ 는 상수함수이다.

증명: 함수 $F(x) - G(x)$ 의 도함수는

$$(F(x) - G(x))' = F'(x) - G'(x) = f(x) - f(x) = 0$$

이므로 $F(x) - G(x)$ 는 상수함수이다.

　　이제 도함수의 부호가 양이면 함수가 증가하고, 음이면 감소함을 증명하여 보자. 이는 이 절의 핵심 명제이기도 하다.

정리 5.4.3. 미분가능한 함수 f 가 $f' > 0$ 을 만족하면 f 는 증가한다.

증명: 만약 $a < b$ 를 만족하는 a, b 를 잡으면 평균값 정리에 의하여 다음 등식

$$\frac{f(b) - f(a)}{b - a} = f'(c)$$

를 만족하는 c 가 열린 구간 (a, b) 에 존재한다. 그런데 $f'(c) > 0$ 이므로 $f(a) < f(b)$ 이다. 따라서 f 는 증가함수이다. 마찬가지 방법으로 미분가능한 함수 f 가 $f' < 0$ 을 만족하면 f 가 감소함수임도 증명할 수 있다.

문제 5.4.6. 미분가능한 함수 f 가 $f' < 0$ 을 만족하면 f 가 감소함을 증명하여라.

문제 5.4.7. 위 정리의 역이 성립하는지 살펴보아라. 즉, 미분가능한 함수 f 가 증가하면 $f' > 0$ 인지 살펴보아라.

보기 2. 위 정리를 쓰면 $a_n = \left(1 + \frac{1}{n}\right)^n$ 으로 주어지는 수열 $\{a_n\}$ 이 증가수열임을 복잡한 식의 변형 없이도 증명할 수 있다. 양수 x 에 대하여 함수 f 를 $f(x) = \left(1 + \frac{1}{x}\right)^x$ 로 놓으면

$$f'(x) = \left(1 + \frac{1}{x}\right)^x \left[\ln\left(1 + \frac{1}{x}\right) - \frac{1}{x+1}\right]$$

이고 다음 부등식

$$\ln\left(1 + \frac{1}{x}\right) = \ln(x+1) - \ln x = \int_x^{x+1} \frac{1}{t}dt > \frac{1}{x+1}$$

이 성립하므로 $f' > 0$ 이다. 따라서 f 는 증가함수이다. 그런데 임의의 자연수 n 에 대하여 $f(n) = a_n$ 이므로 $\{a_n\}$ 은 증가수열이다.

보기 3. 위 정리는 계산 없이는 도무지 그 대소를 비교할 수 없어 보이는 e^π 와 π^e 의 대소를 비교하는 데에도 쓰인다. 두 수 e^π 와 π^e 에 로그를 취하고 양변을 $e\pi$ 로 나누면 이 문제는 결국 $\frac{\ln e}{e}$ 와 $\frac{\ln \pi}{\pi}$ 의 대소를 비교하는 문제로 귀결된다.

　이제 함수 $f(x) = \frac{\ln x}{x}$ 의 도함수는 $f'(x) = \frac{1-\ln x}{x^2}$ 이므로 f 는 구간 $(0, e]$ 에서 증가하고 구간 $[e, \infty)$ 에서 감소한다.

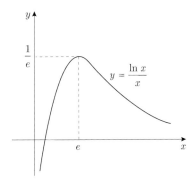

따라서 f 는 $x = e$ 에서 최대이므로 다음 부등식

$$\frac{\ln e}{e} = f(e) > f(\pi) = \frac{\ln \pi}{\pi}$$

가 성립한다.

문제 5.4.8. 부등식 $\sqrt{2} < e^{\frac{1}{e}}$ 를 증명하고, 함수 $y = (\sqrt{2})^x$ 의 그래프와 $y = \log_{\sqrt{2}} x$ 의 그래프가 서로 다른 두 점에서 만남을 증명하여라. 그 점이 $(2, 2)$, $(4, 4)$ 임을 확인하여라.

문제 5.4.9. 방정식 $a^b = b^a$ 의 양의 정수해를 모두 구하여라. 물론 여기에서 $a \neq b$ 이다.

그러나 우리는 위 정리의 역은 성립하지 않음을 알고 있다. 즉, 미분가능한 함수가 증가함수라고 언제나 도함수의 부호가 양인 것은 아니다. 대표적인 예로 함수 $f(x) = x^3$ 은 $x = 0$ 을 포함하는 구간에서 증가하지만 $f'(0) = 0$ 이다. 대신에 미분가능한 함수가 증가하면 도함수의 부호가 0 이상이라고는 할 수 있는데, 이것도 평균값 정리를 써서 증명할 수 있다.

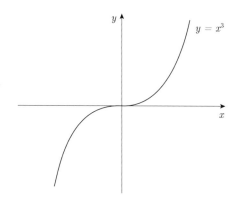

정리 5.4.4. 미분가능한 함수 f 가 증가하면 $f' \geqq 0$ 이 성립한다.

증명: 정의역의 임의의 a 에 대하여 $x > a$ 를 만족하는 a, x 를 잡으면 $\frac{f(x)-f(a)}{x-a} > 0$ 이 성립한다. 여기에 극한 $x \longrightarrow a+$ 를 취하면 f 가 미분가능하므로 다음 부등식

$$f'(a) = \lim_{x \to a+} \frac{f(x) - f(a)}{x - a} \geqq 0$$

이 성립한다. 그런데 여기에서 a 는 임의의 점이므로 $f' \geqq 0$ 이다.

지금까지 살펴본 도함수의 부호와 증가 사이의 관계를 정리하면

$$f' > 0 \implies f \text{ 가 증가한다} \implies f' \geqq 0$$

으로 나타낼 수 있다.

문제 5.4.10. 미분가능한 함수 f 가 감소하면 $f' \leqq 0$ 임을 증명하고, 도함수의 부호와 감소 사이의 관계를 정리하여 나타내어라.

5.5. 극점과 미분

앞에서 도함수의 부호로 함수의 증감을 파악할 수 있음을 살펴보았다. 이제 우리의 관심은 언제 함수의 증감이 바뀌는가 하는 것이다. 도함수의 부호가 양인 구간에서는 함수가 증가하고, 음인 구간에서는 감소함을 생각하면, 도함수의 부호가 바뀌는 점에서 함수의 증감이 바뀔 것이고, 그 점에서 도함수의 부호가 0일 것임을 예상할 수 있다. 우리는 이렇게 함수의 증감이 바뀌는 점이 극점과 관련되어 있음을 알고 있다.

함수 f 가 $x = a$ 를 포함하는 어떤 열린 구간에 속하는 모든 x 에 대하여 부등식 $f(x) \leqq f(a)$ 를 만족하면 f 가 $x = a$ 에서 **극대**라 한다. 즉, 함수 f 를 $x = a$ 를 포함하는 어떤 열린 구간에서만 생각하였을 때 f 가 $x = a$ 에서 최대이면 f 를 극대라 하는 것이다. 극소도 극대와 마찬가지로 정의한다. 그리고 함수 f 가 극대 또는 극소인 점을 통틀어 **극점**이라 한다.

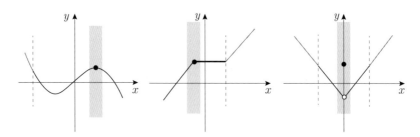

문제 5.5.1. 함수 f 가 $x = a$ 에서 극소라는 말을 정의하여라.

여기에서 극점의 정의 자체는 함수의 증감과는 무관함을 알 수 있다. 실제로 함수의 증감이 바뀌지 않는 점에서도 극점이 될 수 있다.

보기 1. 상수함수는 정의역의 임의의 점 a 에 대하여 $x = a$ 를 포함하는 열린 구간에서 다음 부등식

$$f(x) \leqq f(a), \quad f(x) \geqq f(a)$$

를 만족하므로 $x = a$ 에서 극대이자 극소이다.

문제 5.5.2. 함수 $y = [x]$ 가 극대 또는 극소가 되는 점을 모두 찾아라. 물론 여기에서 $[x]$ 는 x 를 넘지 않는 최대의 정수이다. 이 함수의 극점이 증가하다가 감소하거나, 감소하다가 증가하는 점인지 살펴보아라.

극점의 정의 자체는 함수의 증감과 무관하지만, 증감이 바뀌는 점, 즉 증가하다가 감소하는 점, 감소하다가 증가하는 점은 그 점에서 각각 극대, 극소가 된다.

문제 5.5.3. 함수 f 가 $x = a$ 의 좌우에서 증가하다가 감소하거나, 감소하다가 증가하면 그 점에서 각각 극대, 극소가 됨을 증명하여라.

한편, **미분가능한 함수는** 극점에서 미분계수가 0 이 된다. 미분계수가 0 이 되는 점을 **임계점**이라 하는데, 그런 의미에서 이를 **임계점 정리**라 한다. 극대점과 극소점은 그 점을 포함하는 어떤 열린 구간에서는 각각 최대점과 최소점이 되므로, 임계점 정리는 롤의 정리와 비슷한 방법으로 증명된다.

정리 5.5.1. (임계점 정리) 미분가능한 함수 f 가 $x = a$ 에서 극대 또는 극소이면 $f'(a) = 0$ 이다.

증명: 함수 f 가 $x = a$ 에서 극대라 하자. 그러면 $x = a$ 를 포함하는 어떤 열린 구간에 속하는 모든 x 에 대하여 부등식 $f(x) \leq f(a)$ 가 성립한다. 이제 그 열린 구간에 속하면서 $x > a$ 를 만족하는 x 를 잡으면 부등식 $\frac{f(x)-f(a)}{x-a} \leq 0$ 이, $x < a$ 를 만족하는 x 를 잡으면 부등식 $\frac{f(x)-f(a)}{x-a} \geq 0$ 이 성립하고, 여기에 극한을 취하면 다음 부등식

$$\lim_{x \to a+} \frac{f(x) - f(a)}{x - a} \leq 0, \quad \lim_{x \to a-} \frac{f(x) - f(a)}{x - a} \geq 0$$

이 성립한다. 그런데 f 가 미분가능하므로 다음 부등식

$$0 \leq \lim_{x \to a-} \frac{f(x) - f(a)}{x - a} = f'(a) = \lim_{x \to a+} \frac{f(x) - f(a)}{x - a} \leq 0$$

으로부터 $f'(a) = 0$ 이다. 극소인 경우도 마찬가지로 증명된다.

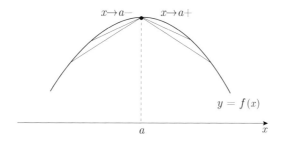

문제 5.5.4. 함수 f 가 $x = a$ 에서 극소인 경우 임계점 정리를 증명하여라.

우리는 극대와 극소의 엄밀한 정의를 도입함으로써 지금까지 기하학적인 직관에 의존하여 설명한 임계점 정리를 산술적인 방법으로 엄밀하게 증명한 것이다.

문제 5.5.5. 임계점 정리의 역이 성립하는지 살펴보아라. 즉, 미분가능한 함수 f 가 $f'(a) = 0$ 이면 $x = a$ 에서 극대 또는 극소인지 살펴보아라.

지금까지의 흐름을 정리해 보면 미분가능한 함수에 대하여는 다음 관계

$$\text{증감이 바뀌는 점} \implies \text{극점} \implies \text{임계점}$$

이 성립함을 알 수 있다. 임계점은 증감이 바뀌는 점을 포함하므로, 증감이 바뀌는 점은 임계점에서 찾을 수 있다. 또, 임계점은 극점도 포함하므로, 최대점이나 최소점은 임계점 또는 구간의 양끝임도 알 수 있다.

정리 5.5.2. 닫힌 구간 $[a,b]$ 에서 정의된 연속함수 f 가 열린 구간 (a,b) 에서 미분가능하면 f 의 최대점은 임계점 또는 구간의 양끝이다.

증명: 함수 f 의 최대점이 구간의 양끝이면 증명할 것이 없다. 이제 f 의 최대점 c 가 열린 구간 (a,b) 에 속한다고 하자. 그러면 f 는 열린 구간 (a,b) 에 속하는 모든 x 에 대하여 부등식 $f(x) \le f(c)$ 가 성립하므로 f 는 $x = c$ 에서 극대이다. 한편, f 는 열린 구간 (a,b) 에서 미분가능하므로 $f'(c) = 0$ 이다. 따라서 f 의 최대점은 구간의 양끝이 아니면 임계점이다. 최소점인 경우도 마찬가지로 증명된다.

문제 5.5.6. 함수 f 의 최소점이 임계점 또는 구간의 양끝임을 증명하여라.

위 정리의 대우를 생각하면 미분가능한 함수 f 가 $f'(a) \ne 0$ 을 만족하면 $x = a$ 에서 최대 또는 최소가 아님을 알 수 있다.

정리 5.5.3. (도함수의 사이값 정리) 함수 f 가 F 의 도함수이면 $f(a)$ 와 $f(b)$ 사이의 임의의 실수 k 에 대하여 등식 $f(c) = k$ 를 만족하는 c 가 a, b 사이에 존재한다.

증명: 편의상 $a < b$, $f(a) < f(b)$ 라 하고, 함수 G 를 $G(x) = F(x) - kx$ 로 정의하자. 만약 G 를 닫힌 구간 $[a,b]$ 에서만 생각하면 최대·최소 정리에

의하여 최소값을 가진다. 이제 함수 G 가 구간의 양끝에서 최소값을 가지지
않음을 증명하자. 먼저 함수 G 가 $x = a$ 에서 최소라 하면 임의의 x 에 대하
여 $G(x) \geqq G(a)$ 이고, $x > a$ 를 만족하는 x 를 잡으면 부등식 $\frac{G(x)-G(a)}{x-a} \geqq 0$
이 성립한다. 여기에 극한 $x \longrightarrow a+$ 를 취하면 다음 부등식

$$G'(a) = \lim_{x \to a+} \frac{G(x) - G(a)}{x - a} \geqq 0$$

이 성립하는데, 이는 $G'(a) = f(a) - k < 0$ 에 모순이다. 함수 G 가 $x = b$ 에서
최소가 아니라는 것도 마찬가지 방법으로 증명할 수 있다. 따라서 함수 G 는
열린 구간 (a, b) 에서 최소값을 가지고, 그 점을 c 라 하면 임계점 정리에 의
하여 $x = c$ 에서 G 의 미분계수가 0 이므로 $G'(c) = f(c) - k = 0$ 이다.

문제 5.5.7. 함수 G 가 $x = b$ 에서 최소가 아님을 증명하여라.

 도함수의 사이값 정리는 이 장의 첫 부분에서 미분가능한 함수의 도함수
는 연속함수일 것이라고 예상할 수밖에 없었던 이유를 말해 준다. 일단 주
어진 함수가 어떤 함수의 도함수이기만 하면, 그 함수는 두 함수값 사이의
값을 모두 함수값으로 가진다. 따라서 한 점에서 뚝 끊어진 함수는 어떤 함
수의 도함수가 될 수 없다. 그러나 우리가 흔히 연상하는 불연속인 함수는
한 점에서 뚝 끊어진 함수이므로 이런 함수들만 생각해 보고서는 미분가능
한 함수의 도함수는 불연속일 수 없다고 예상할 수밖에 없었던 것이다.

문제 5.5.8. 함수 $f(x) = \begin{cases} 1 & (x \geqq 0) \\ 0 & (x < 0) \end{cases}$ 의 부정적분이 존재하지 않음을 증명하여라.

문제 5.5.9. 미분가능한 함수 f 가 정의역의 모든 x 에 대하여 $f'(x) \neq 0$ 이면 정의
역의 모든 x 에 대하여 항상 $f'(x) > 0$ 이거나, 항상 $f'(x) < 0$ 임을 증명하여라.

5.6.   요철과 미분

미분가능한 함수의 그래프를 그릴 때 도함수의 부호로 함수의 증감을 파악
하였듯이, 이계도함수의 부호로 함수의 요철을 파악하였다. 이계도함수의 부
호가 양이면 원래 함수는 아래로 볼록하고, 음이면 위로 볼록함은 잘 알고
있을 것이다. 이런 사실은 이계도함수의 부호가 양이면 도함수는 증가한다는
점에 비추어 보면 당연해 보인다. 접선의 기울기가 증가하면 그 함수가 아
래로 볼록해야 하지 않겠는가? 그러나 이를 엄밀하게 증명하는 것은 상당히
까다롭다. 이번에도 핵심 명제를 증명하기에 앞서 먼저 위로 볼록과 아래로
볼록의 의미를 분명히 하고 넘어가려 한다.

함수 f 의 그래프가 그래프 위의 임의의 서로 다른 두 점 $A = (a, f(a))$,
$B = (b, f(b))$ 를 잇는 선분 AB 보다 항상 아래에 있으면 f 가 아래로 볼록하
다고 한다. 즉, 서로 다른 두 점 A, B 를 지나는 일차함수를 g 라 하면

$$g(x) = \frac{f(b) - f(a)}{b - a}(x - a) + f(a)$$

이므로 함수 f 가 다음 성질

$$a < x < b \text{이면 } f(x) < g(x) = \tfrac{f(b)-f(a)}{b-a}(x-a) + f(a)$$

를 만족하면 f 가 **아래로 볼록하다**고 한다. 위로 볼록도 마찬가지로 정의
한다.

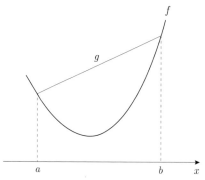

문제 5.6.1. 위로 볼록을 정의하여라.

문제 5.6.2. 아래로 볼록한 함수의 합은 아래로 볼록함을 증명하여라. 즉, 함수 f,
g 가 아래로 볼록하면 함수 $f(x) + g(x)$ 도 아래로 볼록함을 증명하여라.

아래로 볼록한 함수는 여러 가지 부등식을 만족한다. 두 점 a, b의 중점에서 f의 함수값과 두 점 $(a, f(a))$, $(b, f(b))$를 지나는 일차함수의 함수값의 대소를 비교하면 다음 부등식

$$f\left(\frac{a+b}{2}\right) \leqq \frac{f(a) + f(b)}{2}$$

을 얻는다.

문제 5.6.3. 위 부등식을 증명하고, 등호가 언제 성립하는지 살펴보아라.

문제 5.6.4. 아래로 볼록한 함수 f에 대하여 다음 함수

$$g(x) = f(x) + f(-x)$$

의 최소값을 구하여라. 함수 g가 언제 최소값을 가지는지도 살펴보아라.

나아가 중점이 아니라 두 점 a, b를 $n : m$으로 내분하는 점에서 f의 함수값과 두 점 $(a, f(a))$, $(b, f(b))$를 지나는 일차함수의 함수값의 대소를 비교하면 보다 일반적인 다음 부등식

$$f\left(\frac{ma + nb}{m + n}\right) \leqq \frac{mf(a) + nf(b)}{m + n}$$

을 얻는다.

문제 5.6.5. 위 부등식을 증명하고, 등호가 언제 성립하는지 살펴보아라.

여기에서 $\frac{m}{m+n}$, $\frac{n}{m+n}$은 합이 1인 양수이므로 $t = \frac{m}{m+n}$으로 놓으면 아래로 볼록한 함수 f는 0과 1 사이의 임의의 양수 t에 대하여 다음 부등식

$$f(ta + (1 - t)b) \leqq tf(a) + (1 - t)f(b)$$

를 만족함을 알 수 있다. 위 부등식에서

$$t = \frac{n-1}{n}, \quad a = \frac{a_1 + a_2 + \cdots + a_{n-1}}{n-1}, \quad b = a_n$$

으로 놓고 수학적귀납법을 쓰면 n 개의 항에 대한 다음 부등식

$$f\left(\frac{a_1 + a_2 + \cdots + a_n}{n}\right) \leqq \frac{f(a_1) + f(a_2) + \cdots + f(a_n)}{n}$$

을 얻는다.

문제 5.6.6. 위 부등식을 증명하고, 등호가 언제 성립하는지 살펴보아라.

지금까지의 부등식에서 함수 f 가 위로 볼록하면 반대 방향의 부등식이 성립함은 물론이다. 아래로 볼록한 함수는 또 다음 정리의 부등식을 만족하는데, 이 부등식은 이계도함수의 부호로 어떻게 함수의 요철을 파악하는지 알 수 있는 실마리가 된다.

정리 5.6.1. 아래로 볼록한 함수 f 에 대하여 $a < c < b$ 이면 다음 부등식

$$\frac{f(c) - f(a)}{c - a} < \frac{f(b) - f(a)}{b - a} < \frac{f(b) - f(c)}{b - c}$$

가 성립한다.

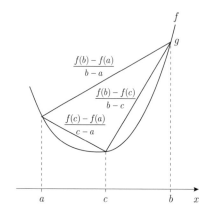

증명: 먼저 $a < c < b$ 라 하고, 두 점 $(a, f(a))$, $(b, f(b))$ 를 지나는 일차함수를 g 라 하자. 그러면 $a < c < b$ 이므로 $g(c) > f(c)$ 가 성립한다. 따라서 다음 부등식

$$\frac{f(c) - f(a)}{c - a} < \frac{g(c) - g(a)}{c - a} = \frac{f(b) - f(a)}{b - a} = \frac{g(b) - g(c)}{b - c} < \frac{f(b) - f(c)}{b - c}$$

으로부터 원하는 결론이 나온다.

이제 이계도함수의 부호가 양이면 함수가 아래로 볼록하고, 음이면 함수가 위로 볼록함을 증명하자. 이는 이 절의 핵심 명제이기도 하다.

정리 5.6.2. 두 번 미분가능한 함수 f 가 $f'' > 0$ 을 만족하면 f 는 아래로 볼록하다.

증명: 먼저 $a < b$ 를 만족하는 a, b 를 잡고, $a < x < b$ 를 만족하도록 x 를 잡는다. 함수 f 가 두 번 미분가능하므로 평균값 정리에 의하여 다음 등식

$$\frac{f(x) - f(a)}{x - a} = f'(c)$$

를 만족하는 c 가 열린 구간 (a, x) 에 존재한다. 마찬가지로 등식 $\frac{f(b) - f(x)}{b - x} = f'(d)$ 를 만족하는 d 가 열린 구간 (x, b) 에 존재한다. 그런데 $f'' > 0$ 이므로 f' 는 증가함수이고, $c < d$ 이므로 다음 부등식

$$\frac{f(x) - f(a)}{x - a} = f'(c) < f'(d) = \frac{f(b) - f(x)}{b - x}$$

가 성립한다.

이제 두 점 $A = (a, f(a))$, $B = (b, f(b))$ 를 지나는 일차함수를 g 라 하고, $f(x) < g(x)$ 를 증명하자. 만약 $f(x) = g(x)$ 이면 $f'(c)$ 와 $f'(d)$ 의 값이 모두 직선 g 의 기울기가 되어 모순이다. 더구나 $f(x) > g(x)$ 이면 $f'(c)$ 는 직선 g 의 기울기보다 크고, $f'(d)$ 는 직선 g 의 기울기보다 작으므로 모순이다. 따라서 $f(x) < g(x)$ 일 수밖에 없다. 따라서 f 는 아래로 볼록하다. 다른 말로 하면, 위 부등식은 $X = (x, f(x))$ 라 할 때 다음 부등식

$$(\text{선분 } AX \text{ 의 기울기}) < (\text{선분 } XB \text{ 의 기울기})$$

가 성립함을 말한다. 따라서 점 X 는 선분 AB 의 아래에 있다.

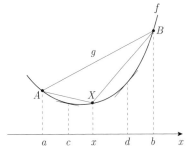

문제 5.6.7. 두 번 미분가능한 함수 f 가 $f'' < 0$ 을 만족하면 f 가 위로 볼록함을 증명하여라.

문제 5.6.8. 두 번 미분가능한 함수 f 가 $f(0) = 0$, $f'' > 0$ 이라 하자. 함수 g 를

$$g(x) = \begin{cases} \dfrac{f(x)}{x} & (x \neq 0) \\ f'(0) & (x = 0) \end{cases}$$

으로 정의하면 g 가 $x = 0$ 에서 연속이고 증가함수임을 증명하여라.

이계도함수가 항상 양임을 증명함으로써 많은 함수가 아래로 볼록함을 증명할 수 있다.

문제 5.6.9. 양수에서 정의된 함수 $y = x^n$ 은 2 이상의 자연수 n 에 대하여 아래로 볼록함을 증명하여라.

문제 5.6.10. 로그함수 $y = \ln x$ 가 위로 볼록함을 증명하여라.

양수에서 정의된 함수 $y = x^n$ 은 2 이상의 자연수 n 에 대하여 아래로 볼록하므로 이 함수에 아래로 볼록한 함수가 만족하는 다음 부등식

$$f\left(\frac{a+b}{2}\right) \leqq \frac{f(a) + f(b)}{2}$$

를 적용하면 임의의 양수 a, b 에 대하여 성립하는 다음 부등식

$$\left(\frac{a+b}{2}\right)^n \leqq \frac{a^n + b^n}{2}$$

을 얻는다. 이를 **옌센 부등식**이라 한다.

한편, 로그함수는 위로 볼록하므로 로그함수에 위로 볼록한 함수가 만족하는 다음 부등식

$$f\left(\frac{a_1 + a_2 + \cdots + a_n}{n}\right) \geqq \frac{f(a_1) + f(a_2) + \cdots + f(a_n)}{n}$$

을 적용하면 일반화된 산술-기하평균 부등식

$$\frac{a_1 + a_2 + \cdots + a_n}{n} \geqq \sqrt[n]{a_1 a_2 \cdots a_n}$$

을 얻을 수 있다.

문제 5.6.11. 일반화된 산술-기하평균 부등식을 증명하여라.

증감에서와 마찬가지로 요철에서도 두 번 미분가능한 함수가 아래로 볼록한 함수라고 언제나 이계도함수가 양인 것은 아니다. 대표적인 예로 함수 $f(x) = x^4$ 은 $x = 0$ 을 포함하는 구간에서 아래로 볼록하지만 $f''(0) = 0$ 이다. 대신에 두 번 미분가능한 함수가 아래로 볼록하면 이계도함수의 부호가 0 이상이라고는 할 수 있다.

정리 5.6.3. 두 번 미분가능한 함수 f 가 아래로 볼록하면 $f'' \geqq 0$ 이 성립한다.

증명: 먼저 $a < a_1 < b_1 < b$ 를 만족하는 a, a_1, b_1, b 를 잡고, a 로 수렴하는 감소수열 $\{a_n\}$ 과 b 로 수렴하는 증가수열 $\{b_n\}$ 을 생각하자. 다음 부등식

$$a < a_{n+1} < a_n < b_n < b_{n+1} < b$$

에 정리 5.6.1을 적용하면 다음 부등식

$$\frac{f(a_{n+1}) - f(a)}{a_{n+1} - a} < \frac{f(a_n) - f(a)}{a_n - a} < \frac{f(b) - f(b_n)}{b - b_n} < \frac{f(b) - f(b_{n+1})}{b - b_{n+1}}$$

을 얻는다. 함수 f 가 미분가능하므로 극한을 취하면 다음

$$f'(a) = \lim_{n \to \infty} \frac{f(a_n) - f(a)}{a_n - a} < \lim_{n \to \infty} \frac{f(b) - f(b_n)}{b - b_n} = f'(b)$$

가 성립하는데, 다음 수열

$$\left\{ \frac{f(a_n) - f(a)}{a_n - a} \right\}, \quad \left\{ \frac{f(b) - f(b_n)}{b - b_n} \right\}$$

은 각각 감소하고 증가하므로 극한을 취하여도 부등호에서 등호가 들어가지 않는다. 따라서 f' 는 증가함수이고, $f'' \geqq 0$ 이다.

지금까지 살펴본 이계도함수의 부호와 아래로 볼록 사이의 관계를 정리하면

$$f'' > 0 \implies f \text{ 가 아래로 볼록하다} \implies f'' \geqq 0$$

으로 나타낼 수 있다.

문제 5.6.12. 두 번 미분가능한 함수 f 가 위로 볼록하면 $f'' \leqq 0$ 임을 증명하고, 이계도함수의 부호와 위로 볼록 사이의 관계를 정리하여 나타내어라.

그래프를 생각해 보면 함수가 임계점에서 위로 볼록하면 극대, 아래로 볼록하면 극소일 것임을 예상할 수 있다. 실제로 이 예상은 참인데, 아래로 볼록과 위로 볼록은 이계도함수의 부호로 알 수 있으므로 이계도함수의 부호로 함수의 극대, 극소를 판정할 수 있다. 이처럼 이계도함수의 부호로 함수의 극대, 극소를 판정하는 방법을 **이계도함수 판정법**이라 한다.

정리 5.6.4. (이계도함수 판정법) 두 번 미분가능한 함수 f 가 다음 두 조건

$$f'(a) = 0, \quad f''(a) < 0$$

을 만족하면 f 는 $x = a$ 에서 극대이다.

증명 : 이계미분계수의 정의에 의하여

$$f''(a) = \lim_{h \to 0} \frac{f'(a+h) - f'(a)}{h} = \lim_{h \to 0} \frac{f'(a+h)}{h} < 0$$

이므로 h 가 충분히 작으면 $\frac{f'(a+h)}{h} < 0$ 이 성립한다. 이 때 $h > 0$ 이면 $f'(a+h) < 0$, $h < 0$ 이면 $f'(a+h) > 0$ 이 성립한다. 따라서 f 는 a 를 오른쪽 끝점으로 하는 작은 구간에서 증가하고, a 를 왼쪽 끝점으로 하는 작은 구간에서 감소한다. 이상에서 f 는 $x = a$ 에서 극대이다.

문제 5.6.13. 이계도함수 판정법에서 $f''(a) > 0$ 인 경우를 증명하여라.

제 6 장

함수의 적분

적분은 닫힌 구간 $[a, b]$에서 함수 f의 그래프와 x축 사이의 넓이를 구하는 것에서 출발하였다. 따라서 이 장에서 별다른 말이 없는 한 모든 함수는 연속함수라 가정한다. 연속함수가 아니면 '그래프와 x축 사이의 넓이'를 생각할 수 없기 때문이다. 정적분에서 가장 문제가 되는 것은 정적분을 정의하는 극한이 과연 넓이로 수렴하는가 하는 것이다. 이는 적분을 써서 부피나 겉넓이를 구하는 것을 정당화하는 데에도 필요한 부분이다. 이 장에서는 정적분이 넓이를 구하는 유효한 방법임을 부분적으로나마 증명하고, 미적분의 기본정리를 비롯하여 적분값을 구하는 여러 가지 공식을 직접 증명한다. 그리고 적분구간의 길이가 유한하지 않거나 적분구간에서 함수값이 무한대로 발산하는 함수의 적분을 정의한다.

6.1. 정적분의 정의

도형의 넓이나 부피를 구할 때, 주어진 도형을 넓이 또는 부피를 알고 있는 기본도형으로 근사하여 그 넓이나 부피의 합을 구하고, 그 합에 극한을 취하여 그 도형의 넓이나 부피를 구하는 방법을 **구분구적법**이라 한다. 정적분은 함수 f의 그래프와 x축 사이의 넓이를 구하기 위하여 x축을 잘게 자르고 함수 f의 그래프와 x축 사이의 도형을 각 구간의 오른쪽 끝점에서의 함수값을 높이로 하는 직사각형들로 근사한 다음, 그 넓이의 합에 극한을 취하는데, 따라서 정적분도 구분구적법의 일종이다.

그런데 정적분이 함수 f의 그래프와 x축 사이의 넓이를 구하는 유효한 방법이려면 이 극한이 넓이로 수렴하여야 한다. 우리는 고등학교에서 그림을 통해 x축을 잘게 자르면 자를수록 직사각형들의 넓이가 f의 그래프와 x축 사이의 넓이에 가까워지는 것을 보았지만, 이것만으로는 충분하지 않다. 그것은 그림만 보았을 때에는 기본도형의 넓이의 합이 구하려는 넓이에 가까워지는 것처럼 보이지만 실제로는 그렇지 않은 경우가 있기 때문이다.

보기 1. 한 변의 길이가 1인 정사각형의 넓이를 그에 내접하는 원의 넓이의 합으로 구하여 보자. 주어진 정사각형의 가로와 세로를 각각 2^n 등분하여 나누어진 2^{2n}개의 정사각형에 원을 내접시키자.

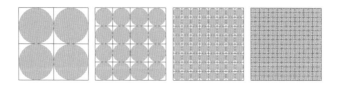

그림을 보면 정사각형의 가로와 세로를 잘게 나눌수록 원의 넓이의 합은 정사각형의 넓이로 수렴하는 것처럼 보인다. 그러나 각 원의 반지름의 길이는 $\frac{1}{2^{n+1}}$이고, 그 개수는 2^{2n}개이므로 원의 넓이의 합은

$$(\text{원의 넓이의 합}) = 2^{2n}\left(\frac{1}{2^{n+1}}\right)^2 \pi = \frac{\pi}{4}$$

가 된다. 따라서 극한을 취하여도 그 합이 정사각형의 넓이인 1로 수렴하지 않는다.

보기 2. 한 변의 길이가 2인 정삼각형의 넓이를 그에 내접하는 원의 넓이의 합으로 구하여 보자. 한 변의 길이가 2인 정삼각형에 반지름의 길이가 같은 원을 첫째 행부터 1개, 2개, $\cdots$, n개를 배열하되, 원끼리 서로 외접하고 가장자리의 원은 정삼각형의 변과 접하게 할 수 있다.

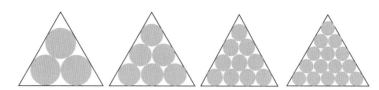

이 때에도 그림을 보면 원의 개수가 많아질수록 원의 넓이의 합은 정삼각형의 넓이로 수렴하는 것처럼 보인다. 그러나 마지막 행에 원이 n 개 있을 때 한 원의 반지름의 길이를 r_n 이라 하면 r_n 은 다음 등식

$$2(n - 1 + \sqrt{3})r_n = 2$$

를 만족한다. 따라서 $r_n = \frac{1}{n-1+\sqrt{3}}$ 이고 원의 개수는 $\sum_{k=1}^{n} k = \frac{n(n+1)}{2}$ 개이므로 원의 넓이의 합은

$$(\text{원의 넓이의 합}) = \frac{n(n+1)}{2}\left(\frac{1}{n - 1 + \sqrt{3}}\right)^2 \pi$$

이다. 이제 여기에 극한을 취하면

$$\lim_{n\to\infty} \frac{n(n+1)}{2}\left(\frac{1}{n - 1 + \sqrt{3}}\right)^2 \pi = \frac{\pi}{2}$$

가 되어 그 합이 정삼각형의 넓이인 $\sqrt{3}$ 으로 수렴하지 않는다.

위 보기에서 그림만 보았을 때에는 기본도형의 넓이의 합이 구하려는 넓이에 가까워지는 것처럼 보이지만 실제로 그렇지 않은 경우를 살펴보았다. 정적분은 구분구적법의 일종이므로, 정적분으로 정말 함수의 그래프와 x 축 사이의 넓이를 구할 수 있는지는 아직 알 수 없다. 우리가 하려는 것은 정적분 $\int_a^b f(x)dx$ 을 정의하는 극한

$$\lim_{n\to\infty} \sum_{k=1}^{n} f\left(a + \frac{b - a}{n}k\right)\frac{b - a}{n}$$

가 함수 f 의 그래프와 x 축 사이의 넓이로 수렴함을 증명하는 것이다. 이는 비단 정적분이 넓이를 구하는 유효한 방법이라는 것을 증명하는 데 그치지 않고, 미적분의 기본정리를 증명하는 초석이 되기 때문에 이 증명의 의의는 실로 크다고 할 수 있다.

그런데 우리는 이미 정적분에서 말하는 넓이는 보통 의미의 넓이가 아님을 알고 있다. 즉, 정적분은 함수의 부호를 고려한 넓이이다. 따라서 위 극

한이 수렴해야 할 값을 단순히 넓이라고 해서는 안 되고, 보다 신중한 접근
이 필요하다. 이를 위하여 주어진 함수 f 를 그 함수값이 양인 부분과 음인
부분으로 나누려 한다. 함수 f 에 대하여 f_+, f_- 를 다음

$$f_+(x) = \begin{cases} f(x) & (f(x) \geqq 0) \\ 0 & (f(x) < 0) \end{cases}, \quad f_-(x) = \begin{cases} 0 & (f(x) \geqq 0) \\ -f(x) & (f(x) < 0) \end{cases}$$

으로 정의하자.

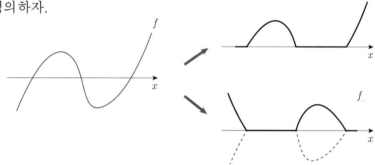

그러면 정의로부터 f_+, $f_- \geqq 0$ 이고 다음 등식

$$f_+(x) = \frac{|f(x)| + f(x)}{2}, \quad f_-(x) = \frac{|f(x)| - f(x)}{2}$$

에서 함수 f_+, f_- 가 연속이므로 그 넓이를 논할 수 있다. 이제 $f(x) = f_+(x) - f_-(x)$ 로부터 위 극한이 수렴해야 할 값은

(닫힌 구간 $[a,b]$ 에서 함수 f_+ 의 그래프와 x축 사이의 넓이)

− (닫힌 구간 $[a,b]$ 에서 함수 f_- 의 그래프와 x축 사이의 넓이)

임을 알 수 있다. 어차피 이 실수값이 정적분 $\int_a^b f(x)dx$ 가 될 것이므로, 이
실수값을 $I_a^b(f)$ 로 나타내자.

문제 6.1.1. 성질 f_+, $f_- \geqq 0$ 과 다음 등식

$$f_+(x) = \frac{|f(x)| + f(x)}{2}, \quad f_-(x) = \frac{|f(x)| - f(x)}{2}$$

을 증명하여라. 특히, 함수 f 가 연속이면 f_+, f_- 가 모두 연속임을 증명하여라.

문제 6.1.2. 닫힌 구간 $[a, b]$에서 정의된 연속함수 f의 최대값과 최소값을 각각 M, m이라 하자. 함수 f가

항상 0 이상인 경우, 양의 값과 음의 값을 모두 취하는 경우, 항상 0 이하인 경우로 나누어 부등식 $m(b-a) \leqq I_a^b(f) \leqq M(b-a)$를 증명하여라.

문제 6.1.3. 닫힌 구간 $[a, b]$에서 정의된 연속함수 f에 대하여 $a < c < b$이면 다음 등식

$$I_a^b(f) = I_a^c(f) + I_c^b(f)$$

가 성립함을 증명하여라.

이제 목표는 다음 극한

$$\lim_{n \to \infty} \sum_{k=1}^{n} f\left(a + \frac{b-a}{n}k\right)\frac{b-a}{n}$$

가 $I_a^b(f)$로 수렴함을 증명하는 것이다. 증가함수 f에 대하여 이를 증명하여 보자. 생각할 수 있는 가장 단순한 방법은 $\sum_{k=1}^{n} f\left(a + \frac{b-a}{n}k\right)\frac{b-a}{n}$와 $I_a^b(f)$의 차를 계산하고, 그것이 n이 커짐에 따라 0으로 수렴함을 증명하는 것이다. 그런데 그러려면 일단 $I_a^b(f)$의 값을 알고 있어야 하므로 다른 접근법이 필요하다.

닫힌 구간 $[0, 1]$에서 함수 $y = x^2$의 그래프와 x축 사이의 넓이 A를 구한 과정을 떠올려 보자. 닫힌 구간 $[0, 1]$을 n등분한 점은 순서대로

$$0, \quad \frac{1}{n}, \quad \frac{2}{n}, \cdots, \quad \frac{n}{n}$$

이 된다. 이제 각 소구간 $\left[\frac{k-1}{n}, \frac{k}{n}\right]$의 왼쪽 끝의 함수값 $\left(\frac{k-1}{n}\right)^2$을 높이로 하는 직사각형의 넓이의 합을 L_n이라 하고, 오른쪽 끝의 함수값 $\left(\frac{k}{n}\right)^2$을 높이로 하는 직사각형의 넓이의 합을 R_n이라 하자. 그러면 다음 등식

$$L_n = \frac{1}{n}\left(\frac{0}{n}\right)^2 + \frac{1}{n}\left(\frac{1}{n}\right)^2 + \cdots + \frac{1}{n}\left(\frac{n-1}{n}\right)^2 = \frac{n(n-1)(2n-1)}{6n^3}$$

$$R_n = \frac{1}{n}\left(\frac{1}{n}\right)^2 + \frac{1}{n}\left(\frac{2}{n}\right)^2 + \cdots + \frac{1}{n}\left(\frac{n}{n}\right)^2 = \frac{n(n+1)(2n+1)}{6n^3}$$

이 성립한다. 부등식 $L_n < A < R_n$ 이 성립하므로 극한을 취하면 다음 부등식

$$\lim_{n\to\infty} L_n \leq A \leq \lim_{n\to\infty} R_n$$

이 성립하는데, $\lim_{n\to\infty} L_n = \lim_{n\to\infty} R_n = \frac{1}{3}$ 이므로 $A = \frac{1}{3}$ 이다.

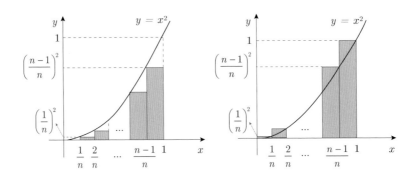

이처럼 닫힌 구간 $[0, 1]$ 에서 함수 $y = x^2$ 의 그래프와 x 축 사이의 넓이 A 를 구한 과정에서는 실제 넓이를 모르기 때문에 실제 넓이보다 작은 L_n 과 실제 넓이보다 큰 R_n 을 생각하고, 이들이 모두 같은 값으로 수렴함을 증명하여 A 의 값을 구하였다.

일반적으로 닫힌 구간 $[a, b]$ 에서 정의된 함수 f 에 대하여 $[a, b]$ 를 n 등분한 점을 순서대로 x_0, x_1, $\cdots$, x_n 이라 할 때, 함수값 $f(x_k)$ 를 높이로 하는 n 개의 직사각형의 넓이의 합을

$$R_n = \sum_{k=1}^{n} f(x_k)(x_k - x_{k-1}) \tag{1}$$

이라 정의하고 함수값 $f(x_{k-1})$ 을 높이로 하는 n 개의 직사각형의 넓이의 합은

$$L_n = \sum_{k=1}^{n} f(x_{k-1})(x_k - x_{k-1}) \tag{2}$$

이라 정의하자. 여기에서 R_n 은 정적분을 정의하는 식이다. 이제 같은 방법을 일반적인 증가함수에도 적용하면 다음 정리를 증명할 수 있다.

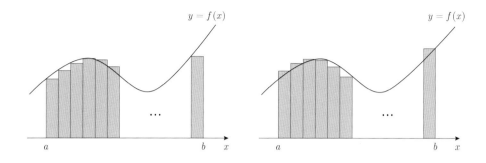

정리 6.1.1. 닫힌 구간 $[a, b]$ 에서 정의된 증가함수 f 에 대하여 $I_a^b(f) = A$ 라 하자. 그러면 (1)과 (2)로 정의된 수열 $\{L_n\}$ 과 $\{R_n\}$ 에 대하여 다음 등식

$$\lim_{n \to \infty} L_n = \lim_{n \to \infty} R_n = A$$

가 성립한다.

증명: 닫힌 구간 $[a, b]$ 를 n 등분한 점을 순서대로 $x_0, x_1, \cdots, x_n$ 이라 하자. 함수 f 가 증가함수이므로 각 자연수 k 에 대하여 다음 부등식

$$f(x_{k-1})(x_k - x_{k-1}) < I_{x_{k-1}}^{x_k}(f) < f(x_k)(x_k - x_{k-1})$$

이 성립한다. 이제 각 자연수 $k = 1, 2, \cdots, n$ 에 대하여 위 부등식을 변변 더하면 부등식 $L_n < A < R_n$ 을 얻는다. 그리고 R_n 과 L_n 의 차는

$$R_n - L_n = \sum_{k=1}^{n} f(x_k)(x_k - x_{k-1}) - \sum_{k=1}^{n} f(x_{k-1})(x_k - x_{k-1}) = \frac{f(b) - f(a)}{n}$$

으로 주어진다.

이제 수열 $\{L_n\}$ 과 $\{R_n\}$ 이 모두 A 로 수렴함을 증명하자. 부등식 $L_n < A < R_n$ 을 생각하면 구간 $[L_n, R_n]$ 은 임의의 자연수 n 에 대하여 항상 A 를 끼고 있다. 한편, 등식 $R_n - L_n = \frac{f(b)-f(a)}{n}$ 을 생각하면 n 이 커짐에 따라 구간 $[L_n, R_n]$ 의 폭은 0 으로 수렴하므로 $\{L_n\}$ 과 $\{R_n\}$ 은 모두 같은 값으로 수렴하고, 그 수렴값은 다름아닌 A 이다.

$$L_1 \qquad L_2 \ L_3 \ {}^A \ R_3 \ R_1 \qquad R_2$$

보다 형식적인 증명을 위하여 부등식 $R_n > A$ 에 극한을 취하면 $\lim\limits_{n\to\infty} R_n \geqq A$ 를 얻는다. 한편, 반대 방향의 부등호를 보이기 위하여 부등식 $R_n = A + (R_n - A) < A + (R_n - L_n)$ 에 극한을 취하면

$$\lim_{n\to\infty} R_n \leqq \lim_{n\to\infty} [A + (R_n - L_n)] = A$$

를 얻는다. 따라서 $\lim\limits_{n\to\infty} R_n = A$ 이다. 수열 $\{L_n\}$ 이 A 로 수렴한다는 것도 꼭 같은 방법으로 증명할 수 있으나 $\lim\limits_{n\to\infty} R_n = A$ 임을 쓰는 쪽이 간결하다. 그러면 다음 등식

$$\lim_{n\to\infty} L_n = \lim_{n\to\infty} [R_n - (R_n - L_n)] = A$$

가 성립하므로 모든 증명이 끝난다.

문제 6.1.4. 수열 $\{R_n\}$ 이 A 로 수렴함을 증명한 것과 꼭 같은 방법으로 $\{L_n\}$ 이 A 로 수렴함을 증명하여라.

위 정리에 의하면 증가함수 f 에 대하여는 각 소구간의 왼쪽 끝점을 잡아 적분을 계산하든 오른쪽 끝점을 잡든 상관이 없음을 알 수 있을 뿐만 아니라 각 소구간의 어느 점을 잡든 무방함을 알 수 있다. 각 자연수 k 에 대하여 부등식 $x_{k-1} < x_k{}^* < x_k$ 를 만족하도록 $x_k{}^*$ 를 잡고

$$M_n = \sum_{k=1}^{n} f(x_k{}^*)(x_k - x_{k-1})$$

라 하자. 그러면 부등식 $L_n < M_n < R_n$ 이 성립하고

$$\lim_{n\to\infty} L_n = \lim_{n\to\infty} R_n = A$$

이므로 $\lim\limits_{n\to\infty} M_n = A$ 가 된다.

보기 3. 어떤 책에서는 수열 $\{L_n\}$ 은 증가수열이고, $\{R_n\}$ 은 감소수열이라는 언급을 하는데 그렇게 섣불리 말하기에는 문제가 있다. 닫힌 구간 $[0,1]$ 에서 정의된 함수 f 가 다음 성질

$$f\left(\frac{1}{3}\right) = 300,\ f\left(\frac{1}{2}\right) = 302,\ f\left(\frac{2}{3}\right) = 597,\ f(1) = 600$$

을 만족한다고 하자. 그러면

$$
\begin{aligned}
R_2 &= \frac{1}{2}f\left(\frac{1}{2}\right) + \frac{1}{2}f(1) = 151 + 300 = 451 \\
R_3 &= \frac{1}{3}f\left(\frac{1}{3}\right) + \frac{1}{3}f\left(\frac{2}{3}\right) + \frac{1}{3}f(1) = 100 + 199 + 200 = 499
\end{aligned}
$$

이므로 $R_2 < R_3$ 이다.

위 정리를 증명하는 데에는 부등식 $L_n < A < R_n$ 이 핵심적인 역할을 하였는데, 이는 어디까지나 f 가 증가함수이기 때문에 성립하는 부등식이다. 감소함수에 대하여는 반대 방향 부등식이 성립할 것이므로 마찬가지 방법으로 증명할 수 있다.

문제 6.1.5. 감소함수에 대하여 위 정리에 상응하는 명제를 쓰고 증명하여라.

문제 6.1.6. 다음 극한이 수렴함을 증명하고 그 수렴값을 구하여라.

(가) $\displaystyle \lim_{n\to\infty} \sum_{k=1}^{n} \frac{k^3}{n^4}$

(나) $\displaystyle \lim_{n\to\infty} \sum_{k=1}^{n} \frac{n}{n^2 + k^2}$

일반적인 연속함수에 대하여도 위 정리에 상응하는 명제가 성립하지만, 이를 증명하는 것은 이 책의 범위를 넘는다. 연속함수 f 에 대하여 다음 극한

$$\lim_{n\to\infty} \sum_{k=1}^{n} f\left(a + \frac{b-a}{n}k\right) \frac{b-a}{n}$$

이 수렴하고 그 수렴값이 $I_a^b(f)$ 임을 받아들이면, 정적분의 성질이 증명된다.

정리 6.1.2. (정적분의 성질) 닫힌 구간 $[a,b]$에서 정의된 연속함수 f, g와 상수 α에 대하여 다음 등식

(가) $\displaystyle\int_a^b [f(x)+g(x)]dx = \int_a^b f(x)dx + \int_a^b g(x)dx$

(나) $\displaystyle\int_a^b \alpha f(x)dx = \alpha \int_a^b f(x)dx$

(다) $\displaystyle\int_a^b f(x)dx = \int_a^c f(x)dx + \int_c^b f(x)dx$

이 성립한다.

위 정리의 (가), (나)는 정적분을 정의하는 극한이 수렴한다는 것을, (다)는 정적분 $\int_a^b f(x)dx$를 정의하는 극한이 수렴하는 값이 $I_a^b(f)$ 임을 쓰면 바로 증명할 수 있다.

문제 6.1.7. 위 정리를 증명하여라.

지금까지는 정적분 $\int_a^b f(x)dx$를 정의하는 극한에서 $a < b$라 가정하고 모든 논의를 진행하였다. 그러나 정적분 $\int_a^b f(x)dx$를 정의하는 극한은 a, b의 대소에 상관 없이 생각할 수 있다. 이제 $a < b$일 때 정적분 $\int_a^b f(x)dx$를 정의하는 극한이 수렴함을 쓰면 $a > b$일 때에는 다음 등식

$$\int_a^b f(x)dx = -\int_b^a f(x)dx$$

가 성립함을 알 수 있다. 또, 위 정리가 a, b, c의 대소에 상관 없이 성립함도 알 수 있다.

문제 6.1.8. 정적분 $\int_a^b f(x)dx$를 정의하는 극한이 수렴함을 써서 다음 등식

$$\int_a^b f(x)dx = -\int_b^a f(x)dx$$

를 증명하여라.

문제 6.1.9. 위 정리가 a, b, c의 대소에 상관 없이 성립함을 증명하여라.

6.2. 여러 가지 적분법

앞에서 정적분이 함수의 그래프와 x 축 사이의 넓이를 구하는 유효한 방법임을 살펴보았으므로, 구체적인 함수의 적분값을 구하는 방법을 살펴보자. 연속함수의 적분값을 구하는 데 결정적인 역할을 하는 것은 뭐니뭐니해도 적분값이 피적분함수의 부정적분에 적분구간의 양끝값을 대입한 차로 주어진다는 **미적분의 기본정리**이다. 앞에서 증명한 정적분의 성질을 쓰면 미적분의 기본정리가 증명된다.

정리 6.2.1. (미적분의 기본정리) 연속함수 f 에 대하여 다음이 성립한다.

(가) 함수 S 를

$$S(x) = \int_a^x f(t)dt$$

로 정의하면 S 는 미분가능하고 $S' = f$ 가 성립한다.

(나) 함수 f 의 한 부정적분을 F 라 하면 다음 등식

$$\int_a^b f(x)dx = F(b) - F(a)$$

가 성립한다.

증명: (가) 정적분의 성질에 의하여 다음 등식

$$S(x+h) - S(x) = \int_a^{x+h} f(t)dt - \int_a^x f(t)dt = \int_x^{x+h} f(t)dt$$

가 성립한다. 이제 x, $x+h$ 를 양끝으로 하는 구간에서 함수 f 의 최대값과 최소값을 각각 M_h, m_h 라 하자. 만약 $h > 0$ 이면 다음 부등식

$$m_h h \leqq S(x+h) - S(x) = \int_x^{x+h} f(t)dt \leqq M_h h$$

이 성립한다. 마찬가지로 $h < 0$ 이면 다음 부등식

$$m_h(-h) \leqq S(x) - S(x+h) = \int_{x+h}^{x} f(t)dt \leqq M_h(-h)$$

가 성립한다. 따라서 어느 경우나 다음 부등식

$$m_h \leqq \frac{S(x+h) - S(x)}{h} \leqq M_h$$

가 성립한다. 이제 극한 $h \longrightarrow 0$ 를 취하면 f 가 연속함수이므로 $M_h,\ m_h \longrightarrow f(x)$ 가 되어

$$S'(x) = \lim_{h \to 0} \frac{S(x+h) - S(x)}{h} = f(x)$$

가 성립한다.

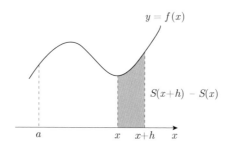

(나) 함수 S 를

$$S(x) = \int_{a}^{x} f(t)dt$$

로 놓으면 구하려는 값은 $S(b)$ 이다. 그런데 (가)에 의하여 $S' = f$ 이고 F 는 f 의 부정적분이므로 $F' = f$ 이다. 따라서 $S(x) - F(x)$ 는 상수함수이다. 그리고 $S(a) = 0$ 이므로 $S(x) - F(x) = -F(a)$ 이다. 여기에 $x = b$ 를 대입하면 원하는 결론을 얻는다.

앞에서 미적분의 기본정리를 증명하기 위하여 정적분의 성질을 써야 한다고 했는데, 정적분의 성질이 미적분의 기본정리의 증명에 어떻게 쓰였는지 다시 한 번 살펴보자. 함수 S 를 미분하기 위하여 $S(x+h) - S(x)$ 를 생각했는데 정적분의 성질을 증명하지 않았더라면 이를 결코 간단히 할 수 없었을 것이다. 따라서 이로부터 얻어지는 부등식 $m_h \leqq \frac{S(x+h) - S(x)}{h} \leqq M_h$, 나아가 미적분의 기본정리도 증명할 수 없었을 것이다.

미적분의 기본정리는 고등학교에서 복잡한 함수의 적분값을 구하기 위하여 썼던 치환적분과 부분적분 공식을 증명하는 데에도 쓰인다.

정리 6.2.2. (치환적분 공식) 함수 f 가 연속이고 g 가 일급이면 다음 등식

$$\int_a^b f(g(x))g'(x)dx = \int_{g(a)}^{g(b)} f(t)dt$$

가 성립한다.

증명: 함수 f 의 한 부정적분을 F 라 하면 함수 $f(g(x))g'(x)$ 가 연속함수이고 $f(g(x))g'(x)$ 의 한 부정적분이 $F(g(x))$ 이므로 미적분의 기본정리에 의하여 다음 등식

$$\int_a^b f(g(x))g'(x)dx = F(g(b)) - F(g(a))$$

가 성립하고, 원하는 결론을 얻는다.

정리 6.2.3. (부분적분 공식) 함수 f, g 가 일급이면 다음 등식

$$\int_a^b f(x)g'(x)dx = f(b)g(b) - f(a)g(a) - \int_a^b f'(x)g(x)dx$$

가 성립한다.

증명: 함수 $f(x)g'(x) + f'(x)g(x)$ 가 연속함수이고 $f(x)g'(x) + f'(x)g(x)$ 의 한 부정적분이 $f(x)g(x)$ 이므로 정적분의 성질과 미적분의 기본정리에 의하여 다음 등식

$$\int_a^b f(x)g'(x)dx + \int_a^b f'(x)g(x)$$
$$= \int_a^b [f(x)g'(x) + f'(x)g(x)]dx = f(b)g(b) - f(a)g(a)$$

가 성립하고, 원하는 결론을 얻는다.

치환적분과 부분적분 공식을 증명할 때 함수 f, g 가 일급이라 가정하였는데 이는 f', g' 가 연속이어야 피적분함수가 연속함수가 되어 적분을 논할

수 있는 것은 물론이고 피적분함수가 연속이어야 미적분의 기본정리를 쓸
수 있기 때문이다.

　　이제 치환적분 공식과 부분적분 공식으로부터 얻어지는 적분법들을 살
펴보자. 대칭집합인 구간을 **대칭구간**이라 한다. 적분구간이 대칭구간이면 그
대칭성을 써서 적분값을 구할 수 있다. 피적분함수가 우함수나 기함수이면
대칭구간에서의 적분값을 간단히 계산할 수 있다. 이를 각각 **우함수 적분법**,
기함수 적분법이라 한다.

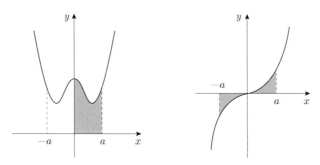

정리 6.2.4. (우함수·기함수 적분법) 연속함수 f, g가 닫힌 구간 $[-a, a]$ 에
서 정의되었다고 하자.

(가) 함수 f 가 우함수이면 등식 $\int_{-a}^{a} f(x)dx = 2\int_{0}^{a} f(x)dx$ 가 성립한다.

(나) 함수 g 가 기함수이면 등식 $\int_{-a}^{a} g(x)dx = 0$ 이 성립한다.

증명: 좌변을 우변으로 바꾸려면 좌변의 적분구간 $[-a, a]$ 를 $[-a, 0]$ 과 $[0, a]$
로 쪼갠 다음, $[-a, 0]$ 을 $[0, a]$ 로 바꾸어야 하므로 $t = -x$ 로 치환하면 됨을
알 수 있다.

(가) 만약 $t = -x$ 로 치환하면

$$
\begin{aligned}
\int_{-a}^{a} f(x)dx &= \int_{-a}^{0} f(x)dx + \int_{0}^{a} f(x)dx \\
&= \int_{a}^{0} f(-t)(-1)dt + \int_{0}^{a} f(x)dx \\
&= \int_{0}^{a} f(t)dt + \int_{0}^{a} f(x)dx = 2\int_{0}^{a} f(x)dx
\end{aligned}
$$

가 되어 증명된다.

(나) 만약 $t = -x$ 로 치환하면

$$
\begin{aligned}
\int_{-a}^{a} g(x)dx &= \int_{-a}^{0} g(x)dx + \int_{0}^{a} g(x)dx \\
&= \int_{a}^{0} g(-t)(-1)dt + \int_{0}^{a} g(x)dx \\
&= \int_{0}^{a} (-g(t))dt + \int_{0}^{a} g(x)dx = 0
\end{aligned}
$$

이 되어 마찬가지로 증명된다.

우리는 앞에서 치환적분을 써서 우함수와 기함수의 적분법을 증명하였다. 이 때 적분구간은 대칭구간이었다. 피적분함수가 우함수나 기함수가 아니더라도 적분구간이 대칭구간이면 부정적분을 구할 수 없다고 하더라도 우함수나 기함수 적분법의 증명에서와 마찬가지로 치환적분을 써서 적분값은 구할 수 있는 경우가 있다.

보기 1. 대칭구간 $[-1, 1]$ 에서의 정적분

$$
\int_{-1}^{1} \frac{x^2}{1+e^x} dx
$$

을 구해 보자. 함수 $y = \frac{x^2}{1+e^x}$ 는 부정적분을 구할 수 없음이 알려져 있다. 그러나 기함수, 우함수 적분법을 증명할 때처럼 적분구간을 나누고 $t = -x$ 로 치환하면 적분값은 구할 수 있다. 실제로 계산해 보면

$$
\begin{aligned}
\int_{-1}^{1} \frac{x^2}{1+e^x} dx &= \int_{-1}^{0} \frac{x^2}{1+e^x} dx + \int_{0}^{1} \frac{x^2}{1+e^x} dx \\
&= \int_{1}^{0} -\frac{t^2}{1+e^{-t}} dt + \int_{0}^{1} \frac{x^2}{1+e^x} dx \\
&= \int_{0}^{1} \frac{t^2 e^t}{1+e^t} dt + \int_{0}^{1} \frac{x^2}{1+e^x} dx \\
&= \int_{0}^{1} \frac{x^2(1+e^x)}{1+e^x} dx = \int_{0}^{1} x^2 dx = \frac{1}{3}
\end{aligned}
$$

이 된다.

문제 6.2.1. 다음 함수

$$f(x) = \int_{-x}^{x} \frac{t^2}{1+e^t} dt$$

의 도함수 f' 가 무엇일지 예상해 보고, 이를 증명하여라. 이로부터 f 를 구하여라.

역함수가 존재하는 함수에서 함수의 그래프와 그 역함수의 그래프는 직선 $y = x$ 에 대칭이다. 우리는 이런 관계를 써서 역함수의 정적분을 구할 수 있음을 알고 있다. 이를 **역함수 적분법**이라 한다.

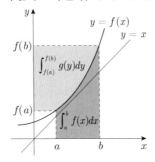

정리 6.2.5. (역함수 적분법) 역함수가 존재하는 함수 f 가 일급이고 모든 x 에 대하여 $f'(x) \neq 0$ 이라 하자. 함수 f 의 역함수를 g 라 하면 다음 등식

$$\int_{f(a)}^{f(b)} g(y)dy = bf(b) - af(a) - \int_{a}^{b} f(x)dx$$

가 성립한다.

증명: 좌변의 적분구간 $[f(a), f(b)]$ 를 우변의 적분구간 $[a, b]$ 로 바꾸어야 하므로 $t = g(y)$ 로 치환하면 됨을 알 수 있다. 그러면 $dt = g'(y)dy = \frac{1}{f'(g(y))}dy$ 이므로

$$\int_{f(a)}^{f(b)} g(y)dy = \int_{f(a)}^{f(b)} g(y)f'(g(y))\frac{1}{f'(g(y))}dy = \int_{a}^{b} tf'(t)dt$$

가 된다. 이제 $u = t$, $v' = f'(t)$ 로 놓고 부분적분하면

$$\int_{a}^{b} tf'(t)dt = \left[tf(t)\right]_{a}^{b} - \int_{a}^{b} f(t)dt = bf(b) - af(a) - \int_{a}^{b} f(t)dt$$

이다.

문제 6.2.2. 역함수 적분법에서 역함수가 존재한다, 일급, 모든 x 에 대하여 $f'(x) \neq 0$ 이라는 가정이 각각 논증의 어느 부분에 쓰이는지 지적하여라. 도함수의 사이값 정리를 써서 f 의 역함수가 존재한다는 조건을 생략하여도 좋음을 증명하여라.

문제 6.2.3. 미분가능한 함수 f 의 역함수가 존재한다고 하자. 그 역함수를 g 라 하면 다음 등식

$$\int_a^x f(t)dt + \int_{f(a)}^{f(x)} g(t)dt = xf(x) - af(a)$$

가 성립함을 증명하여라. 여기에서 일급, 모든 x 에 대하여 $f'(x) \neq 0$ 이라는 가정이 왜 없어도 좋은지 살펴보아라.

문제 6.2.4. 함수 f 가 연속함수일 때 역함수 적분법이 성립할지 생각해 보아라. 왜 앞 문제에서 f 가 미분가능한 함수일 때에만 증명하였을까? 같은 방법으로 증명하려고 하면 어느 부분에서 논증이 성립하지 않는지 살펴보아라.

지금까지의 흐름을 정리해 보면

정적분 $\int_a^b f(x)dx$ 를 정의하는 극한이 수렴하고 그 수렴값이 $I_a^b(f)$ 이다

⇓

정적분의 성질

⇓

미적분의 기본정리

⇓

치환적분과 부분적분 공식

⇓

우함수·기함수 적분법, 역함수 적분법

으로 나타낼 수 있다. 만약 정적분 $\int_a^b f(x)dx$ 를 정의하는 극한이 수렴하고 그 수렴값이 $I_a^b(f)$ 임을 증명하지 않았다면, 이 모든 적분법은 사상누각에 불과했을 것이다. 앞에서 이를 증명했기 때문에 이 모든 적분법이 성립하는 것이고, 나아가 우리가 지금까지 해 왔던 온갖 적분 계산이 옳다는 것도 알 수 있다. 바로 여기에 앞에서 정적분을 정의하는 극한이 $I_a^b(f)$ 로 수렴함을 증명한 의의가 있다.

6.3.   특이적분

지금까지는 적분구간의 길이가 유한하고 적분구간에서의 함수값이 무한대로
발산하지 않는 함수의 적분을 다루었다. 그러나 때에 따라서는 이 두 조건
가운데 적어도 하나가 성립하지 않는 적분을 다룰 필요성이 생긴다. 예를 들
어 정규분포에서 정규분포곡선과 x 축 사이의 넓이가 1 이라는 것을 증명하
려면 구간 $(-\infty, \infty)$ 에서 정규분포의 확률밀도함수의 적분을 다루어야 한다.

이처럼 두 조건 가운데 적어도 하나가 성립하지 않는 경우의 적분을 **특
이적분**이라 한다. 먼저 피적분함수는 연속이지만 적분구간의 길이가 유한하
지 않은 특이적분을 정의하자. 적분구간이 $[a, \infty)$ 인 특이적분 $\int_a^\infty f(x)dx$ 는

$$\int_a^\infty f(x)dx = \lim_{G \to \infty} \int_a^G f(x)dx$$

로 정의한다. 이 극한이 존재할 때 특이적분이 **수렴한다**고 하고, 존재하지
않을 때 **발산한다**고 한다. 적분구간이 $(-\infty, a]$ 인 특이적분도 마찬가지로 정
의한다.

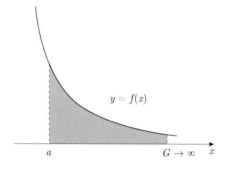

문제 6.3.1. 특이적분 $\int_{-\infty}^a f(x)dx$ 를 정의하여라.

보기 1. 특이적분 $\int_1^\infty \frac{1}{x}dx$ 의 값을 구해 보자. 특이적분의 정의에 의하여

$$\int_1^\infty \frac{1}{x}dx = \lim_{G \to \infty} \int_1^G \frac{1}{x}dx = \lim_{G \to \infty}(\ln G - \ln 1) = \infty$$

이므로 주어진 특이적분은 발산한다.

문제 6.3.2. 특이적분 $\int_0^\infty e^{-x}dx$ 의 값을 구하여라.

적분구간이 $(-\infty, \infty)$ 인 특이적분은 적분구간에 속하는 임의의 실수 a 에 대하여 구간 $(-\infty, a]$, $[a, \infty)$ 에서의 특이적분이 모두 수렴하면 그 값의 합으로 정의한다. 그런데 구간 $(-\infty, \infty)$ 에서의 특이적분은 매번 달라질 수 있는 실수 a 를 포함하고 있다. 따라서 이 정의가 제대로 된 정의이려면 실수 a 를 다르게 선택해도 구간 $(-\infty, \infty)$ 에서의 특이적분값은 불변이어야 한다.

문제 6.3.3. 특이적분 $\int_{-\infty}^{\infty} f(x)dx$ 이 정의되면 그 값은 실수 a 의 선택에 의존하지 않음을 보여라. 즉, 서로 다른 두 실수 a, b 에 대하여 다음 등식

$$\int_{-\infty}^{a} f(x)dx + \int_{a}^{\infty} f(x)dx = \int_{-\infty}^{b} f(x)dx + \int_{b}^{\infty} f(x)dx$$

가 성립함을 증명하여라.

문제 6.3.4. 특이적분 $\int_{-\infty}^{\infty} f(x)dx$ 가 정의되면 극한 $\lim\limits_{G \to \infty} \int_{-G}^{G} f(x)dx$ 가 존재하고 다음 등식

$$\lim_{G \to \infty} \int_{-G}^{G} f(x)dx = \int_{-\infty}^{\infty} f(x)dx$$

가 성립함을 증명하여라.

문제 6.3.3은 임의의 실수 a 에 대하여 구간 $(-\infty, a]$, $[a, \infty)$ 에서의 특이적분이 모두 수렴하면, 구간 $(-\infty, \infty)$ 에서의 특이적분이 잘 정의된다는 것을 말해 준다. 이제 함수가 주어졌을 때, 구간 $(-\infty, \infty)$ 에서의 특이적분값을 구하는 방법을 살펴보자. 그러려면 먼저 임의의 실수 a 에 대하여 구간 $(-\infty, a]$, $[a, \infty)$ 에서의 특이적분이 모두 수렴함을 증명한 다음, 어느 한 실수 a 를 택하여 구간 $(-\infty, a]$, $[a, \infty)$ 에서의 특이적분값의 합을 구하여야 하는데, 이는 매우 번거로운 일이다. 다음 정리는 연속함수의 경우에는 임의의 실수 a 에 대하여 구간 $(-\infty, a]$, $[a, \infty)$ 에서의 특이적분이 모두 수렴함을 증명할 필요가 없음을 말해 준다.

정리 6.3.1. 함수 f 가 구간 $(-\infty, \infty)$ 에서 연속이라 하자. 어떤 실수 a 에 대하여 다음 특이적분

$$\int_{-\infty}^{a} f(x)dx, \quad \int_{a}^{\infty} f(x)dx$$

가 모두 수렴하면 임의의 실수 b에 대하여 다음 특이적분

$$\int_{-\infty}^{b} f(x)dx, \quad \int_{b}^{\infty} f(x)dx$$

가 모두 수렴하고 다음 등식

$$\int_{-\infty}^{a} f(x)dx + \int_{a}^{\infty} f(x)dx = \int_{-\infty}^{b} f(x)dx + \int_{b}^{\infty} f(x)dx \qquad (3)$$

가 성립한다.

증명 : 특이적분의 정의에 의하여 다음 등식

$$\begin{aligned}
\int_{b}^{\infty} f(x)dx &= \lim_{G \to \infty} \int_{b}^{G} f(x)dx \\
&= \lim_{G \to \infty} \left(\int_{b}^{a} f(x)dx + \int_{a}^{G} f(x)dx \right) \\
&= \int_{b}^{a} f(x)dx + \int_{a}^{\infty} f(x)dx
\end{aligned}$$

이 성립한다. 따라서 특이적분 $\int_{b}^{\infty} f(x)dx$ 는 수렴한다. 특이적분 $\int_{-\infty}^{b} f(x)dx$ 가 수렴함도 마찬가지로 증명할 수 있고, 여기에 문제 6.3.3을 적용하면 등식 (3)을 얻는다.

문제 6.3.5. 특이적분 $\int_{-\infty}^{b} f(x)dx$ 가 수렴함을 증명하여라.

위 정리에 의하면 연속함수의 경우에는 구간 $(-\infty, \infty)$ 에서의 특이적분값을 구할 때 임의의 실수 a 에 대하여 구간 $(-\infty, a]$, $[a, \infty)$ 에서의 특이적분이 모두 수렴함을 증명할 필요 없이 어느 한 실수 a 에 대하여 구간 $(-\infty, a]$, $[a, \infty)$ 에서의 특이적분이 수렴하면 그 값의 합을 구간 $(-\infty, \infty)$ 에서의 특이적분값이라 할 수 있다. 또, 어느 한 실수 a 에 대하여 구간 $(-\infty, a]$, $[a, \infty)$ 에서의 특이적분이 발산하면 임의의 실수 b 에 대하여 구간 $(-\infty, b]$, $[b, \infty)$ 에서의 특이적분이 수렴한다고 할 수 없으므로 구간 $(-\infty, \infty)$ 에서의 특이적분은 정의되지 않는다.

결국, 연속함수의 경우에는 어느 한 실수 a 에 대하여 구간 $(-\infty, a]$, $[a, \infty)$ 에서의 특이적분의 수렴 여부를 조사하는 것만으로 구간 $(-\infty, \infty)$ 에서의 특이적분이 정의되는지, 정의된다면 그 특이적분값은 얼마인지를 알 수 있다.

문제 6.3.6. 특이적분 $\int_{-\infty}^{\infty} x dx$ 가 정의되지 않음을 증명하여라. 그러나 다음 극한

$$\lim_{G \to \infty} \int_{-G}^{G} x dx$$

는 존재함을 증명하여라.

이제 적분구간에서의 함수값이 무한대로 발산하는 경우의 특이적분을 정의하자. 함수 f 가 적분구간의 왼쪽 끝 a 에서 함수값이 무한대로 발산한다고 하자. 그러면 특이적분 $\int_a^b f(x)dx$ 는

$$\int_a^b f(x)dx = \lim_{A \to a+} \int_A^b f(x)dx$$

로 정의한다.

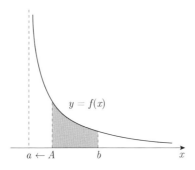

문제 6.3.7. 함수 f 가 적분구간의 오른쪽 끝 b 에서 함수값이 무한대로 발산한다고 할 때, 특이적분 $\int_a^b f(x)dx$ 를 정의하여라.

보기 2. 특이적분 $\int_0^1 \ln x dx$ 의 값을 구해 보자. 먼저 특이적분의 정의에 의하여

$$\begin{aligned}
\int_0^1 \ln x dx &= \lim_{A \to 0+} \int_A^1 \ln x dx \\
&= \lim_{A \to 0+} [(\ln 1 - 1) - (A \ln A - A)]
\end{aligned}$$

가 된다. 이를 계산하기 위하여 극한값 $\lim\limits_{A\to 0+}(A\ln A - A)$ 를 구해야 하는데,
등식 $(A\ln A - A) = \frac{\ln A - 1}{\frac{1}{A}}$ 이 성립하므로 여기에 로피탈의 정리를 쓰면 다음
등식

$$\lim_{A\to 0+}\frac{\ln A - 1}{\frac{1}{A}} = \lim_{A\to 0+}\frac{\frac{1}{A}}{-\frac{1}{A^2}} = \lim_{A\to 0+}(-A) = 0$$

이 성립한다. 따라서 $\int_0^1 \ln x\,dx = -1$ 이다.

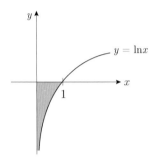

문제 6.3.8. 특이적분 $\int_0^{\frac{\pi}{2}} \tan x\,dx$ 의 값을 구하여라.

함수 f 의 함수값이 무한대로 발산하는 점 c 가 구간 $[a,b]$ 의 한가운데에
있으면 그 점을 기준으로 구간을 나누어 각 구간 $[a,c)$, $(c,b]$ 에서의 특이적
분이 모두 수렴하면 그 값의 합을 구간 $[a,b]$ 에서의 f 의 특이적분으로 정의
한다.

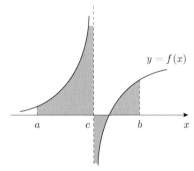

문제 6.3.9. 특이적분 $\int_{-1}^{1}\frac{1}{x}\,dx$ 가 정의되지 않음을 증명하여라. 그러나 다음 극한

$$\lim_{E\to 0+}\left(\int_{-1}^{-E}\frac{1}{x}\,dx + \int_{E}^{1}\frac{1}{x}\,dx\right)$$

는 존재함을 증명하여라.

마지막으로 두 조건이 모두 성립하지 않는 경우의 특이적분을 정의하자. 적분구간의 왼쪽 끝 a 에서 함수값이 무한대로 발산하고 적분구간의 오른쪽 끝은 무한대인 특이적분은 적분구간에 속하는 임의의 실수 c 에 대하여 구간 $(a, c]$, $[c, \infty)$ 에서의 특이적분이 모두 수렴하면 그 값의 합으로 정의한다. 적분구간의 왼쪽 끝은 무한대이고 오른쪽 끝 b 에서 함수값이 무한대로 발산하는 특이적분도 마찬가지로 정의한다.

나아가 적분구간의 한가운데 b 에서 함수값이 무한대로 발산하고 적분구간의 오른쪽 끝은 무한대인 $[a, \infty)$ 에서의 특이적분은 적분구간에 속하는 b 보다 큰 임의의 실수 c 에 대하여 구간 $[a, b)$, $(b, c]$, $[c, \infty)$ 에서의 특이적분이 모두 수렴하면 그 값의 합으로 정의한다.

문제 6.3.10. 함수 f 를

$$f(x) = \begin{cases} \frac{1}{\sqrt{x}} & (0 < x < 1) \\ \frac{1}{x^2} & (x \geq 1) \end{cases}$$

로 정의할 때, 특이적분 $\int_0^\infty f(x)dx$ 가 정의됨을 증명하고 그 값을 구하여라.

6.4.   적분의 응용

우리는 고등학교에서 닫힌 구간 $[a, b]$의 임의의 점 x에서 x축에 수직인 평면으로 입체를 자른 단면의 넓이가 $S(x)$이면 닫힌 구간 $[a, b]$에서의 부피는

$$\int_a^b S(x)dx$$

임을 공부하였다.

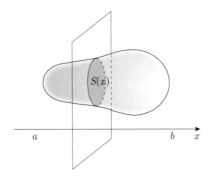

이제 닫힌 구간 $[a, b]$에서 함수 f의 그래프를 x축의 둘레로 회전시키면 회전체를 얻는데, 이 때 닫힌 구간 $[a, b]$의 임의의 점 x에서 x축에 수직인 평면으로 입체를 자른 단면은 반지름의 길이가 $|f(x)|$인 원이 된다. 그 단면의 넓이는 $S(x) = [f(x)]^2\pi$가 되고, 따라서 부피는

$$\int_a^b [f(x)]^2\pi dx = \pi \int_a^b [f(x)]^2 dx$$

가 된다.

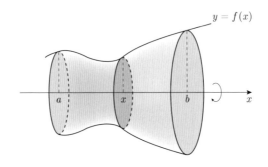

보기 1. 우리는 중학교에서 반지름의 길이가 r 인 구의 부피가 $\frac{4}{3}\pi r^3$ 임을 공부하였다. 이제 적분을 써서 이를 증명할 수 있다. 반지름의 길이가 r 인 구는 함수 $y = \sqrt{r^2 - x^2}$ 의 그래프를 x 축의 둘레로 회전시킨 회전체이므로 그 부피는

$$\pi \int_{-r}^{r} \left(\sqrt{r^2 - x^2} \right)^2 dx = \frac{4}{3}\pi r^3$$

이 된다.

문제 6.4.1. 구간 $[1, \infty)$ 에서 함수 $y = \frac{1}{x}$ 의 그래프를 x 축의 둘레로 회전시킨 회전체의 부피를 구하여라.

지금부터 살펴볼 적분 공식들은 모두 구분구적법의 원리에서부터 유도된다. 먼저 y 축의 둘레로 회전시킨 회전체의 부피를 구하는 공식을 살펴보자.

정리 6.4.1. (y 축의 둘레로 회전시킨 회전체의 부피) 닫힌 구간 $[a, b]$ 에서 함수 f 의 그래프를 y 축의 둘레로 회전시킨 회전체의 부피는

$$2\pi \int_{a}^{b} x f(x) dx$$

이다. 여기에서 $f \geqq 0$, $a \geqq 0$ 이다.

증명: 닫힌 구간 $[a, b]$ 를 n 등분한 점을 순서대로 x_0, x_1, x_2, $\cdots$, x_n 이라 하자. 반지름의 길이가 x_k 이고 높이가 $f(x_k)$ 인 원기둥에서 반지름의 길이가 x_{k-1} 이고 높이가 $f(x_{k-1})$ 인 원기둥이 빠진 도형의 부피의 합은 n 이 커짐에 따라 함수 f 의 그래프를 y 축에 회전시킨 회전체의 부피에 가까워진다. 따라서 회전체의 부피는 그 합의 극한이다.

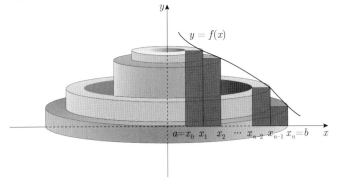

반지름의 길이가 x_k 이고 높이가 $f(x_k)$ 인 원기둥에서 반지름의 길이가 x_{k-1} 이고 높이가 $f(x_{k-1})$ 인 원기둥이 빠진 도형의 부피의 합은

$$\sum_{k=1}^{n}(x_k{}^2 - x_{k-1}{}^2)f(x_k)\pi = \pi \sum_{k=1}^{n}(x_k + x_{k-1})f(x_k)(x_k - x_{k-1})$$

이다. 그런데 $x_k - x_{k-1} = \frac{b-a}{n}$ 이므로 $n \longrightarrow \infty$ 이면 x_{k-1} 을 x_k 로 근사시킬 수 있다. 따라서 다음 등식

$$\lim_{n\to\infty}\left[\pi \sum_{k=1}^{n}(x_k + x_{k-1})f(x_k)(x_k - x_{k-1}) - 2\pi \sum_{k=1}^{n}x_k f(x_k)(x_k - x_{k-1})\right] = 0$$
$$(4)$$

이 성립하고 정적분의 정의에 의하여 다음 등식

$$\lim_{n\to\infty} 2\pi \sum_{k=1}^{n}x_k f(x_k)(x_k - x_{k-1}) = 2\pi \int_a^b xf(x)dx \qquad (5)$$

도 성립한다. 이제 등식 (4)와 (5)를 변변 더하면 원하는 결론을 얻는다.

우리는 고등학교에서 닫힌 구간 $[a, b]$ 에서 함수 f 의 그래프의 길이가

$$\int_a^b \sqrt{1 + [f'(x)]^2}dx$$

임을 공부하였다. 이제 이를 증명하여 보자. 본격적인 증명을 하기에 앞서 미리 말해 두는데, 우리는 어차피 곡선의 길이가 위 정적분으로 주어질 것임을 알고 있다. 그런데 위 정적분이 정의되려면 f' 가 연속이어야 하므로 곡선의 길이를 구하는 동안은 f' 가 연속, 즉 f 가 일급함수라 가정한다.

정리 6.4.2. (함수의 그래프의 길이) 닫힌 구간 $[a, b]$ 에서 일급함수 f 의 그래프의 길이는

$$\int_a^b \sqrt{1 + [f'(x)]^2}dx$$

이다.

증명: 닫힌 구간 $[a, b]$ 를 n 등분한 점을 순서대로 $x_0,\ x_1,\ x_2,\ \cdots,\ x_n$ 이라 하고 $P_k = (x_k, f(x_k))$ 라 하자. 선분 $P_{k-1}P_k$ 의 길이의 합

$$\sum_{k=1}^{n} P_{k-1}P_k = P_0P_1 + P_1P_2 + \cdots + P_{n-1}P_n$$

은 n 이 커짐에 따라 곡선의 길이에 가까워진다. 따라서 곡선의 길이는 그 합의 극한 $\lim_{n \to \infty} \sum_{k=1}^{n} P_{k-1}P_k$ 이다.

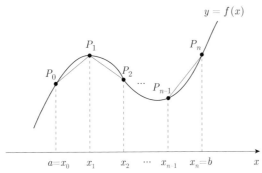

선분 $P_{k-1}P_k$ 의 길이는

$$P_{k-1}P_k = \sqrt{(x_k - x_{k-1})^2 + (f(x_k) - f(x_{k-1}))^2}$$

이고, 평균값 정리에 의하여 등식 $f(x_k) - f(x_{k-1}) = f'(x_k{}^*)(x_k - x_{k-1})$ 을 만족하는 $x_k{}^*$ 가 열린 구간 (x_{k-1}, x_k) 에 존재한다. 그런데 $x_k - x_{k-1} = \frac{b-a}{n}$ 이므로 $n \longrightarrow \infty$ 이면 $x_k{}^*$ 를 x_k 로 근사시킬 수 있다. 따라서 다음 등식

$$\lim_{n \to \infty} \left[\sum_{k=1}^{n} P_{k-1}P_k - \sum_{k=1}^{n} \sqrt{1 + [f'(x_k)]^2}(x_k - x_{k-1}) \right] = 0 \qquad (6)$$

이 성립하고 정적분의 정의에 의하여 다음 등식

$$\lim_{n \to \infty} \sum_{k=1}^{n} \sqrt{1 + [f'(x_k)]^2}(x_k - x_{k-1}) = \int_a^b \sqrt{1 + [f'(x)]^2}dx \qquad (7)$$

도 성립한다. 이제 등식 (6)과 (7)을 변변 더하면 원하는 결론을 얻는다.

정리 6.4.3. (회전체의 겉넓이) 닫힌 구간 $[a,b]$에서 일급함수 f의 그래프를 x축의 둘레로 회전시킨 회전체의 겉넓이는

$$2\pi \int_a^b |f(x)|\sqrt{1+[f'(x)]^2}dx$$

이다.

증명: 닫힌 구간 $[a,b]$를 n등분한 점을 순서대로 x_0, x_1, x_2, $\cdots$, x_n이라 하고 $P_k = (x_k, f(x_k))$라 하자. 선분 $P_{k-1}P_k$을 회전시켜 얻어지는 원뿔대의 옆면의 넓이의 합은 n이 커짐에 따라 곡선의 길이에 가까워진다. 따라서 회전체의 겉넓이는 그 합의 극한이다. 이를 구하려면 먼저 선분 $P_{k-1}P_k$을 회전시켜 얻어지는 원뿔대의 옆면의 넓이를 구해야 한다.

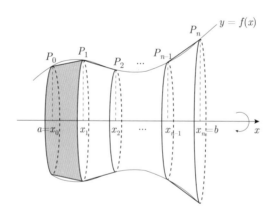

원뿔대의 옆면은 큰 부채꼴에서 작은 부채꼴이 빠진 모양이다. 큰 부채꼴의 반지름의 길이를 R, 작은 부채꼴의 반지름의 길이를 r라 하면 원뿔대의 옆면의 넓이는

$$\frac{1}{2}R^2\theta - \frac{1}{2}r^2\theta = \frac{R\theta + r\theta}{2}(R-r)$$

이다. 따라서 원뿔대의 옆면의 넓이는

$$\frac{(짧은\ 호의\ 길이) + (긴\ 호의\ 길이)}{2} \times (모서리의\ 길이)$$

라 할 수 있다.

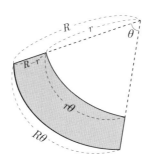

선분 $P_{k-1}P_k$ 을 회전시켜 얻어지는 원뿔대의 옆면에서

$$\frac{(\text{짧은 호의 길이}) + (\text{긴 호의 길이})}{2} = \pi(|f(x_{k-1})| + |f(x_k)|)$$

$$(\text{모서리의 길이}) = \sqrt{(x_k - x_{k-1})^2 + (f(x_k) - f(x_{k-1}))^2}$$

이므로 그 넓이는

$$\pi(|f(x_{k-1})| + |f(x_k)|)\sqrt{(x_k - x_{k-1})^2 + (f(x_k) - f(x_{k-1}))^2}$$

이다. 마찬가지로 평균값 정리에 의하여 등식 $f(x_k) - f(x_{k-1}) = f'(x_k^*)(x_k - x_{k-1})$ 을 만족하는 x_k^* 가 열린 구간 (x_{k-1}, x_k) 에 존재한다. 그런데 $x_k - x_{k-1} = \frac{b-a}{n}$ 이므로 $n \longrightarrow \infty$ 이면 x_k^* 를 x_k 로 근사시킬 수 있다. 따라서 다음 등식

$$\lim_{n \to \infty}\left[\sum_{k=1}^{n}(\text{선분 } P_{k-1}P_k \text{를 회전시켜 얻어지는 원뿔대의 옆면의 넓이})\right.$$
$$\left. - 2\pi\sum_{k=1}^{n}|f(x_k)|\sqrt{1 + [f'(x_k)]^2}(x_k - x_{k-1})\right] = 0 \tag{8}$$

이 성립하고 정적분의 정의에 의하여 다음 등식

$$\lim_{n \to \infty} 2\pi\sum_{k=1}^{n}|f(x_k)|\sqrt{1 + [f'(x_k)]^2}(x_k - x_{k-1})$$
$$= 2\pi\int_a^b |f(x)|\sqrt{1 + [f'(x)]^2}dx \tag{9}$$

도 성립한다. 이제 등식 (8)과 (9)를 변변 더하면 원하는 결론을 얻는다.

보기 2. 우리는 중학교에서 반지름의 길이가 r 인 구의 겉넓이가 $4\pi r^2$ 임을 공부하였다. 이제 이것도 적분을 써서 증명할 수 있다. 반지름의 길이가 r 인 구는 함수 $y = \sqrt{r^2 - x^2}$ 의 그래프를 x 축의 둘레로 회전시킨 회전체이므로 그 겉넓이는

$$2\pi \int_{-r}^{r} \sqrt{r^2 - x^2} \sqrt{1 + \left(\frac{-x}{\sqrt{r^2 - x^2}}\right)^2} \, dx = 4\pi r^2$$

이 된다.

문제 6.4.2. 구간 $[1, \infty)$ 에서 함수 $y = \frac{1}{x}$ 의 그래프를 x 축의 둘레로 회전시킨 회전체의 겉넓이를 구하여라.

제 7 장

벡터

순서쌍은 점을 나타낼 때에도 쓰이고, 벡터를 나타낼 때에도 쓰인다. 달리 말하면 하나의 순서쌍을 점으로도, 벡터로도 이해해도 된다. 따라서 이 책에서 점과 벡터는 구별하지 않는다. 순서쌍 (a, b) 는 상황에 따라서 점으로 이해하는 것이 좋을 때도 있고, 벡터로 이해하는 것이 좋을 때도 있다. 점을 벡터로 이해하려면 원점과 그 점을 잇는 화살표로 보면 되고, 벡터를 점으로 이해하려면 벡터를 나타내는 화살표를 원점으로 옮긴 다음 그 끝점만 보면 된다. 특히, 점 A, B 에 대하여 '벡터' $\overrightarrow{AB}$ 는 '점' $B - A$ 라 할 수 있고, 두 점 A, B 사이의 거리는 $|A - B|$ 라 할 수 있다. 좌표평면이나 좌표공간의 도형을 벡터를 써서 다루면 여러 가지 공식을 세련된 방법으로 얻을 수 있고, 여기에 외적이나 매개변수로 나타낸 곡선의 개념을 도입하면 그 논의는 더욱 풍성해진다.

7.1. 벡터의 내적

고등학교에서 벡터 A, B 의 **내적** $A \cdot B$ 는 A, B 가 이루는 각의 크기를 θ 라 할 때, 다음 실수

$$A \cdot B = |A||B| \cos \theta$$

로 정의한다. 벡터의 내적이 유용한 것은 벡터 A, B 가 $A = (a_1, a_2)$, $B = (b_1, b_2)$ 이면 $A \cdot B$ 를

$$A \cdot B = a_1 b_1 + a_2 b_2$$

로 간단히 계산할 수 있기 때문이다. 그런데 $|A||B|\cos\theta$ 로 정의한 내적이 어떻게 각 성분의 곱의 합이 되는 것일까?

좌표평면의 원점을 O 라 할 때, 삼각형 OAB 에 코사인법칙을 써서 선분 AB 의 길이를 구해 보자. 각 AOB 의 크기를 θ 라 하면 코사인법칙에 의하여 다음 등식

$$AB^2 = OA^2 + OB^2 - 2OA \cdot OB \cos\theta$$

가 성립한다. 그런데 선분 OA, OB, AB 의 길이는 각각 $|A|$, $|B|$, $|A - B|$ 이고, 각 AOB 의 크기는 벡터 A 와 B 가 이루는 각의 크기와 같으므로 위 등식은

$$|A - B|^2 = |A|^2 + |B|^2 - 2(A \cdot B)$$

로 고쳐 쓸 수 있다. 따라서 다음 등식

$$A \cdot B = \frac{|A|^2 + |B|^2 - |A - B|^2}{2} \tag{1}$$

이 성립한다. 여기에서 $A = (a_1, a_2)$, $B = (b_1, b_2)$ 로 놓으면 우리에게 익숙한 공식

$$A \cdot B = a_1 b_1 + a_2 b_2 \tag{2}$$

를 얻는다.

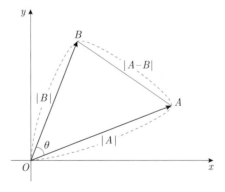

문제 7.1.1. 등식 (1)에서 $A = (a_1, a_2)$, $B = (b_1, b_2)$ 로 놓으면 등식 (2)가 성립함을 증명하여라.

벡터 $A = (a_1, a_2)$, $B = (b_1, b_2)$ 의 내적을 $A \cdot B = a_1 b_1 + a_2 b_2$ 로 계산할

수 있다는 것으로부터 두 벡터가 이루는 각의 크기를 구할 수 있다. 벡터 A, B 가 이루는 각의 크기를 θ 라 하면 $\cos\theta$ 는

$$\cos\theta = \frac{A \cdot B}{|A||B|}$$

로 구할 수 있다. 물론 처음부터 벡터 A, B 의 내적을 $A \cdot B = |A||B|\cos\theta$ 로 정의하였으므로 등식 $\cos\theta = \frac{A \cdot B}{|A||B|}$ 은 내적의 정의에 의하여 당연하다. 그러나 벡터 $A = (a_1, a_2)$, $B = (b_1, b_2)$ 의 내적이 $A \cdot B = a_1b_1 + a_2b_2$ 라는 것을 모르는 상태에서는 $A \cdot B$ 를 구하려면 먼저 θ 를 구해야 하므로 등식 $\cos\theta = \frac{A \cdot B}{|A||B|}$ 가 A, B 가 이루는 각의 크기를 구하는 데 아무런 도움을 주지 못한다. 등식 $\cos\theta = \frac{A \cdot B}{|A||B|}$ 으로부터 벡터 A, B 가 이루는 각의 크기를 구할 수 있는 것은 어디까지나 $A \cdot B$ 를

$$A \cdot B = a_1b_1 + a_2b_2$$

로 간단히 계산할 수 있기 때문이다.

영벡터가 아닌 벡터 A, B 에 대하여 $A \cdot B > 0$ 이면 $\cos\theta > 0$ 이므로 A, B 가 이루는 각이 예각임을 알 수 있고, $A \cdot B < 0$ 이면 A, B 가 이루는 각이 둔각임을 알 수 있다. 특히, $A \cdot B = 0$ 이면 A, B 가 이루는 각이 직각이고, A, B 는 수직이다. 이를 정리하면 다음 표

	$A \cdot B > 0$	$A \cdot B = 0$	$A \cdot B < 0$
A, B 가 이루는 각	예각	직각	둔각

로 나타낼 수 있다.

문제 7.1.2. 직선 $y = mx + n$ 과 $y = m'x + n'$ 가 서로 수직이면 $mm' = -1$ 임을 증명하여라.

문제 7.1.3. 벡터 $(\cos\alpha, \sin\alpha)$ 와 $(\cos(-\beta), \sin(-\beta))$ 가 이루는 각의 크기가 $\alpha + \beta$ 임을 써서 삼각함수의 덧셈정리

$$\cos(\alpha + \beta) = \cos\alpha\cos\beta - \sin\alpha\sin\beta$$

를 유도하여라.

두 벡터가 이루는 각의 크기는 두 벡터가 모두 영벡터가 아닐 때에만 생각할 수 있다. 그런데 두 벡터가 이루는 각의 크기를 말할 때마다 두 벡터가 모두 영벡터가 아님을 가정하는 것은 매우 성가신 일이다. 가만히 보면 $A \cdot B \neq 0$이면 자동적으로 A, B가 모두 영벡터가 아니므로 $A \cdot B \neq 0$인 경우에는 A, B가 모두 영벡터가 아니라는 가정을 할 필요가 없다. 문제는 $A \cdot B = 0$인 경우이다. 어차피 한 벡터가 영벡터이면 두 벡터가 이루는 각이 의미를 가지지 못하므로, A, B가 영벡터이든 아니든 $A \cdot B = 0$이면 A, B는 **수직이라 정의한다.**

벡터의 내적으로부터 두 벡터가 이루는 각의 크기를 구할 수 있는 것은 내적을 각 성분의 곱의 합으로 간단히 계산할 수 있기 때문이다. 내적을 식처럼 계산할 수 있게 해 주는 다음 등식들이 성립하는 것도 바로 이 때문이다.

정리 7.1.1. (내적의 성질) 벡터 A, B, C와 실수 c에 대하여 다음 등식

(가) $A \cdot B = B \cdot A$

(나) $(A + B) \cdot C = A \cdot C + B \cdot C$

(다) $cA \cdot B = c(A \cdot B)$

가 성립한다.

문제 7.1.4. 위 정리를 증명하여라. 이로부터 다음 등식

$$
\begin{aligned}
A \cdot (B + C) &= A \cdot B + A \cdot C \\
A \cdot cB &= c(A \cdot B)
\end{aligned}
$$

가 성립함을 증명하여라.

문제 7.1.5. 임의의 벡터 A에 대하여 부등식 $A \cdot A = |A|^2 \geqq 0$이 성립함을 증명하고, $A \cdot A = 0$과 A가 영벡터라는 것이 서로 동치임을 증명하여라.

문제 7.1.6. 벡터 A, B에 대하여 다음 등식

$$
\begin{aligned}
(A + B) \cdot (A + B) &= A \cdot A + 2(A \cdot B) + B \cdot B \\
(A - B) \cdot (A - B) &= A \cdot A - 2(A \cdot B) + B \cdot B
\end{aligned}
$$

가 성립함을 증명하여라.

이제 내적에서 가장 중요한 부등식을 증명하자. 우리는 고등학교에서 임의의 실수 a, b, x, y에 대하여 다음 부등식

$$(ax + by)^2 \leq (a^2 + b^2)(x^2 + y^2)$$

이 성립함을 공부하였다. 이를 **코시–슈바르츠 부등식**이라 한다. 그런데 벡터 A, B를 $A = (a, b)$, $B = (x, y)$라 놓으면 코시–슈바르츠 부등식은 $(A \cdot B)^2 \leq |A|^2|B|^2$으로 고쳐 쓸 수 있다. 이렇게 코시–슈바르츠 부등식을 벡터로 나타내면 코시–슈바르츠 부등식을 간단히 증명할 수 있다.

정리 7.1.2. (코시–슈바르츠 부등식) 임의의 벡터 A, B에 대하여 다음 부등식

$$|A \cdot B| \leq |A||B|$$

가 성립한다.

증명 1: 내적의 정의에 의하여

$$|A \cdot B| = \big| |A||B| \cos\theta \big| = |A||B|| \cos\theta |$$

이고 $|\cos\theta| \leq 1$이므로 증명이 끝난다.

증명 2: 이제 코시–슈바르츠 부등식을 다른 방법으로 증명하여 보자. 우리는 임의의 벡터 V에 대하여 $V \cdot V \geq 0$임을 알고 있다. 따라서 임의의 실수 t에 대하여

$$(tA + B) \cdot (tA + B) = (A \cdot A)t^2 + 2(A \cdot B)t + B \cdot B \geq 0$$

이다. 그런데 이 식은 t에 관한 이차 이하의 식이 항상 양이라는 것이다. 만약 $A \cdot A = 0$이면 $A = O$이므로 증명할 것이 없다. 한편, $A \cdot A > 0$이면 t에 대한 이차식이 항상 양이라는 것이므로 판별식을 쓰면

$$D/4 = (A \cdot B)^2 - (A \cdot A)(B \cdot B) = |A \cdot B|^2 - |A|^2|B|^2 \leq 0$$

이므로 증명이 끝난다.

코시–슈바르츠 부등식으로부터 또 다른 중요한 부등식인 **삼각부등식**을 증명할 수 있다.

정리 7.1.3. (삼각부등식) 임의의 벡터 A, B에 대하여 다음 부등식

$$|A + B| \leqq |A| + |B|$$

가 성립한다.

증명: 삼각부등식의 양변이 모두 양수이므로 $|A + B|^2 \leqq (|A| + |B|)^2$을 증명하면 된다. 그런데 다음 등식

$$
\begin{aligned}
&(|A| + |B|)^2 - |A + B|^2 \\
=\ & (|A| + |B|)^2 - (A + B) \cdot (A + B) \\
=\ & |A|^2 + 2|A||B| + |B|^2 - (A \cdot A) - 2(A \cdot B) - (B \cdot B) \\
=\ & |A|^2 + 2|A||B| + |B|^2 - |A|^2 - 2(A \cdot B) - |B|^2 \\
=\ & 2|A||B| - 2(A \cdot B)
\end{aligned}
$$

이 성립하고 코시–슈바르츠 부등식에 의하여 $(|A| + |B|)^2 - |A + B|^2 = 2(|A||B| - A \cdot B) \geqq 0$ 이므로 증명이 끝난다.

이 증명은 지금까지 $|A|$, $|B|$, $|A + B|$를 세 변의 길이로 하는 삼각형을 그려서 확인하는 데 그쳤던 삼각부등식을 엄밀하게 증명했다는 데 의의가 있다. 삼각부등식은 $|A|$, $|B|$, $|A + B|$가 삼각형의 세 변의 길이가 되어 성립하는 부등식이기 때문에 그런 이름이 붙었다. 삼각부등식은 바로 가는 것이 돌아가는 것보다 빠름을 말한다.

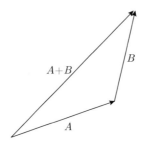

문제 7.1.7. 임의의 벡터 $A = (a_1, a_2)$, $B = (b_1, b_2)$ 에 대하여 다음 부등식

$$||A| - |B|| \leqq |A - B| \leqq |a_1 - b_1| + |a_2 - b_2|$$

가 성립함을 증명하여라.

문제 7.1.8. 고정된 벡터 A, B, C 가 임의의 실수 x, y, z 에 대하여 부등식

$$|xA| + |yB| \leqq |xA + yB + zC|$$

를 만족할 때, 벡터 A 또는 B 가 영벡터임을 증명하여라.

7.2.   벡터의 정사영

고등학교에서 정사영은 선분이나 평면을 **평면에** 투영시킨 것이었다. 그러나
평면에 투영하는 것만이 정사영의 전부는 아니다. 벡터를 기준이 되는 **벡터
에** 투영시키는 것도 정사영이라 할 수 있다. 벡터를 벡터에 투영시키는 정
사영은 주어진 벡터에서 기준이 되는 벡터와 평행한 부분이 얼마만큼인가를
나타낸다. 주어진 벡터를 B, 기준이 되는 벡터를 A 라 하고 이런 작업을 해
보자.

정리 7.2.1.   영벡터가 아닌 벡터 A 에 대하여 벡터 B 를 A 에 정사영한 벡
터를 $\text{proj}_A(B)$ 라 하자. 그러면 다음 등식

$$\text{proj}_A(B) = \frac{A \cdot B}{A \cdot A} A$$

가 성립한다.

증명: 벡터 B 를 A 에 정사영한 벡터는 A 와 평행하므로 이를 kA 라 놓을
수 있다. 이런 k 는 $kA - B$ 의 크기가 최소가 되는 k 이어야 한다. 이제 k 를
구하기 위하여 $|kA - B|^2$ 을 전개하면

$$|kA - B|^2 = (kA - B) \cdot (kA - B) = (A \cdot A)k^2 - 2(A \cdot B)k + B \cdot B$$

이고, 이는 k 에 관한 이차함수이므로 $k = \frac{A \cdot B}{A \cdot A}$ 일 때 최소가 된다. 따라서 B
를 A 에 정사영한 벡터를 $\text{proj}_A(B)$ 로 나타내면

$$\text{proj}_A(B) = \frac{A \cdot B}{A \cdot A} A$$

가 된다.

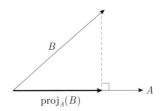

문제 7.2.1. 정사영은 기준이 되는 벡터의 방향에만 의존하고 그 크기에는 의존하지 않음을 증명하여라. 즉, 0이 아닌 모든 실수 k에 대하여 $\text{proj}_{kA}(B) = \text{proj}_A(B)$임을 증명하여라.

벡터 A, B가 이루는 각의 크기를 θ라 하면 $\text{proj}_A(B)$는 A와 평행하고 그 크기가 $|B|\cos\theta$인 벡터이므로 $\text{proj}_A(B) = \frac{|B|\cos\theta}{|A|}A$임을 알 수 있다.

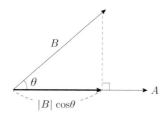

위 정리에서 $\text{proj}_A(B) = \frac{A\cdot B}{A\cdot A}A$임을 증명하기 위해 쓴 사실은 $|A|^2 = A\cdot A$라는 것과 내적의 성질뿐이다. 따라서 처음부터 벡터 $A = (a_1, a_2)$, $B = (b_1, b_2)$의 내적을

$$A \cdot B = a_1 b_1 + a_2 b_2$$

로 정의했더라도 이 증명은 여전히 유효하다. 이제 다음 등식

$$\frac{A \cdot B}{A \cdot A}A = \frac{|B|\cos\theta}{|A|}A$$

으로부터 $A \cdot B = |A||B|\cos\theta$를 얻고, 이로부터 코사인법칙을 증명할 수 있다.

문제 7.2.2. 벡터 A, B가 이루는 각의 크기를 θ라 하면 다음 등식

$$|A - B|^2 = |A|^2 + |B|^2 - 2|A||B|\cos\theta$$

가 성립함을 증명하여라.

보기 1. 정사영을 쓰면 빛이 반사되어 나가는 방향을 나타낼 수 있다. 먼저 빛이 반사되는 평면거울은 법선벡터 N에 대하여 $N \cdot (X - A) = 0$으로 나타나고, 관례상 법선벡터 N은 빛이 들어오는 방향과 둔각을 이룬다고 하자.

빛이 거울을 향해 V 방향으로 입사된다고 할 때, 벡터 V 를 N 으로 정사영한 벡터를 생각하면 V 는 다음 두 벡터의 합

$$V = (V - \text{proj}_N(V)) + \text{proj}_N(V)$$

로 나타낼 수 있다. 이제 반사되어 나가는 방향 V' 는 $V - \text{proj}_N(V)$ 와 $-\text{proj}_N(V)$ 의 합이므로

$$V' = (V - \text{proj}_N(V)) - \text{proj}_N(V) = V - 2\frac{N \cdot V}{N \cdot N}N$$

임을 알 수 있다.

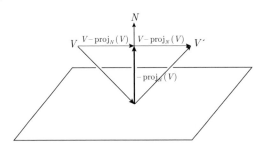

정사영에서 실수 $\frac{A \cdot B}{A \cdot A}$ 를 **벡터 B 의 A 성분**이라 한다. 특히, 벡터 A 가 단위벡터이면 벡터 B 의 A 성분은 $B \cdot A$ 가 된다. 벡터를 성분으로 나타낼 때, 그 벡터의 x 성분, y 성분은 각각 그 벡터가 가로 방향 $(1, 0)$ 과 평행한 부분과 세로 방향 $(0, 1)$ 과 평행한 부분이 얼마만큼인지를 나타내는 것이다. 즉, 벡터를 성분으로 나타내는 것은 그 벡터의 $(1, 0)$, $(0, 1)$ 성분으로 벡터를 나타내는 것이다.

보기 2. 벡터의 x 성분, y 성분이 각각 $(1, 0)$, $(0, 1)$ 성분임을 증명해 보자. 벡터 $(1, 0)$, $(0, 1)$ 이 단위벡터이므로 $V = (x, y)$ 라 하면 V 의 $(1, 0)$, $(0, 1)$ 성분은 각각

$$V \cdot (1, 0) = (x, y) \cdot (1, 0) = x, \quad V \cdot (0, 1) = (x, y) \cdot (0, 1) = y$$

이다. 따라서 벡터의 x 좌표와 y 좌표는 각각 그 벡터의 $(1, 0)$, $(0, 1)$ 성분을 나타낸 것이다.

위 보기는 성분이 나타나 있지 않은 벡터의 성분을 구하는 방법을 말해 준다. 벡터 V 가 성분으로 나타나지 않았어도 V 의 x 성분, y 성분은 각각 $V \cdot (1, 0)$, $V \cdot (0, 1)$ 이므로 V 를

$$V = (V \cdot (1, 0), V \cdot (0, 1))$$

과 같이 성분으로 나타낼 수 있다.

이제 그 역이 성립하는지 생각해 보자. 즉, 벡터 V 가 $V = xV_1 + yV_2$ 일 때, 벡터 V 의 V_1, V_2 성분이 x, y 가 될까? 이것은 벡터 V_1, V_2 가 서로 수직이고 그 크기가 모두 1 이면 가능하다. 먼저 V 의 V_1 성분은

$$V \cdot V_1 = (xV_1 + yV_2) \cdot V_1 = x(V_1 \cdot V_1) + y(V_2 \cdot V_1) = x$$

이므로 x 는 V 의 V_1 성분이다. 마찬가지 방법으로 y 가 V 의 V_2 성분임도 증명할 수 있다.

문제 7.2.3. 벡터 V_1, V_2 가 서로 수직이고 그 크기가 모두 1 일 때, y 가 벡터 $V = xV_1 + yV_2$ 의 V_2 성분임을 증명하여라.

문제 7.2.4. 벡터 V_1, V_2 가 서로 수직이고 그 크기가 모두 1 이라 하자. 만약 $V = xV_1 + yV_2$ 이면 다음 등식

$$|V| = \sqrt{x^2 + y^2}$$

이 성립함을 증명하여라.

정사영은 주어진 벡터에서 기준이 되는 벡터와 평행한 부분이 얼마만큼인지를 나타내는 것이라 하였다. 따라서 주어진 벡터에서 기준이 되는 벡터에 정사영한 벡터를 빼면 그 벡터는 기준이 되는 벡터에 수직일 수밖에 없다.

문제 7.2.5. 정사영은 주어진 벡터를 기준이 되는 벡터에 평행인 벡터와 수직인 벡터로 분해함을 증명하여라. 즉, 벡터 B 를 $\text{proj}_A(B)$ 와 $B - \text{proj}_A(B)$ 로 분해하면 벡터 $\text{proj}_A(B)$ 는 A 와 서로 평행하고, $B - \text{proj}_A(B)$ 는 A 와 서로 수직임을 증명하여라.

위 문제는 정사영을 써서 서로 수직인 벡터를 만드는 방법을 말해 준다. 좌표평면에 서로 평행하지 않은 벡터 V_1, V_2 가 있다고 하자. 벡터 V_1 은 그

대로 두고, V_2 에서 V_1 과 평행한 부분을 제거하면 그 벡터는 V_1 과 서로 수직일 것이다.

문제 7.2.6. 좌표평면에 서로 평행하지 않은 벡터 V_1, V_2 가 있다고 하자. 벡터 W_1, W_2 를

$$
\begin{aligned}
W_1 &= V_1 \\
W_2 &= V_2 - \mathrm{proj}_{W_1}(V_2)
\end{aligned}
$$

로 놓으면 벡터 W_1, W_2 는 모두 영벡터가 아니고 서로 수직임을 증명하여라.

7.3. 도형과 벡터

이 절에서는 우리가 알고 있는 도형에 관한 정리나 공식을 벡터를 써서 증명함으로써 벡터가 도형에 관한 공식을 증명하는 유용한 도구가 될 수 있음을 살펴보려 한다.

보기 1. (피타고라스의 정리) 벡터 A, B 가 수직이면 A, B 를 두 변으로 하는 삼각형의 나머지 한 변은 $A + B$ 가 된다. 따라서 피타고라스의 정리는 벡터 A, B 가 수직이면 등식 $|A + B|^2 = |A|^2 + |B|^2$ 이 성립한다는 것으로 고쳐 쓸 수 있다. 이는 등식 $|A + B|^2 = (A + B) \cdot (A + B)$ 에 내적의 성질을 쓰면 바로 증명된다.

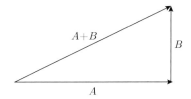

문제 7.3.1. 벡터 A, B 가 수직이면 다음 등식

$$|A + B|^2 = |A|^2 + |B|^2$$

이 성립함을 증명하여라.

보기 2. (중선정리) 삼각형 ABC 에 대하여 선분 BC 의 중점을 M 이라 하면 다음 등식

$$AB^2 + AC^2 = 2(MB^2 + MC^2)$$

이 성립한다. 이를 중선정리라 한다. 중선정리의 증명은 고등학교에서 좌표를 도입하면서 좌표의 유용성을 보여 주는 보기로 흔히 제시된다. 이제 중선정리를 벡터를 써서도 증명할 수 있다. 벡터 V, W 를 각각 $V = \overrightarrow{AM}$, $W = \overrightarrow{MB}$ 로 놓으면 $\overrightarrow{MC} = -W$ 이고

$$AB = |\overrightarrow{AM} + \overrightarrow{MB}| = |V + W|, \quad AC = |\overrightarrow{AM} + \overrightarrow{MC}| = |V - W|$$

가 된다. 따라서 중선정리는 임의의 벡터 V, W 에 대하여 다음 등식

$$|V + W|^2 + |V - W|^2 = 2(|V|^2 + |W|^2)$$

이 성립한다는 것으로 고쳐 쓸 수 있다. 이 또한 피타고라스의 정리와 마찬가지 방법으로 증명된다.

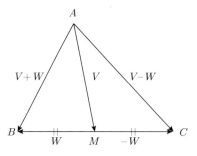

문제 7.3.2. 임의의 벡터 V, W 에 대하여 다음 등식

$$|V + W|^2 + |V - W|^2 = 2(|V|^2 + |W|^2)$$

이 성립함을 증명하여라.

보기 3. 원점 $O = (0,0)$ 과 두 점 $A = (a, c)$, $B = (b, d)$ 를 꼭지점으로 하는 삼각형 OAB 의 넓이를 구해 보자.

(가) 선분 OA, OB 의 길이는 각각 $|A|$, $|B|$ 이고, 각 AOB 의 크기는 벡터 A 와 B 가 이루는 각의 크기이므로 이를 θ 라 하면 $\cos\theta = \frac{A \cdot B}{|A||B|}$ 가 성립한다.

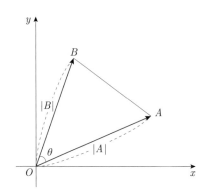

따라서 삼각형 OAB의 넓이는

$$
\begin{aligned}
\frac{1}{2}OA \cdot OB \sin\theta &= \frac{1}{2}|A||B|\sqrt{1-\cos^2\theta} \\
&= \frac{1}{2}\sqrt{|A|^2|B|^2 - (A\cdot B)^2} \\
&= \frac{1}{2}\sqrt{(a^2+c^2)(b^2+d^2) - (ab+cd)^2} \\
&= \frac{1}{2}\sqrt{a^2d^2 - 2adbc + b^2c^2} = \frac{1}{2}|ad-bc|
\end{aligned}
$$

가 된다.

(나) 이제 같은 삼각형의 넓이를 벡터를 몰랐을 때 어떻게 구해야 했을지 생각해 보자. 삼각형 OAB의 넓이를 구하려면 선분 AB의 길이를 구한 다음, 직선 AB의 방정식을 구해 원점으로부터의 거리를 구해야만 한다.

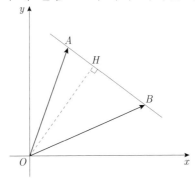

먼저 $AB = \sqrt{(b-a)^2 + (d-c)^2}$ 이고, 직선 AB의 방정식은

$$
(b-a)(y-c) = (d-c)(x-a)
$$

이다. 원점 O에서 AB에 내린 수선의 발을 H라 하면 OH는 원점 O와 직선 $(c-d)(x-a) + (b-a)(y-c) = 0$ 사이의 거리이므로 점과 직선 사이의 거리 공식에 의하여

$$
OH = \frac{|-ac + ad - bc + ac|}{\sqrt{(d-c)^2 + (b-a)^2}} = \frac{|ad-bc|}{\sqrt{(b-a)^2 + (d-c)^2}}
$$

이다. 따라서 삼각형 OAB의 넓이 S는

$$
\begin{aligned}
S &= \frac{1}{2} AB \cdot OH \\
&= \frac{1}{2} \sqrt{(b-a)^2 + (d-c)^2} \, \frac{|ad-bc|}{\sqrt{(b-a)^2 + (d-c)^2}} = \frac{1}{2}|ad-bc|
\end{aligned}
$$

가 된다.

위 보기의 (가)와 (나)를 비교해 보면, (가)가 (나)보다 훨씬 간단한데, 이는 벡터가 도형을 다루는 데 얼마나 유용한 도구인지 극명하게 보여 주는 보기라 할 수 있다.

점 (x_0, y_0, z_0)과 평면 $ax + by + cz + d = 0$ 사이의 거리를 구해 보자. 우리는 이미 점 (x_0, y_0, z_0)과 평면 $ax + by + cz + d = 0$ 사이의 거리가

$$
\frac{|ax_0 + by_0 + cz_0 + d|}{\sqrt{a^2 + b^2 + c^2}}
$$

임을 알고 있다. 그런데 그 증명은 잘 기억이 나지 않을 것이다. 그것은 계산이 복잡해 증명의 핵심이 눈에 들어오지 않았기 때문이다. 증명을 하기에 앞서 약간의 준비가 필요하다. 점 $A = (x_0, y_0, z_0)$을 지나고 법선벡터가 $N = (a, b, c)$인 평면의 방정식은

$$
a(x - x_0) + b(y - y_0) + c(z - z_0) = 0
$$

이다. 그런데 위 평면의 방정식은

$$
(a, b, c) \cdot [(x, y, z) - (x_0, y_0, z_0)] = 0
$$

으로 고쳐 쓸 수 있으므로 $X = (x, y, z)$라 하면 평면의 방정식은

$$
N \cdot (X - A) = 0
$$

으로 간단히 나타낼 수 있다.

보기 4. (점과 평면 사이의 거리 공식) 점 P에서 평면 $N \cdot (X - A) = 0$에 내린 수선의 발을 H라 하자.

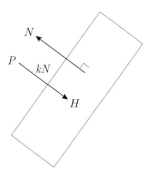

점 P와 평면 $N \cdot (X - A) = 0$ 사이의 거리는 선분 PH의 길이와 같다. 그런데 벡터 $H - P$는 법선벡터 N과 평행하므로 적당한 실수 k에 대하여 $kN = H - P$로 놓을 수 있다. 이제 $H = P + kN$은 평면 $N \cdot (X - A) = 0$ 위의 점이므로 다음 등식

$$N \cdot (P + kN - A) = N \cdot P + N \cdot kN - N \cdot A = 0$$

이 성립하고 $k = -\frac{N \cdot (P-A)}{|N|^2}$ 를 얻는다. 구하는 거리는 PH이므로

$$PH = |kN| = |k||N| = \frac{|N \cdot (P - A)|}{|N|}$$

이다. 평면 $ax + by + cz + d = 0$의 법선벡터 N은 $N = (a, b, c)$이므로 $P = (x_0, y_0, z_0)$으로 놓으면 점과 평면 사이의 거리 공식을 얻는다.

문제 7.3.3. 점 P와 법선벡터 N을 각각 $P = (x_0, y_0, z_0)$, $N = (a, b, c)$로 놓고 점과 평면 사이의 거리 공식을 구하여라.

보기 5. 나아가 점과 평면 사이의 거리를 구할 수 있다는 것은 점 P에서 평면 $N \cdot (X - A) = 0$에 내린 수선의 발 $H = P + kN$을 구할 수 있다는 것이고, 따라서 점 P를 평면 $N \cdot (X - A) = 0$에 대칭시킨 점은 $P' = P + 2kN$이 된다.

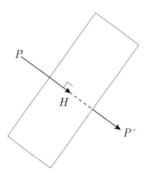

위 보기에서 $k = -\frac{N \cdot (P-A)}{|N|^2}$ 이므로

$$P' = P - 2\frac{N \cdot (P-A)}{|N|^2}N$$

이 된다.

문제 7.3.4. 점 $(1,1,1)$을 평면 $x + y + z = 0$에 대칭시킨 점을 구하여라.

벡터를 쓰는 것의 장점은 또 있다. 바로 차원에 상관 없이 같은 이야기를 할 수 있다는 것이다.

보기 6. 아마도 점과 평면 사이의 거리 공식을 공부하면서, 좌표평면에서 점과 직선 사이의 거리 공식과 비슷하다는 생각을 했을 것이다. 그 이유를 이제 알 수 있다. 우리가 방금 점과 평면 사이의 거리 공식을 구하는 데 쓴 방법은 $N \cdot (X-A) = 0$의 꼴로 나타나는 모든 도형에 적용할 수 있다. 방정식 $N \cdot (X-A) = 0$에 나오는 벡터가 평면벡터이면 이 방정식이 나타내는 도형은 점 A를 지나고 N에 수직인 직선이 된다. 따라서 $N = (a, b)$, $P = (x_0, y_0)$로 놓으면 점과 직선 사이의 거리 공식

$$\frac{|ax_0 + by_0 + c|}{\sqrt{a^2 + b^2}}$$

은 바로 얻을 수 있다.

7.4. 벡터의 외적

좌표공간에서는 수직이 매우 중요한 역할을 한다. 수직은 거리나 넓이를 구하는 데 중요한 역할을 할 뿐만 아니라 평면의 법선벡터가 되는 등 그 쓸모가 많다. 따라서 우리의 관심사는 주어진 벡터들과 수직인 벡터를 어떻게 찾는가 하는 것이다.

좌표평면에서는 **한** 벡터에 수직인 벡터를 찾아야 한다. 그 벡터를 (a, b) 라 하면 수직인 나머지 벡터는 $(-b, a)$ 로 바로 찾을 수 있다. 벡터 $(-b, a)$ 가 (a, b) 와 수직임은 $(a, b) \cdot (-b, a) = 0$ 으로부터 자명하다. 따라서 좌표평면에서 한 벡터에 수직인 벡터를 찾는 것은 그리 어려운 일이 아니다. 문제는 좌표공간이다. 그런데 좌표공간에서 한 벡터에 수직인 벡터는 무수히 많다. 그러니 좌표공간에서는 **두** 벡터가 주어져야 두 벡터에 모두 수직인 방향이 결정된다. 벡터의 외적은 바로 좌표공간에서 두 벡터 A, B 에 모두 수직인 벡터를 찾으면서 등장한 것이다.

공간벡터 $A = (a_1, a_2, a_3)$, $B = (b_1, b_2, b_3)$ 의 **외적** $A \times B$ 는

$$A \times B = (a_2 b_3 - a_3 b_2, a_3 b_1 - a_1 b_3, a_1 b_2 - a_2 b_1)$$

로 정의한다. 외적의 정의를 쉽게 외려면 벡터 $A = (a_1, a_2, a_3)$, $B = (b_1, b_2, b_3)$ 를 다음

$$\begin{pmatrix} a_1 & a_2 & a_3 \\ b_1 & b_2 & b_3 \end{pmatrix}$$

과 같이 배열한 다음

첫째 성분: 이 행렬에서 제1열을 제거한 행렬의 행렬식
둘째 성분: 이 행렬에서 제2열을 제거한 행렬의 행렬식 $\times (-1)$
셋째 성분: 이 행렬에서 제3열을 제거한 행렬의 행렬식

으로 기억하면 된다. 여기에서 행렬 $A = \begin{pmatrix} a & b \\ c & d \end{pmatrix}$ 의 행렬식이란 $ad - bc$ 로 정의되는 값을 뜻한다.

이제 실제로 $A \times B$ 가 A, B 와 서로 수직임을 확인해 보자. 벡터 $A \times B$ 와 A 를 내적하면

$$
\begin{aligned}
(A \times B) \cdot A &= (a_2 b_3 - a_3 b_2, a_3 b_1 - a_1 b_3, a_1 b_2 - a_2 b_1) \cdot (a_1, a_2, a_3) \\
&= a_1 a_2 b_3 - a_1 a_3 b_2 + a_2 a_3 b_1 - a_1 a_2 b_3 + a_1 a_3 b_2 - a_2 a_3 b_1 \\
&= 0
\end{aligned}
$$

이다. 벡터 B 와 서로 수직임도 마찬가지 방법으로 확인할 수 있다.

문제 7.4.1. 벡터 $A \times B$ 가 B 와 서로 수직임을 증명하여라.

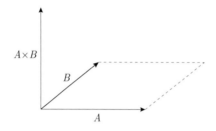

보기 1. 세 점이 주어지면 평면이 하나로 결정된다. 그러나 세 점을 지나는 평면의 방정식을 실제로 구하는 것은 쉽지 않다. 세 점 $A = (1, -1, 2)$, $B = (-1, 1, 4)$, $C = (1, 3, -2)$ 를 지나는 평면의 방정식을 구하라는 문제가 나오면 평면의 방정식을 $ax + by + cz + d = 0$ 으로 놓은 다음, 연립방정식을 풀어 a, b, c, d 의 값을 구해야만 하였다. 그러나 평면의 법선벡터 N 은 $B - A$, $C - A$ 와 모두 수직이므로 외적을 써서 N 을 구할 수 있다.

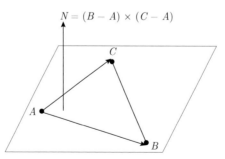

문제 7.4.2. 세 점 $(1, -1, 2)$, $(-1, 1, 4)$, $(1, 3, -2)$ 를 지나는 평면의 방정식을 구하여라.

보기 2. 좌표공간에서 벡터 $A = (a_1, a_2, a_3)$, $B = (b_1, b_2, b_3)$ 가 이루는 평행사변형이 xy 평면과 이루는 각의 크기를 α 라 할 때, $\cos\alpha$ 의 값을 구해 보자.

(가) 이 평행사변형의 넓이를 S 라 할 때, 이 평행사변형을 xy 평면에 정사영한 평행사변형의 넓이를 S' 라 하면 $S' = S\cos\alpha$ 이므로 S' 의 값을 구한 다음 S 로 나누면 $\cos\alpha$ 의 값을 구할 수 있다. 벡터 $A = (a_1, a_2, a_3)$, $B = (b_1, b_2, b_3)$ 가 이루는 평행사변형의 넓이는 앞 절의 보기 3에 의하여

$$
\begin{aligned}
S &= \sqrt{|A|^2|B|^2 - (A \cdot B)^2} \\
&= \sqrt{(a_1{}^2 + a_2{}^2 + a_3{}^2) + (b_1{}^2 + b_2{}^2 + b_3{}^2) - (a_1b_1 + a_2b_2 + a_3b_3)^2} \\
&= \sqrt{(a_1b_2 - a_2b_1)^2 + (a_2b_3 - a_3b_2)^2 + (a_3b_1 - a_1b_3)^2}
\end{aligned}
$$

이고, 이 평행사변형을 xy 평면에 정사영하면 벡터 $A' = (a_1, a_2, 0)$, $B' = (b_1, b_2, 0)$ 가 이루는 평행사변형이 되므로 역시 앞 절의 보기 3에 의하여 $S' = |a_1b_2 - a_2b_1|$ 이다. 따라서

$$
\cos\alpha = \frac{S'}{S} = \frac{|a_1b_2 - a_2b_1|}{\sqrt{(a_1b_2 - a_2b_1)^2 + (a_2b_3 - a_3b_2)^2 + (a_3b_1 - a_1b_3)^2}}
$$

이다.

(나) 이제 벡터의 외적을 써서 $\cos\alpha$ 의 값을 구해 보자. 평행사변형과 xy 평면이 이루는 각의 크기를 구하려면 A, B 가 이루는 평행사변형을 품는 평면과 xy 평면이 이루는 각의 크기를 구하면 된다. 이 평면의 법선벡터는 A 와 B 에 모두 수직이다. 따라서 이 평면의 법선벡터는 $A \times B$ 이다. 한편, xy 평면의 법선벡터는 $(0, 0, 1)$ 임이 자명하다. 두 평면의 법선벡터를 모두 구했으므로

$$
\begin{aligned}
\cos\alpha &= \frac{|(A \times B) \cdot (0, 0, 1)|}{|A \times B||(0, 0, 1)|} \\
&= \frac{|a_1b_2 - a_2b_1|}{\sqrt{(a_1b_2 - a_2b_1)^2 + (a_2b_3 - a_3b_2)^2 + (a_3b_1 - a_1b_3)^2}}
\end{aligned}
$$

이고, 이는 앞에서 구한 것과 일치한다.

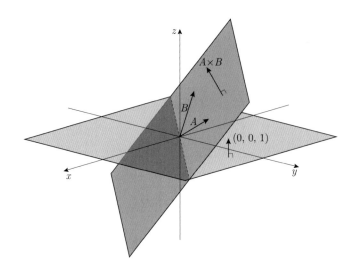

같은 방법으로 이 평행사변형과 yz 평면, zx 평면이 이루는 각의 크기를 각각 β, γ 라 하면 등식 $\cos^2\alpha + \cos^2\beta + \cos^2\gamma = 1$ 이 성립하므로 이 평행사변형을 yz 평면, zx 평면, xy 평면에 정사영한 평행사변형의 넓이를 각각 S_1, S_2, S_3 이라 할 때, 등식 $S^2 = S_1{}^2 + S_2{}^2 + S_3{}^2$ 이 성립함도 알 수 있다.

문제 7.4.3. 벡터 $A = (a_1, a_2, a_3)$, $B = (b_1, b_2, b_3)$ 가 이루는 평행사변형을 yz 평면, zx 평면, xy 평면에 정사영한 평행사변형의 넓이를 각각 S_1, S_2, S_3 이라 하면 등식 $S^2 = S_1{}^2 + S_2{}^2 + S_3{}^2$ 이 성립함을 증명하여라.

벡터의 외적은 꼬인 위치에 있는 두 직선 사이의 거리를 구하는 데에도 쓰인다. 먼저 점 $P = (x_0, y_0, z_0)$ 을 지나고 방향벡터가 $D = (a, b, c)$ 인 직선의 방정식은

$$\frac{x - x_0}{a} = \frac{y - y_0}{b} = \frac{z - z_0}{c}$$

이다. 그런데 이 직선의 방정식의 공통값을 t 라 하면

$$x = x_0 + at, \quad y = y_0 + bt, \quad z = z_0 + ct$$

로 고쳐 쓸 수 있다. 점 (x, y, z) 가 t 에 의존하므로 이를 강조하여 (x, y, z) 를 $\ell(t)$ 로 나타내면 직선의 방정식은

$$\ell(t) = (x_0, y_0, z_0) + t(a, b, c) = P + tD$$

로 간단히 나타낼 수 있다. 이제 꼬인 위치에 있는 두 직선 사이의 거리를 구해 보자.

정리 7.4.1. (꼬인 위치에 있는 두 직선 사이의 거리) 꼬인 위치에 있는 두 직선 $\ell_1(t) = P + tD_1$, $\ell_2(t) = Q + tD_2$ 사이의 거리는

$$\frac{|(Q - P) \cdot (D_1 \times D_2)|}{|D_1 \times D_2|}$$

로 주어진다.

증명: 두 직선 위의 점 사이의 거리의 최소값이 두 직선 사이의 거리이므로 점 $\ell_1(t_1)$ 와 $\ell_2(t_2)$ 사이의 거리가 최소가 된다고 하자. 그러면 $(Q + t_2 D_2) - (P + t_1 D_1)$ 은 벡터 D_1, D_2 와 모두 수직이고, 따라서 $D_1 \times D_2$ 와 평행하므로

$$k(D_1 \times D_2) = (Q + t_2 D_2) - (P + t_1 D_1)$$

로 놓을 수 있다. 이제 위 등식의 양변에 $D_1 \times D_2$ 를 내적하면 $D_1 \times D_2$ 는 D_1, D_2 와 모두 수직이므로 다음 등식

$$k|D_1 \times D_2|^2 = (Q - P) \cdot (D_1 \times D_2)$$

이 성립하고 $k = \frac{(Q-P)\cdot(D_1 \times D_2)}{|D_1 \times D_2|^2}$ 를 얻는다. 따라서 두 직선 ℓ_1, ℓ_2 사이의 거리는

$$|k(D_1 \times D_2)| = |k||D_1 \times D_2| = \frac{|(Q - P) \cdot (D_1 \times D_2)|}{|D_1 \times D_2|}$$

이다.

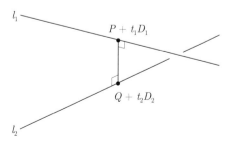

문제 7.4.4. 두 직선

$$\frac{x+1}{2} = \frac{y-1}{-1} = \frac{z}{-1}, \quad \frac{x-3}{1} = \frac{y-1}{4} = \frac{z+1}{-1}$$

이 꼬인 위치에 있음을 증명하고, 두 직선 사이의 거리를 구하여라.

이처럼 외적은 **좌표공간에서** 두 벡터가 주어졌을 때 수직인 벡터를 찾는 데 매우 유용하다. 그러나 벡터의 외적을 쓸 때에는 주의할 점이 있다. 벡터의 외적은 **교육과정 외**이다. 따라서 수직인 벡터를 찾을 때 외적을 직접 써서는 안 된다. 대신에 교묘한 회피책이 있다. **미리** 외적을 계산한 다음, 계산 과정은 **모른 척하고 감추고**, 외적한 벡터를 마치 천재적으로 알아 낸 것처럼 쓰면 된다. 이 벡터가 두 벡터에 모두 수직임을 증명하는 것은 내적만 계산해서 보여주면 끝이다. 이로써 우리는 외적을 모르는 척하면서 감점당하지 않는 방법까지 알게 되었다.

7.5. 매개변수로 나타낸 곡선

직선의 방정식

$$\frac{x - x_0}{a} = \frac{y - y_0}{b} = \frac{z - z_0}{c}$$

에서 공통값을 t 라 하면

$$x = x_0 + at, \quad y = y_0 + bt, \quad z = z_0 + ct$$

이므로 (x, y, z) 를 t 의 값에 따라 움직이는 점으로 이해할 수 있다.

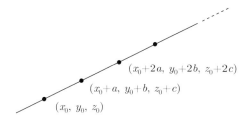

마찬가지로 곡선도 그 곡선 위의 점들이 만족하는 방정식 $f(x, y) = 0$ 으로 나타낼 수도 있고, t 의 값에 따라 x 좌표는 $f(t)$, y 좌표는 $g(t)$ 로 주어지는 점으로도 이해할 수 있다. 전자는 곡선을 정적인 관점에서, 후자는 곡선을 동적인 관점에서 이해하는 것이다. 앞에서 공부한 이차곡선은 곡선을 정적인 관점에서 이해한 대표적인 보기이다. 이 절에서는 곡선을 동적인 관점에서 이해해 보려 한다.

시각 t 에서의 x 좌표가 $f(t)$, y 좌표가 $g(t)$ 로 주어지는 점 $(f(t), g(t))$ 를 생각하여 보자. 만약 f 와 g 가 모두 연속함수이면 t 가 변함에 따라 점 $(f(t), g(t))$ 는 좌표평면 위를 움직이는 곡선이 된다. 이제 시각 t 에서의 x 좌표가 $f(t)$, y 좌표가 $g(t)$ 로 주어지는 함수 $X(t) = (f(t), g(t))$ 를 **매개변수로 나타낸 곡선**이라 한다. 고등학교에서는 이를 흔히

$$x = f(t), \quad y = g(t)$$

로 나타내지만, 이런 표기법은 자리를 너무 많이 차지하므로 우리는 자리를 적게 차지하는 $X(t) = (f(t), g(t))$ 라는 표기법을 쓰기로 한다.

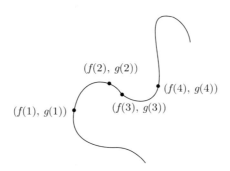

곡선의 개형을 아는 것은 매개변수로 나타낸 곡선을 이해하는 데 많은 도움이 된다. 우리가 앞에서 공부한 이차곡선은 매개변수로 나타낸 곡선으로 둔갑하여 나타나기도 하는데 이에 현혹되지 않고 그 개형을 파악할 수 있어야 한다.

보기 1. 우리는 삼각함수를 공부하면서 $(1, 0)$ 에서 양의 방향으로 t 만큼 이동한 점의 x 좌표, y 좌표가 각각 $\cos t$, $\sin t$ 임을 알고 있다.

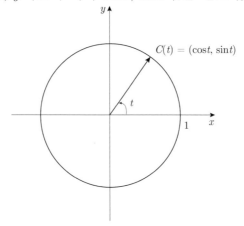

따라서 곡선 $C(t) = (\cos t, \sin t)$ 는 원점을 중심으로 하고 반지름의 길이가 1 인 원을 나타낸다. 이는 곡선 C 의 x 좌표와 y 좌표인 $\cos\theta$, $\sin\theta$ 를 반지름의 길이가 1 인 원의 방정식 $x^2 + y^2 = 1$ 에 대입하여 봄으로써도 확인할 수 있다.

보기 2. 곡선 $E(t) = (a\cos t, b\sin t)$ 은 타원 $\frac{x^2}{a^2} + \frac{y^2}{b^2} = 1$ 을 나타내고, 다음 곡선

$$H(t) = \left(\frac{a(e^t + e^{-t})}{2}, \frac{b(e^t - e^{-t})}{2} \right)$$

는 쌍곡선 $\frac{x^2}{a^2} - \frac{y^2}{b^2} = 1$ 을 나타낸다. 다만 여기에서 $\frac{e^t + e^{-t}}{2} \geq 1$ 이므로 곡선 H 는 쌍곡선의 일부만을 나타낸다는 데 주의하여야 한다. 곡선 E, H 가 각각 타원과 쌍곡선을 나타낸다는 것은 E 와 H 의 x 좌표와 y 좌표를 각각 타원과 쌍곡선의 방정식에 대입함으로써 바로 확인할 수 있다.

문제 7.5.1. 곡선 E, H 가 각각 타원 $\frac{x^2}{a^2} + \frac{y^2}{b^2} = 1$, 쌍곡선 $\frac{x^2}{a^2} - \frac{y^2}{b^2} = 1$ 을 나타냄을 증명하여라.

마지막으로 앞에서 공부하지는 않았지만 그 개형이 알려져 있는 매개변수로 나타낸 곡선을 하나 소개한다.

보기 3. 반지름의 길이가 1 인 원을 굴릴 때 원 위의 고정된 점이 그리는 자취를 구해 보자. 시각 t 에 원이 t 만큼 굴러간다고 하면 t 에서의 좌표 $X(t)$ 는 원의 중심을 $C(t)$ 라 할 때

$$X(t) = C(t) - (\sin t, \cos t) = (t - \sin t, 1 - \cos t)$$

이다. 이 곡선을 **사이클로이드**라 한다.

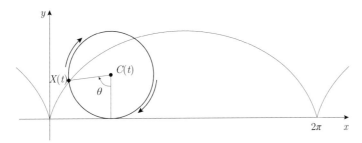

지금까지 원, 타원, 쌍곡선 그리고 사이클로이드를 매개변수로 나타내 보았다. 이제 이와 같거나 비슷한 매개변수로 나타낸 곡선이 등장하면 그 개형을 짐작할 수 있어야 한다.

우리는 고등학교에서 닫힌 구간 $[a, b]$ 에서 곡선 $X(t) = (f(t), g(t))$ 의 길이가

$$\int_a^b \sqrt{[f'(t)]^2 + [g'(t)]^2}\,dt$$

임을 공부하였다. 그러나 고등학교에서는 대략적인 원리만을 설명하였을 뿐 엄밀한 증명을 하지는 않았다. 여기에서는 고등학교 과정에서 가능한 한 엄

밀한 증명을 해 보기로 한다. 본격적인 증명을 하기에 앞서 미리 말해 두는
데, 우리는 어차피 곡선의 길이가 위 정적분으로 주어질 것임을 알고 있다.
그런데 위 정적분이 정의되려면 f', g' 가 연속이어야 하므로, 곡선의 길이를
구하는 동안은 함수 f, g 가 일급이라 가정한다.

정리 7.5.1. (곡선의 길이) 닫힌 구간 $[a, b]$ 에서 곡선 $X(t) = (f(t), g(t))$ 의
성분함수 f, g 가 일급이면 곡선 X 의 길이는

$$\int_a^b \sqrt{[f'(t)]^2 + [g'(t)]^2}dt$$

이다.

위 정리는 닫힌 구간 $[a, b]$ 를 n 등분하여 순서대로 t_0, t_1, t_2, $\cdots$, t_n 이라
하고, $P_k = X(t_k)$ 라 할 때, 시각 t_{k-1} 과 t_k 에서의 점을 잇는 선분 $P_{k-1}P_k$
의 길이의 합

$$\sum_{k=1}^{n} P_{k-1}P_k = P_0P_1 + P_1P_2 + \cdots + P_{n-1}P_n$$

은 n 이 커짐에 따라 곡선의 길이에 가까워지므로, 곡선의 길이는 그 합의
극한 $\lim_{n\to\infty} \sum_{k=1}^{n} P_{k-1}P_k$ 임을 쓰면 다른 적분 공식과 비슷한 방법으로 증명
된다.

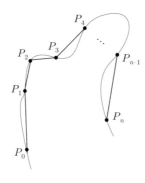

문제 7.5.2. 위 정리를 증명하여라.

보기 4. 닫힌 구간 $[0, 2\pi]$ 에서 사이클로이드의 길이를 구해 보자. 사이클로이드는

$$X(t) = (t - \sin t, 1 - \cos t)$$

로 나타난다. 이제 다음 등식

$$\sqrt{(1 - \cos t)^2 + \sin^2 t} = \sqrt{2 - 2\cos t} = 2\left|\sin\frac{t}{2}\right|$$

이 성립하므로 닫힌 구간 $[0, 2\pi]$ 에서 사이클로이드의 길이는 $\int_0^{2\pi} 2\left|\sin\frac{t}{2}\right| dt = 8$ 이다.

문제 7.5.3. 어떤 성의 나선형의 계단은 $H(t) = (\cos t, \sin t, t)$ 로 나타난다고 한다. 이 계단에서 고도를 1 만큼 올리려면 얼마나 움직여야 하는가?

연속함수는 매개변수로 나타낸 곡선의 특별한 경우로 생각할 수 있다. 일급함수 $y = f(x)$ 의 그래프는 $G(t) = (t, f(t))$ 로 나타낼 수 있으므로 이를 곡선의 길이를 구하는 공식에 대입하면 일급함수의 그래프의 길이를 구하는 공식은 바로 나온다.

문제 7.5.4. 일급함수 $y = f(x)$ 의 그래프를 곡선 $G(t) = (t, f(t))$ 로 나타내어 닫힌 구간 $[a, b]$ 에서의 그래프의 길이가

$$\int_a^b \sqrt{1 + [f'(x)]^2} dx$$

임을 증명하여라.

제 8 장

일차변환과 행렬

일차변환에서 최대의 관심사는 주어진 일차변환이 점을 어떻게 옮기는가 하는 것이다. 일차변환의 핵심 성질은 덧셈과 상수곱을 보존한다는 것인데, 이는 역으로 일차변환을 규정한다. 일차변환의 성질을 쓰면 주어진 일차변환에 의하여 각각의 점들이 어떻게 옮겨지는지 체계적으로 알 수 있고, 나아가 도형이나 평면 전체가 어떻게 옮겨지는지도 알 수 있다. 여기에서 옮겨지기 전후의 넓이는 일차변환을 나타내는 행렬의 행렬식과 밀접한 관련이 있는데, 이로부터 행렬식의 의미 가운데 하나가 도출되고, 행렬식의 성질 가운데 하나를 유도할 수 있다. 일차변환에 의하여 평면 전체가 어떻게 옮겨지는지 알게 되면 모양과 크기를 보존하는 일차변환에는 어떤 것이 있는가 하는 문제를 생각할 수 있는데, 행렬을 통하여 그런 일차변환을 모두 찾아 본다. 한편으로는 행렬 고유의 영역으로서 고등학교에서 행렬을 공부하면서 접하게 되는 케일리–해밀턴 정리를 소개하고 그 응용을 체계적으로 공부한다.

8.1. 일차변환

일차변환에서 최대의 관심사는 주어진 일차변환이 점을 어떻게 옮기는가 하는 것이다. 물론 다음 행렬

$$A = \begin{pmatrix} 2 & 1 \\ 1 & 3 \end{pmatrix}$$

이 나타내는 일차변환이 있을 때, 점 $(2,3)$ 이 행렬 A 가 나타내는 일차변환에 의하여 옮겨진 점은 다음 등식

$$\begin{pmatrix} 2 & 1 \\ 1 & 3 \end{pmatrix} \begin{pmatrix} 2 \\ 3 \end{pmatrix} = \begin{pmatrix} 7 \\ 11 \end{pmatrix}$$

로부터 $(7,11)$ 임을 알 수 있다. 그러나 이런 계산에 의한 방법으로는 개별적인 점이 어떻게 옮겨지는지는 알 수 있어도 주어진 일차변환을 보고서 그 일차변환이 점을 어떻게 옮길 것이라는 큰 그림은 여전히 그릴 수 없다. 우리의 목표는 일차변환을 나타내는 행렬로부터 그 일차변환이 점을 어떻게 옮기는지 일목요연하게 파악하는 것이다.

일차변환을 규정하는 핵심 성질을 살펴보는 것에서부터 시작하자. 우리는 변환 f 가 일차변환이면 좌표평면 위의 임의의 점 X, Y 와 실수 c 에 대하여 다음 성질

$$f(X + Y) = f(X) + f(Y), \quad f(cX) = cf(X)$$

를 만족함을 알고 있다. 그런데 더 중요한 것은 그 역도 성립한다는 사실이다. 즉, 변환 f 가 일차변환의 성질을 만족하면 f 는 일차변환이다. 이는 일차변환의 성질이 일차변환을 규정하는 핵심적인 성질임을 말해 준다.

정리 8.1.1. 변환 f 가 좌표평면 위의 임의의 점 X, Y 와 실수 c 에 대하여 다음 성질

$$f(X + Y) = f(X) + f(Y), \quad f(cX) = cf(X)$$

를 만족하면 f 는 일차변환이다.

증명: 일단 $f(1,0) = (a,c)$, $f(0,1) = (b,d)$ 라 놓으면 변환 f 가 위 성질을 만족하므로 다음 등식

$$f(x,y) = f(x(1,0) + y(0,1)) = xf(1,0) + yf(0,1) = (ax + by, cx + dy)$$

에 의하여 f 는 일차변환이다.

　　위 정리는 어떤 변환이 일차변환이라는 것과 일차변환의 성질이 성립한다는 것이 서로 동치임을 말해 준다. 따라서 그 변환의 구체적인 관계식을 구하지 않더라도 그 변환이 일차변환의 성질을 만족함을 증명하면 그것으로 그 변환이 일차변환이라는 증명이 된다. 위 정리는 변환의 구체적인 관계식을 구하기 쉽지 않을 때 그 변환이 일차변환임을 증명하기 위해 요긴하게 쓰인다.

　　고정된 벡터 V 에 대하여 벡터 X 를 V 로 정사영하는 것은 X 를 V 에 정사영한 벡터 $\mathrm{proj}_V(X)$ 에 대응시키는 함수로 이해할 수 있는데, 이를 벡터 V 에 대한 **사영변환**이라 한다. 사영변환이 일차변환이라는 것은 바로 이런 방법으로 증명할 수 있다.

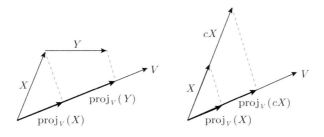

문제 8.1.1. 벡터 V 가 주어졌을 때, 임의의 벡터 X, Y 와 실수 c 에 대하여 다음 등식

$$\mathrm{proj}_V(X+Y) = \mathrm{proj}_V(X) + \mathrm{proj}_V(Y)$$
$$\mathrm{proj}_V(cX) = c\,\mathrm{proj}_V(X)$$

가 성립함을 증명하여라.

　　이제 우리의 목표로 돌아와서, 좌표평면 위의 점들이 일차변환 f 에 의하여 어떻게 옮겨지는지 살펴보자. 그러려면 먼저 일차변환을 나타내는 행렬의 구조를 살펴보아야 한다. 일차변환 f 를 나타내는 행렬이

$$A = \begin{pmatrix} 2 & 1 \\ 1 & 3 \end{pmatrix}$$

이라 하자. 그러면 다음 등식

$$\begin{pmatrix} 2 & 1 \\ 1 & 3 \end{pmatrix} \begin{pmatrix} 1 \\ 0 \end{pmatrix} = \begin{pmatrix} 2 \\ 1 \end{pmatrix}, \quad \begin{pmatrix} 2 & 1 \\ 1 & 3 \end{pmatrix} \begin{pmatrix} 0 \\ 1 \end{pmatrix} = \begin{pmatrix} 1 \\ 3 \end{pmatrix}$$

으로부터 $f(1,0) = (2,1)$, $f(0,1) = (1,3)$ 이다. 조금만 관찰해 보면 $(2,1)$과 $(1,3)$은 각각 행렬 A의 제1열과 제2열에 해당함을 알 수 있는데, 이는 행렬 A가 위와 같이 주어졌을 때에만 그런 것이 아니라 임의의 이차 정사각행렬 A에 대하여도 나타나는 일반적인 현상이다.

문제 8.1.2. 임의의 이차 정사각행렬 A에 대하여

$$A \begin{pmatrix} 1 \\ 0 \end{pmatrix}, \quad A \begin{pmatrix} 0 \\ 1 \end{pmatrix}$$

이 각각 행렬 A의 제1열과 제2열임을 증명하여라.

위 문제는 일차변환 f를 나타내는 행렬을 구하는 방법을 제공해 준다. 일차변환 f에 대하여 $f(1,0)$의 x성분, y성분은 7.2절의 보기 2에 의하여 각각 $f(1,0) \cdot (1,0)$, $f(1,0) \cdot (0,1)$이고, 마찬가지로 $f(0,1)$의 x성분, y성분은 각각 $f(0,1) \cdot (1,0)$, $f(0,1) \cdot (0,1)$이므로 f를 나타내는 행렬은

$$\begin{pmatrix} f(1,0) \cdot (1,0) & f(0,1) \cdot (1,0) \\ f(1,0) \cdot (0,1) & f(0,1) \cdot (0,1) \end{pmatrix}$$

임을 알 수 있다.

보기 1. 벡터 V에 대한 사영변환 proj_V는 일차변환이므로, proj_V를 나타내는 행렬을 구해 보자. 사영변환 proj_V를 나타내는 행렬을

$$\mathcal{V} = \begin{pmatrix} v_{11} & v_{12} \\ v_{21} & v_{22} \end{pmatrix}$$

라 하면

$$v_{11} = \text{proj}_V(1,0) \cdot (1,0) = \frac{V \cdot (1,0)}{V \cdot V} V \cdot (1,0) = \frac{1}{|V|^2}(V \cdot (1,0))^2$$

이다. 마찬가지 방법으로 행렬 $\mathcal{V}$ 의 나머지 성분도 구할 수 있다. 따라서 사영변환 proj_V 를 나타내는 행렬 $\mathcal{V}$ 는

$$\mathcal{V} = \frac{1}{|V|^2} \begin{pmatrix} (V \cdot (1,0))^2 & (V \cdot (0,1))(V \cdot (1,0)) \\ (V \cdot (1,0))(V \cdot (0,1)) & (V \cdot (0,1))^2 \end{pmatrix}$$

이다.

문제 8.1.3. 같은 방법으로 행렬 $\mathcal{V}$ 의 나머지 성분을 구하여라.

문제 8.1.4. 벡터 V 가 단위벡터이고 $V = (a, b)$ 라 할 때, 행렬 $\mathcal{V}$ 를 a, b 로 나타내어라.

사영변환 proj_V 는 임의의 벡터를 V 와 평행한 벡터로 보내므로, 사영변환에 의하여 평면은 원점을 지나고 방향벡터가 V 인 직선으로 옮겨진다. 따라서 사영변환의 역변환은 존재하지 않는다.

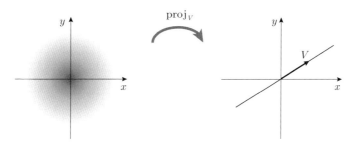

문제 8.1.5. 사영변환의 역변환이 존재하지 않음을 증명하여라.

일차변환 f 에 의하여 점이 어떻게 옮겨지는지 살펴보기 위하여 x 축과 y 축이 어떻게 옮겨지는지부터 살펴보자. 여기에서도 일차변환의 성질을 증명하기 위하여 쓴 방법이 유용하다. 먼저 x 축 위의 점 $(x, 0)$ 은 일차변환의 성질에 의하여

$$f(x,0) = f(x(1,0)) = xf(1,0) = x(2,1) = (2x, 1x)$$

로 옮겨진다. 따라서 x 축은 일차변환 f 에 의하여 원점과 $(2,1)$ 을 지나는 직선으로 옮겨진다. 마찬가지로 y 축 위의 점 $(0,y)$ 는 $f(0,y) = y(1,3) = (y,3y)$ 로 옮겨진다. 따라서 y 축은 일차변환 f 에 의하여 원점과 $(1,3)$ 을 지나는 직선으로 옮겨진다.

나아가 일반적인 점이 어떻게 옮겨지는지 살펴보자. 점 $(2,3)$ 은 다음

$$f(2,3) = f(2(1,0) + 3(0,1)) = 2f(1,0) + 3f(0,1) = 2(2,1) + 3(1,3)$$

으로부터 $2(2,1) + 3(1,3)$ 으로 옮겨진다. 여기에서 $2(2,1) + 3(1,3)$ 을 계산하지 않고 그대로 놓아 둔 데에는 이유가 있다. 점 $(2,3)$ 이 $2(2,1) + 3(1,3)$ 으로 옮겨졌다는 것을 조금만 관찰해 보면 $(2,1)$ 과 $(1,3)$ 이 옮겨진 점에서 마치 x 축과 y 축의 '한 칸' 역할을 하고 있음을 알 수 있다. 실제로 임의의 점 (x,y) 에 대하여 같은 계산을 해 보면 마찬가지 등식이 성립함을 확인할 수 있다. 따라서 점 (x,y) 가 일차변환에 의해 옮겨지는 점은 그 일차변환을 나타내는 행렬의 제 1 열을 x 배 하고 제 2 열을 y 배 하여 구할 수 있다. 이는 일차변환을 나타내는 행렬의 제 1 열과 제 2 열만 보면 그 일차변환이 점을 어떻게 옮기는지 모두 알 수 있다는 말이다. 일차변환을 보면 행렬을 알 수 있고, 행렬을 보면 일차변환을 알 수 있어 일차변환은 곧 행렬이라는 말은 **절대 과장이 아니다.**

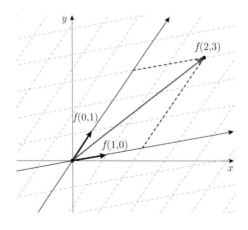

일차변환 f 에 의하여 각각의 점이 어떻게 옮겨지는지 알고 있으므로 도형이 어떻게 옮겨질지도 예상할 수 있다. 벡터 $(1,0)$ 과 $(0,1)$ 이 이루는 정

사각형은 일차변환 f 에 의하여 $(2,1)$, $(1,3)$ 이 이루는 평행사변형으로 옮겨짐은 쉽게 확인할 수 있다. 따라서 옮겨지기 전의 좌표평면에서 $(1,0)$ 과 $(0,1)$ 이 이루는 정사각형이 했던 '모눈' 역할도 옮겨진 좌표평면에서는 $(2,1)$, $(1,3)$ 이 이루는 평행사변형이 그 역할을 할 것임을 알 수 있다. 따라서 $(2,1)$, $(1,3)$ 이 이루는 평행사변형이 $(1,0)$ 과 $(0,1)$ 이 이루는 정사각형의 넓이의 몇 배인지를 구하면 주어진 도형의 넓이가 일차변환 f 에 의하여 몇 배가 되는지 알 수 있다.

정리 8.1.2. 도형 F 가 다음 행렬

$$A = \begin{pmatrix} a & b \\ c & d \end{pmatrix}$$

가 나타내는 일차변환 f 에 의하여 F' 로 옮겨졌다고 할 때, F' 의 넓이는 F 의 넓이의 $|ad - bc|$ 배이다.

증명: 벡터 $(1,0)$, $(0,1)$ 이 이루는 정사각형은 일차변환 f 에 의하여 (a,c), (b,d) 가 이루는 평행사변형으로 옮겨진다. 벡터 (a,c), (b,d) 가 이루는 평행사변형의 넓이 S 는 7.3절의 보기 3에 의하여 $S = |ad-bc|$ 이므로 S 는 $(1,0)$, $(0,1)$ 이 이루는 정사각형의 넓이의 $|ad - bc|$ 배이다.

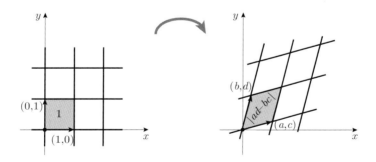

문제 8.1.6. 벡터 A, B 가 이루는 평행사변형

$$\{tA + uB \,|\, 0 \le t, u \le 1\}$$

은 일차변환 f 에 의하여 $f(A)$, $f(B)$ 가 이루는 평행사변형 $\{tf(A) + uf(B) \,|\, 0 \le t, u \le 1\}$ 로 옮겨짐을 증명하여라.

그런데 도형에는 정사각형만 있는 것이 아니고, 곡선으로 둘러싸인 복잡한 도형도 있으므로 일차변환에 의하여 $(1,0)$, $(0,1)$ 이 이루는 정사각형의 넓이가 몇 배가 되는지 살펴보는 것만으로는 뭔가 부족하다고 느낄 수도 있다. 그렇다면 초등학교에서 곡선으로 둘러싸인 부분의 넓이를 구했던 방법을 돌이켜 보자. 우리는 도형 위에 모눈종이를 올린 다음, 도형에 들어가는 모눈과 도형에 걸치는 모눈의 개수를 세어 구하려는 넓이가

$$(도형에 \ 들어가는 \ 모눈의 \ 개수) \times (모눈의 \ 넓이)$$

보다는 크고

$$(도형에 \ 걸치는 \ 모눈의 \ 개수) \times (모눈의 \ 넓이)$$

보다는 작다는 것을 이끌어 냈다. 그리고 구하려는 넓이가 존재하는 범위는 모눈의 넓이를 작게 하면 할수록 정확해진다는 것을 통해 정확한 넓이를 구할 수 있으리라는 것도 알 수 있었다.

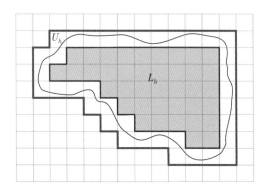

주어진 도형을 F 라 하고, 일차변환에 의하여 F 가 옮겨진 도형을 F' 라 하자. 한 변의 길이가 h 인 모눈에 대하여 F 에 포함되는 모눈으로 이루어진 도형의 넓이를 L_h, F 에 걸치는 모눈으로 이루어진 도형의 넓이를 U_h 라 하자. 그러면 다음 부등식

$$L_h < (도형 \ F의 \ 넓이) < U_h$$

가 성립한다. 그리고 F 에 들어가는 모눈으로 이루어진 도형은 일차변환에 의해 옮겨져서도 F' 에 포함되고, F 에 걸치는 모눈으로 이루어진 도형은 일차변환에 의해 옮겨져서도 F' 를 포함한다. 따라서 다음 부등식

$$|ad - bc|L_h < (\text{도형 } F' \text{의 넓이}) < |ad - bc|U_h$$

도 성립한다. 여기에 $h \longrightarrow 0$ 이라는 극한 개념만 추가하면 L_h 와 U_h 가 F 의 넓이로 수렴**할 것**이므로 $|ad - bc|L_h$ 와 $|ad - bc|U_h$ 도 F 의 넓이의 $|ad - bc|$ 배로 수렴하고, 그것이 바로 F' 의 넓이가 된다. 그래서 모눈의 역할을 하는 $(1, 0)$, $(0, 1)$ 이 이루는 정사각형의 넓이가 몇 배가 되는지 살펴보는 것만으로도 **충분했던 것이다.**

문제 8.1.7. 원 $x^2 + y^2 = 1$ 이 행렬 $\begin{pmatrix} 2 & 0 \\ 0 & 3 \end{pmatrix}$ 이 나타내는 일차변환에 의하여 옮겨진 도형의 넓이를 구하여라.

위 정리에 나오는 $ad - bc$ 는 행렬 A 의 역행렬이 존재하는지 조사하기 위하여 무수히 많이 보아 왔던 식이다. 이를 행렬 A 의 **행렬식**이라 하고 $\det A$ 로 나타낸다. 위 정리는 도형의 넓이가 행렬 A 가 나타내는 일차변환에 의하여 $|\det A|$ 배가 됨을 말해 준다. 그렇다면 행렬 A, B 가 있을 때, 주어진 도형의 넓이는 행렬 BA 가 나타내는 일차변환에 의하여 몇 배가 될까? 위 정리를 생각하면 주어진 도형의 넓이는 A 가 나타내는 일차변환에 의하여 $|\det A|$ 배가 되고, 그 도형은 B 가 나타내는 일차변환에 $|\det B|$ 배가 될 것이므로 그 답은 당연히 $|\det B||\det A|$ 이다. 따라서 우리는 자연스럽게 다음 등식이 성립할 것임을 예상할 수 있다.

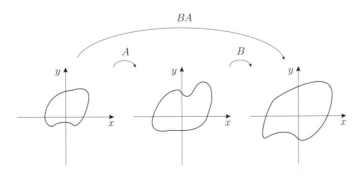

정리 8.1.3. 임의의 이차 정사각행렬 A, B에 대하여 다음 등식

$$\det AB = (\det A)(\det B)$$

가 성립한다.

위 정리는 이를 예상하기까지의 과정과는 정반대로 기계적인 계산으로 증명된다.

문제 8.1.8. 행렬 A, B를 각각

$$A = \begin{pmatrix} a & b \\ c & d \end{pmatrix}, \quad B = \begin{pmatrix} x & y \\ z & w \end{pmatrix}$$

로 놓았을 때, AB와 $\det AB$를 계산하고 등식 $\det AB = (\det A)(\det B)$가 성립함을 증명하여라.

문제 8.1.9. 행렬 A의 역행렬이 존재하면 다음 등식

$$\det A^{-1} = \frac{1}{\det A}$$

가 성립함을 증명하여라.

8.2. 합동변환

모양과 크기를 보존하는 변환을 **합동변환**이라 한다. 합동변환인 일차변환에는 무엇이 있을까? 이 문제는 일차변환을 공부하면서부터 생각할 수 있지만, 일차변환이 점을 어떻게 옮기는지 모르는 상태에서는 접근할 수 없었다. 앞에서 일차변환이 점을 어떻게 옮기는지 살펴보았으므로, 이를 바탕으로 합동변환인 일차변환을 분석해 보자.

일차변환 f 에 대하여 $f(1,0)$ 과 $f(0,1)$ 은 일차변환 f 에 의하여 옮겨진 좌표평면의 '눈금' 역할을 한다. 일차변환 f 가 합동변환이면 옮겨진 좌표평면에서의 '모눈'의 모양과 크기도 그대로이므로 벡터 $f(1,0)$ 과 $f(0,1)$ 의 크기는 1 이고, $f(1,0)$ 과 $f(0,1)$ 은 서로 수직이다. 역으로, 벡터 $f(1,0)$ 과 $f(0,1)$ 의 크기가 1 이고 $f(1,0)$ 과 $f(0,1)$ 이 서로 수직이면 옮겨진 좌표평면에서의 '모눈'의 모양과 크기가 그대로이므로 일차변환 f 는 합동변환일 것이다. 즉, 일차변환 f 가 다음 성질

$$|f(1,0)| = |f(0,1)| = 1, \quad f(1,0) \cdot f(0,1) = 0$$

을 만족한다면 f 는 합동변환일 것이다.

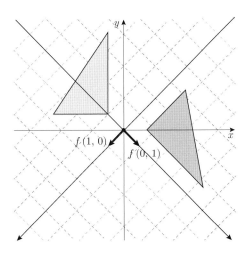

실제로, 우리의 예상대로 '모눈'을 보존하는 일차변환은 모두 합동변환이 된다.

정리 8.2.1. '모눈'을 보존하는 일차변환은

회전변환 또는 x 축에 대한 대칭변환과 회전변환의 합성

뿐이다. 따라서 '모눈'을 보존하는 일차변환은 합동변환이다.

증명: 먼저 $f(1,0)$ 과 $f(0,1)$ 의 크기가 1 이므로 $f(1,0)$ 과 $f(0,1)$ 은 원점을 중심으로 하는 단위원 위의 점이다. 따라서

$$f(1,0) = (\cos\alpha, \sin\alpha), \quad f(0,1) = (\cos\beta, \sin\beta)$$

라 놓을 수 있다. 그리고 $f(1,0)$ 과 $f(0,1)$ 은 수직이므로 $\beta - \alpha = \frac{\pi}{2}, \frac{3\pi}{2}$ 이다.

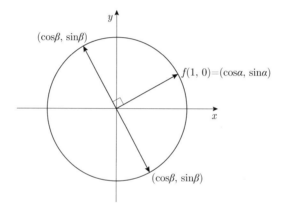

이제 $\beta = \frac{\pi}{2} + \alpha, \frac{3\pi}{2} + \alpha$ 이므로 각각의 경우에 $\cos\beta, \sin\beta$ 를 α 로 나타내면

$$\cos\left(\frac{\pi}{2} + \alpha\right) = -\sin\alpha, \qquad \sin\left(\frac{\pi}{2} + \alpha\right) = \cos\alpha$$
$$\cos\left(\frac{3\pi}{2} + \alpha\right) = \sin\alpha, \qquad \sin\left(\frac{3\pi}{2} + \alpha\right) = -\cos\alpha$$

가 되고, $(\cos\beta, \sin\beta)$ 는 $(-\sin\alpha, \cos\alpha)$ 또는 $(\sin\alpha, -\cos\alpha)$ 이다. 따라서 일차변환 f 를 나타내는 행렬은

$$\begin{pmatrix} \cos\alpha & -\sin\alpha \\ \sin\alpha & \cos\alpha \end{pmatrix} \quad \text{또는} \quad \begin{pmatrix} \cos\alpha & \sin\alpha \\ \sin\alpha & -\cos\alpha \end{pmatrix}$$

이다. 일차변환 f 를 나타내는 행렬이 첫째 행렬이면 f 는 회전변환이고, 둘째 행렬이면 다음 등식

$$\begin{pmatrix} \cos\alpha & \sin\alpha \\ \sin\alpha & -\cos\alpha \end{pmatrix} = \begin{pmatrix} \cos\alpha & -\sin\alpha \\ \sin\alpha & \cos\alpha \end{pmatrix} \begin{pmatrix} 1 & 0 \\ 0 & -1 \end{pmatrix}$$

로부터 x 축에 대한 대칭변환과 회전변환의 합성이다.

위 정리에 의하면 '모눈'을 보존하는 일차변환은 모두 합동변환이 되고, 일차변환이 합동변환이라는 것과 '모눈'을 보존한다는 것은 서로 동치임을 알 수 있다. 이로부터 합동변환인 일차변환은 회전변환 또는 x 축에 대한 대칭변환과 회전변환의 합성뿐이라는 것도 알 수 있다.

문제 8.2.1. 항등변환과 x 축, y 축, 원점, 직선 $y = x$ 에 대한 대칭변환이 모두 합동변환임을 증명하여라.

문제 8.2.2. 합동변환인 일차변환은 도형의 넓이도 보존함을 증명하여라.

이제 합동변환인 일차변환의 성질을 살펴보자. 일차변환 f 가 합동변환이면 f 는 벡터의 크기를 보존한다. 즉, 임의의 벡터 X 에 대하여 등식 $|f(X)| = |X|$ 가 성립한다. 벡터 X 를 $X = (x, y)$ 라 하면 다음 등식

$$\begin{aligned} |f(x,y)|^2 &= f(x,y) \cdot f(x,y) \\ &= (xf(1,0) + yf(0,1)) \cdot (xf(1,0) + yf(0,1)) \\ &= x^2 f(1,0) \cdot f(1,0) + 2xy f(1,0) \cdot f(0,1) + y^2 f(0,1) \cdot f(0,1) \\ &= x^2 + y^2 = |(x,y)|^2 \end{aligned}$$

이 성립하므로 증명이 끝난다. 이로부터 f 가 두 점 사이의 거리도 보존함을 증명할 수 있다.

문제 8.2.3. 벡터의 크기를 보존하는 일차변환은 두 점 사이의 거리도 보존함을 증명하여라. 즉, 일차변환 f 가 임의의 벡터 X 에 대하여 등식 $|f(X)| = |X|$ 를 만족하면 임의의 점 X, Y 에 대하여 다음 등식

$$|f(X) - f(Y)| = |X - Y|$$

가 성립함을 증명하여라. 그 역이 성립함도 증명하여라.

문제 8.2.4. 일차변환 f 가 두 점 사이의 거리를 보존하고, 점 A, B, C 에 대하여 $f(A) = A'$, $f(B) = B'$, $f(C) = C'$ 라 하자. 삼각형 ABC 와 $A'B'C'$ 가 서로 합동임을 증명하여라. 이로부터 각 ABC 의 크기와 각 $A'B'C'$ 의 크기가 서로 같음을 증명하여라.

또, 일차변환 f 가 벡터의 크기를 보존하면, 다음 등식

$$X \cdot Y = \frac{1}{4}(|X + Y|^2 - |X - Y|^2) \tag{1}$$

으로부터 내적도 보존함을 알 수 있다.

문제 8.2.5. 등식 (1)을 증명하여라. 이로부터 벡터의 크기를 보존하는 일차변환은 내적도 보존함을 증명하여라. 즉, 일차변환 f 가 임의의 벡터 X 에 대하여 등식 $|f(X)| = |X|$ 를 만족하면 임의의 벡터 X, Y 에 대하여 다음 등식

$$f(X) \cdot f(Y) = X \cdot Y$$

가 성립함을 증명하여라.

마지막으로 일차변환 f 가 내적을 보존하면 다음 등식

$$
\begin{aligned}
|f(1,0)|^2 &= f(1,0) \cdot f(1,0) = (1,0) \cdot (1,0) = 1 \\
|f(0,1)|^2 &= f(0,1) \cdot f(0,1) = (0,1) \cdot (0,1) = 1 \\
f(1,0) \cdot f(0,1) &= (1,0) \cdot (0,1) = 0
\end{aligned}
$$

으로부터 f 는 '모눈'의 모양과 크기도 보존한다. 지금까지 살펴본 내용을 정리해 보면

으로 나타낼 수 있다.

8.3. 대칭변환

회전변환과 더불어 대표적인 일차변환은 x축, y축에 대한 대칭변환이다. 그런데 점 (x, y)를 x축, y축에 대칭시킨 점의 좌표는 x, y로 나타내기 쉽고, 그로부터 일차변환임도 쉽게 알 수 있지만, 일반적인 직선 $y = mx + n$에 대칭시킨 점의 좌표를 x, y로 나타내려면 복잡한 계산을 거쳐야 하고, 일차변환인지도 알기 어렵다.

보기 1. 점 (x, y)를 직선 $y = mx$에 대칭시킨 점 (x', y')를 x, y로 나타내어 보자. 점 (x', y')는 다음 성질

(대1) 점 (x, y), (x', y')의 중점은 직선 $y = mx$ 위에 있다.

(대2) 점 (x, y), (x', y')를 지나는 직선은 직선 $y = mx$과 수직이다.

를 만족한다.

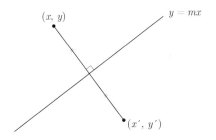

따라서 다음 등식

$$\frac{y + y'}{2} = m\frac{x + x'}{2}, \quad \frac{y' - y}{x' - x} = -\frac{1}{m}$$

이 성립한다. 둘째 등식에서 $y' = -\frac{x' - x}{m} + y$이므로 이를 첫째 등식에 대입하고 x'에 대하여 정리하면

$$x' = \frac{1 - m^2}{m^2 + 1}x + \frac{2m}{m^2 + 1}y$$

이다. 마찬가지로

$$y' = \frac{2m}{m^2 + 1}x + \frac{m^2 - 1}{m^2 + 1}y$$

가 된다.

점 P 를 일반적인 직선 $y = mx + n$ 에 대칭시킨 점 P' 를 구하기 어려운 것은 (대1)과 (대2)를 써서 P' 를 구하려고만 하기 때문이다. 그런데 우리는 앞에서 점 P 를 평면 $N \cdot (X - A) = 0$ 에 대칭시킨 점 P' 가

$$P' = P - 2\frac{N \cdot (P - A)}{|N|^2}N$$

임을 공부하였다. 같은 방법으로 점 P 를 직선에 대칭시킨 점도 구할 수 없을까? 점과 직선 사이의 거리 공식이 점과 평면 사이의 거리 공식과 비슷한 이유는 방정식 $N \cdot (X - A) = 0$ 이 나타내는 도형이 좌표평면에서는 점 A 를 지나고 벡터 N 에 수직인 직선이 되기 때문이었다. 그러므로 방정식 $N \cdot (X - A) = 0$ 에 나오는 벡터가 평면벡터라고만 하면 이 방정식이 나타내는 도형은 직선이 되고, 점 P 를 직선 $N \cdot (X - A) = 0$ 에 대칭시킨 점 P' 는 그대로

$$P' = P - 2\frac{N \cdot (P - A)}{|N|^2}N$$

이 된다. 이제 직선 $y = mx + n$ 은 $mx - y + n = 0$ 이므로 $N = (m, -1)$, $A = (0, n)$ 으로 놓으면 $N \cdot (X - A) = 0$ 이 직선 $y = mx + n$ 이 되고, $X = (x, y)$ 로 놓으면 대칭시킨 점이 구해진다.

점 X 를 직선 $N \cdot (X - A) = 0$ 에 대칭시키는 것을 하나의 변환으로 이해하면 이는 좌표평면에서 좌표평면으로 가는 함수

$$S(X) = X - 2\frac{N \cdot (X - A)}{|N|^2}N$$

이 된다. 이를 직선 $N \cdot (X - A) = 0$ 에 대한 **대칭변환**이라 한다. 대칭변환은 당연히 합동변환이다.

직선 $N \cdot (X - A) = 0$ 에 대한 대칭변환이 일차변환인지 살펴보자. 그런데

$$S(X + Y) = (X + Y) - 2\frac{N \cdot (X + Y - A)}{|N|^2}N$$

$$S(X) + S(Y) = X - 2\frac{N \cdot (X - A)}{|N|^2}N + Y - 2\frac{N \cdot (Y - A)}{|N|^2}N$$

이므로 $S(X+Y)$ 와 $S(X)+S(Y)$ 사이에는 $2\frac{N\cdot A}{|N|^2}N$ 만큼의 차이가 난다. 따라서 일반적으로 대칭변환은 일차변환이 아니다. 그렇다면 언제 대칭변환이 일차변환이 될까? 만약 $N\cdot A=0$ 이면 $2\frac{N\cdot A}{|N|^2}N=O$ 이 되어 등식 $S(X+Y)=S(X)+S(Y)$ 가 성립한다. 이는 직선 $N\cdot(X-A)=0$ 이 원점을 지나는 것과 서로 동치임을 쉽게 확인할 수 있다.

문제 8.3.1. 직선 $N\cdot(X-A)=0$ 에 대하여 $N\cdot A=0$ 은 이 직선이 원점을 지나는 것과 서로 동치임을 증명하여라.

직선 $N\cdot(X-A)=0$ 에 대한 대칭변환은 이 직선이 원점을 지날 때 일차변환이 된다. 바로 이런 이유 때문에 직선 $y=mx$ 에 대한 대칭변환을 나타내는 행렬을 구하라는 문제는 있어도 직선 $y=mx+n$ 에 대한 대칭변환을 나타내는 행렬을 구하라는 문제는 없었던 것이다.

등식 $N\cdot A=0$ 이 성립하는 것은 직선 $N\cdot(X-A)=0$ 이 원점을 지나는 것과 서로 동치이므로, 처음부터 직선 $N\cdot(X-A)=0$ 을 $N\cdot X=0$ 으로 놓아도 된다. 점 X 를 직선 $N\cdot X=0$ 에 대칭시키는 변환을 특별히 S_N 으로 나타내면

$$S_N(X)=X-2\frac{N\cdot X}{|N|^2}N$$

이 된다. 그러면 앞에서 살펴본 바와 같이 $S_N(X+Y)=S_N(X)+S_N(Y)$ 가 성립하고, 다음 등식

$$S_N(cX)=cX-2\frac{N\cdot cX}{|N|^2}N=c\left(X-2\frac{N\cdot X}{|N|^2}N\right)=cS_N(X)$$

도 성립하므로 S_N 은 **일차변환이다**.

문제 8.3.2. 직선 $N\cdot X=0$ 에 대한 대칭변환 S_N 이 합동변환임을 증명하여라.

대칭변환 S_N 이 일차변환이므로, 다음 물음은 S_N 을 나타내는 행렬이 무엇인가 하는 것이다. 물론 S_N 을 나타내는 행렬은 사영변환 proj_V 를 나타내는 행렬과 꼭 같은 방법으로 구할 수 있다. 먼저 S_N 을 나타내는 행렬 $\mathcal{N}$ 을

$$\mathcal{N}=\begin{pmatrix} n_{11} & n_{12} \\ n_{21} & n_{22} \end{pmatrix}$$

라 놓자. 그러면

$$n_{11} = S_N(1,0) \cdot (1,0)$$
$$= \left((1,0) - 2\frac{N \cdot (1,0)}{|N|^2} N \right) \cdot (1,0) = 1 - \frac{2}{|N|^2}(N \cdot (1,0))^2$$

이다. 마찬가지 방법으로 행렬 $\mathcal{N}$ 의 나머지 성분도 구할 수 있다. 따라서 S_N 을 나타내는 행렬은

$$\mathcal{N} = \frac{1}{|N|^2} \begin{pmatrix} |N|^2 - 2(N \cdot (1,0))^2 & -2(N \cdot (0,1))(N \cdot (1,0)) \\ -2(N \cdot (1,0))(N \cdot (0,1)) & |N|^2 - 2(N \cdot (0,1))^2 \end{pmatrix}$$

이다.

문제 8.3.3. 행렬 $\mathcal{N}$ 의 나머지 성분을 구하여라.

문제 8.3.4. 벡터 N 이 단위벡터이고 $N = (a, b)$ 라 할 때, 행렬 $\mathcal{N}$ 을 a, b 로 나타내어라.

문제 8.3.5. 직선 $N \cdot X = 0$ 에서 $N = (m, -1)$, $X = (x, y)$ 로 놓으면 이는 직선 $y = mx$ 가 된다. 직선 $y = mx$ 에 대한 대칭변환을 나타내는 행렬을 구하여라.

대칭변환 S_N 은 합동변환이고, 또 일차변환이다. 따라서 S_N 을 나타내는 행렬 $\mathcal{N}$ 은

$$\begin{pmatrix} \cos\alpha & -\sin\alpha \\ \sin\alpha & \cos\alpha \end{pmatrix} \qquad \text{또는} \qquad \begin{pmatrix} \cos\alpha & \sin\alpha \\ \sin\alpha & -\cos\alpha \end{pmatrix}$$

의 꼴이어야 한다. 그런데 행렬 $\mathcal{N}$ 의 $(1, 2)$ 성분과 $(2, 1)$ 성분이 같으므로, S_N 은 둘째 행렬이 나타내는 일차변환이 된다.

보다 구체적으로 α 와 N 사이의 관계를 살펴보자. 점 $(1, 0)$ 을 직선 $N \cdot X = 0$ 에 대칭시켜 $(\cos\alpha, \sin\alpha)$ 가 되려면, 직선 $N \cdot X = 0$ 이 원점과 $(\cos\alpha, \sin\alpha)$ 을 지나는 직선과 x 축이 이루는 각을 이등분해야 한다. 따라서 직선 $N \cdot X = 0$ 의 한 방향벡터는 $(\cos\frac{\alpha}{2}, \sin\frac{\alpha}{2})$ 이고, 벡터 N 은 이에 수직이어야 하므로 $N = (-\cos\frac{\alpha}{2}, \sin\frac{\alpha}{2})$ 이다. 이 때 직선 $N \cdot X = 0$ 의 기울기는 $\frac{\sin\frac{\alpha}{2}}{\cos\frac{\alpha}{2}} = \tan\frac{\alpha}{2}$ 이다.

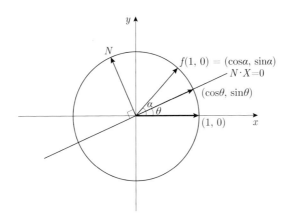

따라서 직선 $y = mx$ 가 x 축과 이루는 각의 크기를 θ 라 하면 $m = \tan\theta$ 이고, 직선 $y = mx$ 에 대한 대칭변환을 나타내는 행렬은

$$\begin{pmatrix} \cos 2\theta & \sin 2\theta \\ \sin 2\theta & -\cos 2\theta \end{pmatrix}$$

가 된다.

문제 8.3.6. 직선 $y = \frac{1}{\sqrt{3}}x$ 에 대한 대칭변환을 나타내는 행렬을 구하여라.

문제 8.3.7. 합동변환인 일차변환은 회전변환 또는 대칭변환뿐임을 증명하여라.

문제 8.3.8. 원점을 지나고 기울기가 $\tan\theta$ 인 직선에 대한 대칭변환을 S_θ 라 할 때, $S_\alpha \circ S_\beta$ 가 어떤 일차변환이 되는지 살펴보아라.

문제 8.3.9. 합동변환인 일차변환은 대칭변환의 합성으로 나타낼 수 있음을 증명하여라.

8.4.   케일리–해밀턴 정리

고등학교에서 행렬을 공부하면서 누구라도 다음 명제가 성립함을 알고 있을 것이다. 이를 **케일리–해밀턴 정리**라 한다.

정리 8.4.1. (케일리–해밀턴 정리) 행렬 $A = \begin{pmatrix} a & b \\ c & d \end{pmatrix}$에 대하여 다음 등식

$$A^2 - (a+d)A + (ad-bc)E = O$$

가 성립한다.

케일리–해밀턴 정리는 이차 정사각행렬뿐 아니라 임의의 차수의 정사각행렬에 대해서도 성립하지만, 고등학교에서는 이차 정사각행렬만 다루므로 이차 정사각행렬의 경우만 알면 된다. 따라서 앞으로 여기에서 모든 행렬은 이차 정사각행렬이라 가정한다. 그리고 O는 영행렬, E는 단위행렬을 나타낸다. 이차 정사각행렬의 경우 케일리–해밀턴 정리는 그 증명도 기계적인 계산으로 바로 할 수 있다.

문제 8.4.1. 케일리–해밀턴 정리를 증명하여라.

고등학교에서 케일리–해밀턴 정리의 응용은 다양하다. 먼저 케일리–해밀턴 정리는 행렬 A에 대한 고차식을 간단히 하는 데 쓰일 수 있다.

보기 1. 행렬 A가 $A^2 - 5A + 6E = O$를 만족하면 $A^3 - 5A^2 + 7A + 9E$는

$$A^3 - 5A^2 + 7A + 9E = (A^2 - 5A + 6E)A + (A + 9E) = A + 9E$$

로 간단히 할 수 있다.

여기에서 A를 마치 다항식의 x로 보면 이러한 계산은 나머지정리에서 한 것과 꼭 같음을 알 수 있다. 실제로 이러한 계산법을 쓰면 행렬 A에 대한 아무리 높은 차수의 식도 일차 이하로 낮출 수 있다.

보기 2. 행렬 A 가 $A^2 - 5A + 6E = O$ 을 만족할 때, A^{100} 을 간단히 해 보자. 먼저 다항식의 나눗셈에서처럼

$$A^{100} = (A^2 - 5A + 6E)Q(A) + aA + bE$$

로 놓자. 그리고 $A^2 - 5A + 6E = (A - 2E)(A - 3E)$ 임은 쉽게 확인할 수 있다. 이제 A 가 고정된 행렬임은 **무시하고**, 나머지정리에서 하던 대로 $A = 2E$, $A = 3E$ 를 '대입'하자. 그러면 등식 $2^{100}E = (2a + b)E$, $3^{100}E = (3a + b)E$ 를 얻는다. 이제 연립방정식

$$\begin{cases} 2a + b = 2^{100} \\ 3a + b = 3^{100} \end{cases}$$

을 풀면 $a = 3^{100} - 2^{100}$, $b = 3 \cdot 2^{100} - 2 \cdot 3^{100}$ 을 얻으므로

$$A^{100} = (3^{100} - 2^{100})A + (3 \cdot 2^{100} - 2 \cdot 3^{100})E$$

가 된다.

문제 8.4.2. 행렬 $A = \begin{pmatrix} 2 & 1 \\ 0 & 1 \end{pmatrix}$ 에 대하여 A^{100} 을 구하여라.

문제 8.4.3. 앞에서 A 가 고정된 행렬임은 무시하고 $A = 2E$, $A = 3E$ 를 대입하였는데, 이는 A 가 다항식의 x 와 본질적으로 똑같이 행동하기 때문이다. 구체적으로 말하여 다항식

$$f(x) = a_n x^n + a_{n-1} x^{n-1} + \cdots + a_1 x + a_0$$

에 대하여 $f(A)$ 를 $f(x)$ 의 x 자리에 A 를 대입한 행렬

$$f(A) = a_n A^n + a_{n-1} A^{n-1} + \cdots + a_1 A + a_0 E$$

로 정의하자. 다항식 $f(x)$, $g(x)$ 를 더하거나 곱하고 나서 행렬 A 를 대입하나, 행렬 A 를 대입하고 나서 $f(A)$, $g(A)$ 를 더하거나 곱하는 것은 마찬가지이다. 즉, 다항식 $f(x)$, $g(x)$ 에 대하여 $p(x) = f(x) + g(x)$, $q(x) = f(x)g(x)$ 이면 다음 등식

$$p(A) = f(A) + g(A), \quad q(A) = f(A)g(A)$$

가 성립한다. 이를 증명하여라.

문제 8.4.4. 행렬 A와 다항식 $p(x)$에 대하여 $p(A) = R(A)$를 만족하는 일차 이하의 다항식 $R(x)$가 존재함을 증명하여라.

케일리–해밀턴 정리는 $A - kE$의 꼴의 역행렬의 존재성을 판정하는 데에도 유용하다.

정리 8.4.2. 행렬 $A = \begin{pmatrix} a & b \\ c & d \end{pmatrix}$에 대하여 이차방정식 $x^2 - (a+d)x + (ad - bc) = 0$이 서로 다른 두 실근 α, β를 가진다고 하자. 만약 $k \neq \alpha, \beta$이면 $A - kE$의 역행렬이 존재하고 다음 등식

$$(A - kE)^{-1} = -\frac{1}{k^2 - (\alpha + \beta)k + \alpha\beta}(A + (k - \alpha - \beta)E)$$

이 성립한다.

증명: 행렬 $A - kE$와 $A + (k - \alpha - \beta)E$를 곱하면 다음 등식

$$\begin{aligned}
(A - kE)(A + (k - \alpha - \beta)E) &= A^2 - (\alpha + \beta)A - k(k - \alpha - \beta)E \\
&= -[k^2 - (\alpha + \beta)k + \alpha\beta]E
\end{aligned}$$

이 성립한다. 그런데 $k \neq \alpha, \beta$이므로 $k^2 - (\alpha + \beta)k + \alpha\beta \neq 0$이다. 따라서 원하는 결론을 얻는다.

그러나 위 정리에서 $k = \alpha$라 할 때, $A = \alpha E$이면 $A - kE = O$이므로 역행렬을 가지지 않지만, $A = \beta E$이면 $A - kE = (\beta - \alpha)E$이므로 역행렬이 존재한다. 마찬가지로 $k = \beta$라 할 때에도 $A - kE$의 역행렬은 존재할 수도 있고, 존재하지 않을 수도 있다. 따라서 $k = \alpha, \beta$인 경우 $A - kE$의 역행렬의 존재성은 판정할 수 없다.

문제 8.4.5. 이차방정식 $x^2 - (a+d)x + (ad - bc) = 0$이 중근 α를 가질 때, 실수 k의 값에 따라 $A - kE$의 역행렬이 존재하는지 살펴보고, 존재하면 이를 A에 대한 식으로 나타내어라. 이 이차방정식이 서로 다른 두 허근을 가질 때에는 어떻게 되는지 살펴보아라.

문제 8.4.6. 서로 다른 두 실수 α, β에 대하여 행렬 $A - \alpha E$, $A - \beta E$의 역행렬이 존재하지 않는다고 하자. 그러면 다음 등식

$$(A - \alpha E)(A - \beta E) = O$$

이 성립함을 증명하여라.

고등학교에서 거듭제곱하여 영행렬이 되는 행렬은 행렬에 관한 명제의 반례로서 요긴하게 쓰인다. 다음 정리는 바로 그런 행렬에 관한 것으로, 케일리–해밀턴 정리를 써서 얻을 수 있다.

정리 8.4.3. 행렬 A에 대하여 $A^n = O$을 만족하는 자연수 n이 존재하면 등식 $A^2 = O$이 성립한다.

증명 : 행렬 A를 $A = \begin{pmatrix} a & b \\ c & d \end{pmatrix}$라 하자. 만약 $n = 1, 2$이면 증명할 것이 없으므로 n이 3 이상의 자연수라 하자. 만약 행렬 A가 역행렬을 가진다고 하면 양변에 $(A^{-1})^n$을 곱하여 $E = O$가 되므로 모순이다. 따라서 A는 역행렬을 가지지 않고 $ad - bc = 0$이다. 이제 케일리–해밀턴 정리에 의하여 다음 등식

$$A^2 - (a + d)A + (ad - bc)E = A^2 - (a + d)A = O$$

이 성립한다. 따라서

$$A^n = (a + d)A^{n-1} = \cdots = (a + d)^{n-1}A$$

이다. 그런데 $A^n = O$라 했으므로 $a + d = 0$ 또는 $A = O$이다. 역시 $A = O$이면 당연히 $A^2 = O$이므로 증명할 것이 없고, $a + d = 0$이면 $A^2 = (a + d)A = 0A = O$이므로 증명이 끝난다.

위 정리는 거듭제곱하여 영행렬이 되는 행렬을 찾기 위해 제곱해 보는 것으로 충분함을 말해 준다. 즉, 제곱하여 영행렬이 되지 않는 행렬은 아무리 거듭제곱하여도 영행렬이 되지 않으므로 세제곱, 네제곱하여 영행렬이 되는지 확인해 볼 필요가 없다.

문제 8.4.7. 행렬 A가 $A^{100} = O$을 만족할 때, $A^2 + A^3 + \cdots + A^{100}$을 구하여라.

문제 8.4.8. 영행렬이 아닌 행렬 A 가 $A^2 = O$ 을 만족하면 제곱해서 A 가 되는 행렬은 존재하지 않음을 증명하여라.

거듭제곱하여 영행렬이 되는 행렬은 제곱하여 영행렬이 되므로, 제곱하여 영행렬이 되는 행렬의 성질을 살펴보자. 만약 다음 $A = \begin{pmatrix} a & b \\ c & d \end{pmatrix}$ 가 $a + d = 0$, $ad - bc = 0$ 을 만족하면 케일리–해밀턴 정리에 의하여 $A^2 = O$ 이 성립한다. 그런데 위 정리의 증명을 다시 읽어 보면 증명 과정에서 그 역이 성립함도 증명되었음을 알 수 있다.

문제 8.4.9. 행렬 $A = \begin{pmatrix} a & b \\ c & d \end{pmatrix}$ 가 $A^2 = O$ 을 만족하면 $a + d = 0$, $ad - bc = 0$ 임을 증명하여라.

문제 8.4.10. 다음 행렬

$$\begin{pmatrix} 1 & 0 \\ 0 & 0 \end{pmatrix}, \quad \begin{pmatrix} 0 & 1 \\ 0 & 0 \end{pmatrix}, \quad \begin{pmatrix} 0 & 0 \\ 1 & 0 \end{pmatrix}, \quad \begin{pmatrix} 0 & 0 \\ 0 & 1 \end{pmatrix}$$

이 제곱하여 영행렬이 되는 행렬로 시험해 볼 가치가 있는지 살펴보아라.

우리는 케일리–해밀턴 정리의 역은 성립하지 않음을 알고 있다. 즉, 등식 $A^2 - pA + qE = O$ 를 만족하는 행렬 A 에는 $a + d = p$, $ad - bc = q$ 인 행렬 말고도 다른 것이 있다는 말이다. 만약 실수 α, β 에 대하여 다음 등식

$$A^2 - pA + qE = (A - \alpha E)(A - \beta E)$$

가 성립한다고 하면 $A = \alpha E$, βE 가 바로 그런 행렬이 된다. 이 행렬은 케일리–해밀턴 정리를 써서 역행렬의 존재성을 판정할 때에도 등장하였던 행렬이다. 그런데 $A = \alpha E$, βE 말고는 그런 행렬이 더 없을까? 등식 $A^2 - pA + qE = O$ 를 만족하는 행렬 A 에 대한 문제를 풀 때, $a + d = p$, $ad - bc = q$ 인 행렬과 단위행렬의 상수배로 나누어서 접근하였던 기억이 있을 것이다. 그렇게 문제에 접근할 수 있었던 것은, $A^2 - pA + qE = O$ 를 만족하는 행렬 A 는 $a + d = p$, $ad - bc = q$ 인 행렬과 단위행렬의 상수배 말고는 더 없기 때문이다. 이를 증명하여 보자.

정리 8.4.4.　등식 $A^2 - pA + qE = O$ 을 만족하는 행렬 $A = \begin{pmatrix} a & b \\ c & d \end{pmatrix}$ 는 $a + d = p$, $ad - bc = q$ 인 행렬이거나 단위행렬의 상수배, 즉 kE 의 꼴이다. 이 때 상수 k 는 이차방정식 $x^2 - px + q = 0$ 의 실근으로 주어진다.

증명: 행렬 A 가 $a + d \neq p$ 또는 $ad - bc \neq q$ 라 하자. 이 때 $p' = a + d$, $q' = ad - bc$ 로 놓으면 케일리–해밀턴 정리에 의하여 등식 $A^2 - p'A + q'E = O$ 이 성립한다. 이제 다음 두 등식

$$A^2 - pA + qE = O$$
$$A^2 - p'A + q'E = O$$

을 변변 빼면 다음 등식

$$(p - p')A = (q - q')E$$

를 얻는다. 이제 $p - p' \neq 0$ 이기만 하면 좌변을 $p - p'$ 로 나누어 A 가 단위행렬의 상수배라는 결론을 얻는다. 그런데 가만히 생각해 보면 $p - p' \neq 0$ 인 것이, 만약 $p - p' = 0$ 이면 좌변이 영행렬이므로 $q - q' = 0$ 이고, 이는 $a + d \neq p$ 또는 $ad - bc \neq q$ 에 모순이기 때문이다. 따라서 A 는 단위행렬의 상수배이다. 이제 $A = kE$ 로 놓고 이를 $A^2 - pA + qE = O$ 에 대입하면 $(k^2 - pk + q)E = O$ 이므로 이러한 상수 k 는 이차방정식 $x^2 - px + q = 0$ 의 실근으로 주어진다.

문제 8.4.11. 행렬 A 에 대하여 집합 $\{\det A \,|\, A^2 - 7A + 12E = O\}$ 을 구하여라.

문제 8.4.12. 행렬 A 가 $A^2 + E = O$ 을 만족하면 $mA + nE = O$ 을 만족하는 실수 m, n 은 $m = n = 0$ 뿐임을 증명하여라.

위 정리는 행렬 $A = \begin{pmatrix} a & b \\ c & d \end{pmatrix}$ 가 $A^2 = O$ 을 만족하면 $a + d = 0$, $ad - bc = 0$ 라는 또 다른 증명을 제공해 준다.

문제 8.4.13. 위 정리를 써서 행렬 $A = \begin{pmatrix} a & b \\ c & d \end{pmatrix}$ 가 $A^2 = O$ 을 만족하면 $a + d = 0$, $ad - bc = 0$ 임을 증명하여라.

제 9 장

이차곡선

이차곡선은 원뿔곡선이라는 이름으로 탐구되어 왔다. 이차곡선과 원뿔곡선을 이어주는 연결 고리는 이 둘이 사실상 같다는 것이다. 이 장에서는 원뿔곡선이 이차곡선이 됨을 증명함으로써 이차곡선과 원뿔곡선 사이의 관계를 규명하는 것에서부터 출발하려 한다. 나아가 이차곡선의 성질을 공부하는데, 이차곡선의 성질은 수없이 많이 알려져 있다. 여기에서는 그 가운데에서도 핵심이라 할 수 있는 반사 성질이 무엇인지 살펴보고 이를 증명하는 데 초점을 맞추려 한다. 마지막으로 어째서 '이차'곡선이라 하면서 x, y에 관한 이차방정식으로 나타나는 모든 곡선을 다루지 않고 포물선, 타원, 쌍곡선만을 다루는 데 그쳤는지 살펴본다.

9.1. 이차곡선과 원뿔곡선

우리는 고등학교에서 이차곡선이라는 이름으로 포물선, 타원, 쌍곡선을 공부하였다. 물론 이들을 이차곡선이라는 이름으로 부르는 것은 이들을 나타내는 방정식이 이차이기 때문이다. 포물선, 타원, 쌍곡선이라는 이름은 그 말을 들으면 곡선의 모양을 연상할 수 있다는 것에서부터 짐작할 수 있듯이 그 곡선의 모양에서 유래한 것이다. 그런데 영어로 포물선, 타원, 쌍곡선을 뜻하는 'parabola', 'ellipse', 'hyperbola'는 곡선의 모양과 무관한 '적당하다', '모자라다', '남는다'는 뜻의 그리스어 'parabole', 'ellipsis', 'hyperbole'에서 유래하였다.

본래 포물선, 타원, 쌍곡선에 대한 탐구는 원뿔을 여러 각도로 잘라 그 단면을 살펴보는 것에서 출발하였다. 고대 그리스의 수학자 아폴로니우스는 원뿔의 밑면과 원뿔을 자르는 단면이 이루는 각의 크기가 밑면과 모선이 이루는 각의 크기보다 크거나 작음에 따라 단면의 모양이 달라진다는 것을 발견하고 그에 맞추어 곡선의 이름을 붙였다. 실제로 원뿔의 밑면과 원뿔을 자르는 단면이 이루는 각의 크기가, 밑면과 모선이 이루는 각의 크기와 같거나, 그보다 작거나, 그보다 클 때 그 단면이 각각 포물선, 타원, 쌍곡선이 됨을 증명할 수 있다.

여기에서 유의할 것은 고대 그리스 시대에는 원뿔을 자르는 단면이 이루는 각의 크기에 따라 포물선, 타원, 쌍곡선이라고 정의하였으므로 증명을 한다는 것이 의미가 없다. 그러나 고등학교에서는 포물선, 타원, 쌍곡선을 초점과 준선을 써서 정의하였다. 여기에서 우리가 증명하려는 것은 원뿔을 잘라 생기는 단면이 바로 고등학교에서의 정의와 부합한다는 것이다.

이를 위하여 원뿔을 자르는 평면을 기준으로 나누어진 원뿔의 윗부분과 평면에 접하는 구와, 원뿔의 아랫부분과 평면에 접하는 구를 생각하려 한다. 주의할 것은 '접하는' 구라 표현한다고 구가 접하는 것이 아니라는 것이다. 구가 '접한다'고 말하려면 실제로 원뿔의 윗부분과 평면에 모두 접하는 구가 있다는 것을 증명하여야 한다. 세 점을 '지나는' 직선이라 한다고 그 직선이 한 직선 위에 있지 않은 세 점을 지날 수는 없는 것과 마찬가지이다. 이 경우에는 위 성질을 모두 만족하는 구가 있다는 것이 잘 알려져 있다.

지금부터 할 증명에서는 입체도형이 나오기 때문에 평면도형과는 달리 시각적으로 파악하기 어려운 부분이 있을 수 있다. 그러나 이들 증명에서는 원뿔의 윗부분 또는 아랫부분과 평면에 접하는 구와 원뿔을 자르는 평면의 접점은 초점이 되고, 초점에 관한 성질을 증명할 때에는 구 밖의 한 점에서 그은 접선의 길이는 모두 같다는 사실이 공통적으로 쓰인다. 이런 공통점을 염두에 두고 증명을 읽는다면 증명 전체의 흐름이 눈에 들어올 것이고, 다른 이차곡선도 어떤 방식으로 증명할 것인지 예상할 수 있을 것이다.

정리 9.1.1. 원뿔의 모선과 평행한 평면으로 원뿔을 자르면 그 단면은 포물 선이 된다.

증명: 원뿔의 모선과 평행한 평면으로 원뿔을 잘랐을 때, 구를 원뿔과 그 평 면에 모두 접하게 할 수 있다. 그 구와 원뿔을 자른 평면의 접점을 F 라 하 자. 이 점은 초점의 역할을 하게 된다. 그리고 그 구와 원뿔의 접점으로 이 루어진 원을 품는 평면과 원뿔을 자른 평면의 교선을 d 라 하자. 이 직선은 준선의 역할을 하게 된다. 이제 원뿔의 모선과 평행한 평면으로 자른 원뿔의 단면은 초점이 F, 준선이 d 인 포물선이 된다.

이를 증명하기 위하여 원뿔의 모선과 평행한 평면으로 자른 원뿔의 단면 위의 임의의 점에 대하여 F 와 d 에 이르는 거리가 같음을 증명하면 된다. 단 면 위의 임의의 점을 P 라 하자. 점 P 를 지나는 모선이 구와 접하는 점을 T 라 하고, 점 P 에서 직선 d 에 내린 수선의 발을 H 라 하자. 선분 PF 와 PT 는 구 밖의 한 점 P 에서 구에 그은 접선이므로 $PF = PT$ 이다. 원뿔대의 모선의 길이는 모두 같으므로 PT 와 길이가 같으면서 PH 와 평행한 원뿔대 의 모선을 생각할 수 있는데, 이를 QR 라 하자. 그러면 $QR = PH$ 이므로

$$PF = PT = QR = PH$$

가 되어 점 P 는 점 F 와 직선 d 로부터 같은 거리에 있다.

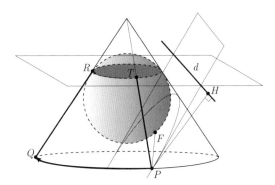

문제 9.1.1. 손전등을 바닥에 비추었을 때, 밝은 부분과 어두운 부분의 경계가 포 물선이 되게 할 수 있음을 증명하여라.

정리 9.1.2.   원뿔의 밑면과 평면이 이루는 각의 크기가 원뿔의 밑면과 모선이 이루는 각의 크기보다 작은 평면으로 원뿔을 자르면 그 단면은 타원이 된다.

증명: 원뿔의 밑면과 평면이 이루는 각의 크기가 원뿔의 밑면과 모선이 이루는 각의 크기보다 작은 평면으로 원뿔을 잘랐다 하자. 이 평면을 기준으로 나누어진 원뿔의 윗부분과 아랫부분에 각각 구를 원뿔과 그 평면에 모두 접하게 할 수 있다. 각 구와 원뿔을 자른 평면의 접점을 각각 F, F' 라 하자. 이 점은 초점의 역할을 하게 된다. 이제 이 평면으로 자른 원뿔의 단면은 초점이 F, F' 인 타원이 된다.

이를 증명하기 위하여 단면 위의 임의의 점에 대하여 F 와 F' 에 이르는 거리의 합이 일정함을 증명하면 된다. 단면 위의 임의의 점을 P 라 하자. 점 P 를 지나는 모선이 두 구와 접하는 점을 각각 T, S 라 하자. 선분 PF 와 PT 는 구 밖의 한 점 P 에서 구에 그은 접선이므로 $PF = PT$ 이다. 마찬가지로 선분 PF' 와 PS 는 구 밖의 한 점 P 에서 그은 접선이므로 $PF' = PS$ 이다. 따라서

$$PF + PF' = PT + PS = TS$$

가 되어 점 P 에서 F 와 F' 에 이르는 거리의 합은 일정하다.

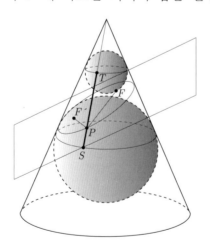

문제 9.1.2. 손전등을 바닥에 비추었을 때, 밝은 부분과 어두운 부분의 경계가 타원이 되게 할 수 있음을 증명하여라.

　　원뿔의 밑면과 평면이 이루는 각의 크기가 원뿔의 밑면과 모선이 이루는 각의 크기보다 작은 평면으로 원뿔을 자르면 그 단면이 타원이 됨을 증명한 것과 비슷한 방법으로, 원기둥의 밑면과 평행하지 않은 평면으로 원기둥을 자른 단면이 타원이 됨을 증명할 수도 있다.

보기 1. 원기둥의 밑면과 평행하지 않은 평면으로 원기둥을 잘랐다고 하자. 이 평면을 기준으로 나누어진 원기둥의 윗부분과 아랫부분에 각각 구를 원기둥과 그 평면에 모두 접하게 할 수 있다. 각 구와 원기둥을 자른 평면의 접점을 각각 F, F' 라 하자. 이 점은 초점의 역할을 하게 된다. 이제 이 평면으로 자른 원기둥의 단면은 타원이 된다.

　　이를 증명하기 위하여 단면 위의 임의의 점에 대하여 F 와 F' 에 이르는 거리의 합이 일정함을 증명하면 된다. 단면 위의 임의의 점을 P 라 하자. 점 P 를 지나면서 원기둥의 모선과 평행한 직선이 두 구와 접하는 점을 각각 T, S 라 하자. 선분 PF 와 PT 는 구 밖의 한 점 P 에서 구에 그은 접선이므로 $PF = PT$ 이다. 마찬가지로 선분 PF' 와 PS 는 구 밖의 한 점 P 에서 그은 접선이므로 $PF' = PS$ 이다. 따라서

$$PF + PF' = PT + PS = TS$$

가 되어 점 P 에서 F 와 F' 에 이르는 거리의 합은 일정하다.

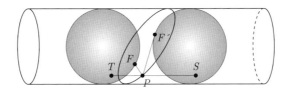

정리 9.1.3. 원뿔의 밑면과 평면이 이루는 각의 크기가 원뿔의 밑면과 모선이 이루는 각의 크기보다 큰 평면으로 원뿔을 자르면 그 단면은 쌍곡선이 된다.

　　증명에 앞서 분명히 할 점을 짚고 넘어가자. 가만히 생각해 보면 원뿔의 밑면과 평면이 이루는 각의 크기가 원뿔의 밑면과 모선이 이루는 각의 크기보다 큰 평면으로 원뿔을 잘랐을 때 얻어지는 곡선이 하나에 불과함을 알 수

있다. 따라서 이 곡선은 쌍곡선이겠지만 우리가 볼 수 있는 것은 반쪽짜리 쌍곡선에 불과하고 진정한 '쌍'곡선이라 할 수 없다. 이런 사실은 쌍곡선 위의 임의의 점에서 두 초점에 이르는 거리의 차가 일정함을 증명하는 데에도 지장이 된다. 나머지 한 초점을 나타낼 수 없기 때문이다. 따라서 이 정리에서는 보통의 원뿔 대신에, 보통의 원뿔 두 개를 꼭지점을 맞대고 축이 한 직선 위에 놓이게 하여 얻어지는 원뿔을 생각한다.

증명: 원뿔의 밑면과 평면이 이루는 각의 크기가 원뿔의 밑면과 모선이 이루는 각의 크기보다 큰 평면으로 원뿔을 잘랐을 때, 위쪽 원뿔과 아래쪽 원뿔에 각각 구를 원뿔과 원뿔을 자른 평면에 모두 접하게 할 수 있다. 각 구와 원뿔을 자른 평면의 접점을 각각 F, F'라 하자. 이 점은 초점의 역할을 하게 된다. 이제 이 평면으로 자른 원뿔의 단면은 쌍곡선이 된다.

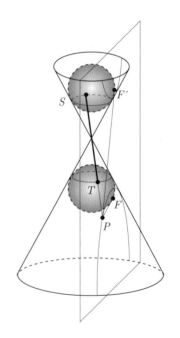

이를 증명하기 위하여 단면 위의 임의의 점에 대하여 F와 F'에 이르는 거리의 차가 일정함을 증명하면 된다. 단면 위의 임의의 점을 P라 하자. 점 P를 지나는 모선이 두 구와 접하는 점을 각각 T, S라 하자. 선분 PF와 PT는 구 밖의 한 점 P에서 구에 그은 접선이므로 $PF = PT$이다. 마찬가지로 선분 PF'와 PS는 구 밖의 한 점 P에서 그은 접선이므로 $PF' = PS$이다. 따라서

$$PF' - PF = PS - PT = ST$$

가 되어 점 P에서 F와 F'에 이르는 거리의 차는 일정하다.

문제 9.1.3. 손전등을 바닥에 비추었을 때, 밝은 부분과 어두운 부분의 경계가 쌍곡선이 되게 할 수 있음을 증명하여라.

9.2.   이차곡선의 반사 성질

이차곡선의 성질 가운데 핵심은 반사 성질이다. 포물선, 타원, 쌍곡선은 모두 빛의 반사와 관련하여 특별한 성질을 가지고 있다. 반사 성질은 좌표로도, 기하적으로도 증명할 수도 있는데, 양자는 각기 장단을 가진다. 좌표를 쓰는 증명은 발상이 쉽지만 중간 계산이 복잡하다. 반대로 기하적인 증명은 일단 발상을 하면 중간 계산은 간결하지만 처음에 그런 발상을 하기가 어렵다. 기하적인 증명은 대체로 접점에서의 거리가 최소가 된다는 것을 증명하고 대칭을 써서 이로부터 각의 크기가 같다는 것을 이끌어내는 두 단계로 이루어진다. 여기에서는 반사 성질에 한하여 양자의 접근법을 모두 소개하였는데, 양자의 장단을 직접 비교해 볼 수 있는 기회가 될 것이다.

반사 성질은 빛과 불가분의 관계에 있는 만큼, 반사 성질만큼은 수학적으로 기술하지 않고 빛에 관한 물리적 현상으로서 기술하였다. 이는 반사 성질을 보다 직관적으로 받아들여 쉽게 이해하고, 반사 성질을 하나의 이미지로서 인식할 수 있게 하여 쉽게 기억하게 하는 데에도 도움이 될 것으로 생각한다. 비단 반사 성질의 기술에 있어서만 이런 입장을 취한 것이 아니고, 증명 과정에서도 기호의 도입을 최대한 자제하여 증명 전체의 흐름이 한눈에 들어오도록 하였다.

정리 9.2.1.   (포물선의 반사 성질) 포물선의 초점에서 나오는 빛이 포물선에 부딪히면 포물선의 대칭축에 평행한 방향으로 반사된다. 역으로, 포물선의 대칭축에 평행한 방향으로 들어오는 빛이 포물선에 부딪히면 포물선의 초점을 지나는 방향으로 반사된다.

포물선의 반사 성질은 수학적으로 말하면

포물선 위의 임의의 점에서 그은 접선에 대하여, 접점과 초점을 지나는 직선, 접점을 지나면서 대칭축에 평행한 직선이 접선과 이루는 각의 크기가 같다

는 말이다.

포물선의 반사 성질의 가장 전형적인 증명은, 포물선의 초점을 F, 꼭지점이 아닌 포물선 위의 임의의 점 P에서 그은 접선과 x축과의 교점을 T라

할 때 $FP = FT$ 를 증명하는 것이다.

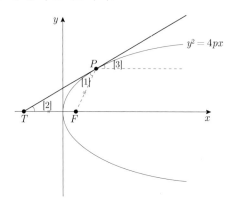

증명 1: 주어진 포물선이 $y^2 = 4px$ 라 하고, 편의상 $p > 0$ 이라 하자. 그러면 초점 F 는 $F = (p, 0)$ 이다. 꼭지점이 아닌 포물선 위의 임의의 점을 $P = (x_0, y_0)$ 이라 하자. 먼저 선분 FP 의 길이는

$$
\begin{aligned}
FP &= \sqrt{(x_0 - p)^2 + y_0{}^2} \\
&= \sqrt{(x_0{}^2 - 2px_0 + p^2) + 4px_0} \\
&= x_0 + p
\end{aligned}
$$

이다. 한편, 점 P 에서 그은 접선의 방정식은 $y_0 y = 2p(x + x_0)$ 이다. 여기에 $y = 0$ 을 대입하면 $x = -x_0$ 이므로 $T = (-x_0, 0)$ 이고, $FT = x_0 + p$ 이다. 따라서 $FP = FT$ 이다. 이제 삼각형 FPT 가 이등변삼각형이므로 [1] = [2] 이고, [2] 와 [3] 은 동위각이므로 [2] = [3] 이다. 따라서 [1] = [3] 이다.

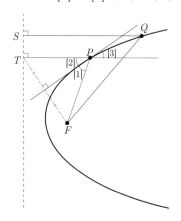

증명 2: 포물선의 초점을 F 라 하고, 꼭지점이 아닌 포물선 위의 한 점 P 에서 준선에 내린 수선의 발을 T 라 하자. 그러면 포물선의 정의에 의하여 $PF = PT$ 이다. 이제 P 가 아닌 포물선 위의 임의의 점 Q 에서 준선에 내린 수선의 발을 S 라 하자. 그러면 마찬가지로 $QF = QS$ 이다. 그런데 점 S 는 Q 에서 준선에 내린 수선의 발이므로 $QS < QT$ 이고, $QF < QT$ 이다. 따라서 점 Q 는 T 보다 F 에 가까우므로 선분 TF 의 수직이등분선을 그리면 Q 는 그 수직이등분선의 오른쪽에 있다. 즉, 점 Q 는 선분 TF 의 수직이등분선 위에 있지 않다. 따라서 TF 의 수직이등분선은 점 P 를 지나지만 P 가 아닌 포물선 위의 어떤 점도 지나지 않는다. 이는 TF 의 수직이등분선이 점 P 에서 그은 접선이 됨을 말한다. 점 P 에서 그은 접선이 TF 를 수직이등분하므로 [1] = [2] 이고, [2] 와 [3] 은 맞꼭지각이므로 [2] = [3] 이다. 따라서 [1] = [3] 이다.

이러한 포물선의 반사 성질은 자동차 전조등이나 안테나의 설계 등에 널리 쓰이고 있다.

문제 9.2.1. 어떤 자동차 전조등의 단면은 포물선 $y^2 = 4x$ 로 나타난다고 한다. 조명에서 나오는 빛이 최대한 멀리까지 도달하려면 조명을 어디에 두어야 하는가?

정리 9.2.2. (타원의 반사 성질) 타원의 한 초점에서 나오는 빛이 타원에 부딪히면 다른 초점을 지나는 방향으로 반사된다.

타원의 반사 성질은 수학적으로 말하면

타원 위의 임의의 점에서 그은 접선에 대하여, 접점과 한 초점을 지나는 두 직선이 접선과 이루는 각의 크기가 같다

는 말이다.

증명 1: 주어진 타원이 $\frac{x^2}{a^2} + \frac{y^2}{b^2} = 1$ 이라 하고, 편의상 $a > b > 0$ 이라 하자. 그러면 이 타원의 두 초점 F, F' 는 각각

$$F = (\sqrt{a^2 - b^2}, 0), \quad F' = (-\sqrt{a^2 - b^2}, 0)$$

이다. 그리고 타원 위의 임의의 점을 $P = (x_0, y_0)$ 이라 하자. 만약 P 가 좌

표축 위에 있으면 당연하므로 P 가 좌표축 위에 있지 않다고 해도 무방하다. 편의상 점 P 가 제1사분면에 있다고 하자.

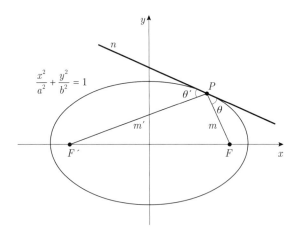

이제 직선 PF, PF' 와 점 P 에서 그은 접선이 이루는 각의 크기가 같다는 것을 증명하여야 하는데, 좌표를 써서 각의 크기를 직접 구하는 것은 어려우므로 두 직선의 기울기로부터 두 직선이 이루는 각의 크기에 대한 탄젠트값을 구하는 방법으로 접근하자. 직선 PF 와 점 P 에서 그은 접선이 이루는 예각의 크기를 θ, 직선 PF' 와 점 P 에서 그은 접선이 이루는 예각의 크기를 θ' 라 하자. 또, 직선 PF, PF', 점 P 에서 그은 접선의 기울기를 각각 m, m', n 이라 하자. 마지막으로 표기를 간단히 하기 위하여 $c = \sqrt{a^2 - b^2}$ 으로 놓자.

직선 PF, PF' 의 기울기가 각각 $\frac{y_0}{x_0-c}$, $\frac{y_0}{x_0+c}$ 임은 쉽게 확인할 수 있다. 한편, 점 P 에서 그은 접선의 방정식은

$$\frac{x_0 x}{a^2} + \frac{y_0 y}{b^2} = 1$$

이므로 기울기는 $-\frac{b^2 x_0}{a^2 y_0}$ 이다. 이제 두 직선이 이루는 각의 크기 공식에 의하여

$$\tan\theta \;=\; \left|\frac{m-n}{1+mn}\right| = \left|\frac{\frac{y_0}{x_0-c} + \frac{b^2 x_0}{a^2 y_0}}{1 - \frac{y_0}{x_0-c}\frac{b^2 x_0}{a^2 y_0}}\right| = \left|\frac{(a^2 y_0{}^2 + b^2 x_0{}^2) - b^2 c x_0}{(a^2 - b^2)x_0 y_0 - a^2 c y_0}\right|$$

$$= \left| \frac{a^2 b^2 - b^2 c x_0}{c^2 x_0 y_0 - a^2 c y_0} \right| = \left| \frac{b^2(a^2 - c x_0)}{c y_0(c x_0 - a^2)} \right| = \frac{b^2}{c y_0}$$

를 얻는다. 마찬가지로 다음 등식

$$\tan \theta' = \left| \frac{m' - n}{1 + m'n} \right|$$

의 우변을 계산하면 $\tan \theta' = \frac{b^2}{c y_0}$ 를 얻는다. 탄젠트함수가 구간 $[0, \frac{\pi}{2})$ 에서 단사함수이므로 $\theta = \theta'$ 이고, 원하는 결론을 얻는다.

문제 9.2.2. 위 증명에서는 직선 PF 가 x 축에 수직인 경우, 즉 $x_0 = c$ 인 경우는 제외된다. 이 경우를 마저 증명하여라.

문제 9.2.3. 다음 등식

$$\tan \theta' = \left| \frac{m' - n}{1 + m'n} \right|$$

의 우변을 계산하여 등식 $\tan \theta = \tan \theta'$ 가 성립함을 증명하여라.

증명 2: 타원의 두 초점을 각각 F, F' 라 하고, 타원 위의 임의의 점을 P 라 하자. 그리고 점 P 에서 그은 접선 위를 움직이는 점을 Q 라 하자.

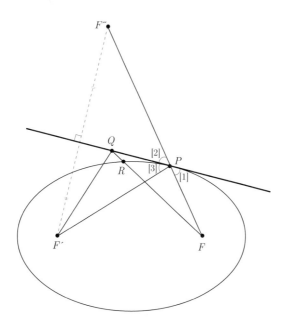

이제 $F'Q + QF$ 가 Q 가 P 에 있을 때 최소가 됨을 증명하려 한다. 선분 FQ 와 타원의 교점을 R 이라 하자. 이제 다음 성질

$$QF = QR + RF, \quad F'Q + QR \geqq F'R$$

에 의하여 다음 부등식

$$F'Q + QF = F'Q + QR + RF \geqq F'R + RF = F'P + PF$$

가 성립한다. 따라서 $F'Q + QF$ 는 Q 가 P 에 있을 때 최소가 된다. 점 F 를 점 P 에서 그은 접선에 대칭시킨 점을 F'' 라 하면 $F'Q + QF$ 는 Q 가 P 에 있을 때 최소가 되므로 세 점 F, P, F'' 는 한 직선 위에 있다. 각 [1]과 [2] 는 맞꼭지각이므로 [1] = [2] 이고, 대칭성에 의하여 [2] = [3] 이다. 따라서 [1] = [3] 이다.

타원은 빛뿐만 아니라 소리도 같은 방식으로 반사한다. 그래서 단면이 타원인 건물의 초점에서는 주변이 시끄러워도 다른 초점에서 하는 말이 바로 옆에서 듣는 것처럼 잘 들리는 현상이 일어난다. 미국 국회의사당의 동상의 전당(statuary hall)은 바로 이런 현상이 일어나는 건물의 대표적인 예이다.

문제 9.2.4. 어느 나라 국회의사당의 단면은 장축의 길이가 10, 단축의 길이가 6 인 타원이라 한다. 어떤 기업이 들키지 않고 국회의원에게 로비를 하려면 이 기업의 로비스트는 어디에 서 있어야 하는가? 로비스트와 접촉할 국회의원은 어디에 서 있으라고 해야 하는가?

정리 9.2.3. (쌍곡선의 반사 성질) 쌍곡선의 한 초점을 향해 들어오는 빛이 쌍곡선에 부딪히면 다른 초점을 지나는 방향으로 반사된다.

쌍곡선의 반사 성질은 수학적으로 말하면

> 쌍곡선 위의 임의의 점에서 그은 접선에 대하여, 접점과 한 초점 을 지나는 두 직선이 접선과 이루는 각의 크기가 같다

는 말이다.

증명 1: 주어진 쌍곡선이 $\frac{x^2}{a^2} - \frac{y^2}{b^2} = 1$ 이라 하자. 그러면 이 쌍곡선의 두 초점 F, F' 는 각각

$$F = (\sqrt{a^2 + b^2}, 0), \quad F' = (-\sqrt{a^2 + b^2}, 0)$$

이다. 쌍곡선 위의 임의의 점을 $P = (x_0, y_0)$ 이라 하자. 만약 P 가 좌표축 위에 있으면 당연하므로 P 가 좌표축 위에 있지 않다고 해도 무방하다. 편의상 점 P 가 제1사분면에 있다고 하자. 그리고 점 P 에서 그은 접선이 x 축과 만나는 점을 T 라 하자.

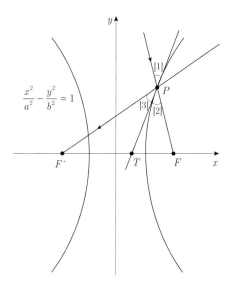

결론은 [1] = [3] 이라는 것인데 [1] 과 [2] 는 맞꼭지각이므로 [2] = [3] 이라는 것과 마찬가지이다. 즉, 점 P 에서 그은 접선이 각 $F'PF$ 를 이등분한다는 말이다. 따라서 $PF' : PF = TF' : TF$ 를 증명하면 된다.

표기를 간단히 하기 위하여 $c = \sqrt{a^2 + b^2}$ 으로 놓자. 먼저 선분 PF 의 길이는

$$
\begin{aligned}
PF &= \sqrt{(x_0 - c)^2 + y_0{}^2} \\
&= \sqrt{x_0{}^2 - 2cx_0 + c^2 + b^2\left(\frac{x_0{}^2}{a^2} - 1\right)}
\end{aligned}
$$

$$= \sqrt{\frac{a^2 + b^2}{a^2} x_0{}^2 - 2cx_0 + (c^2 - b^2)}$$

$$= \sqrt{\frac{c^2}{a^2} x_0{}^2 - 2cx_0 + a^2}$$

$$= \frac{c}{a} x_0 - a$$

이다. 마찬가지로 선분 PF' 의 길이도 구해 보면 $PF' = \frac{c}{a}x_0 + a$ 가 된다. 한편, 점 P 에서 그은 접선의 방정식은 $\frac{x_0 x}{a^2} - \frac{y_0 y}{b^2} = 1$ 이므로 점 T 의 좌표 는 $T = \left(\frac{a^2}{x_0}, 0 \right)$ 이다. 따라서 선분 TF 와 TF' 의 길이가 각각 $TF = c - \frac{a^2}{x_0}$, $TF' = c + \frac{a^2}{x_0}$ 임은 쉽게 확인할 수 있다. 이제 다음 등식

$$PF \cdot TF' = \left(\frac{c}{a}x_0 - a \right)\left(c + \frac{a^2}{x_0} \right) = \frac{1}{ax_0}(c^2 x_0{}^2 - a^4)$$

$$PF' \cdot TF = \left(\frac{c}{a}x_0 + a \right)\left(c - \frac{a^2}{x_0} \right) = \frac{1}{ax_0}(c^2 x_0{}^2 - a^4)$$

으로부터 $PF' : PF = TF' : TF$ 가 성립하고, 모든 증명이 끝났다.

증명 2: 쌍곡선의 두 초점을 각각 F, F' 라 하고, 쌍곡선 위의 임의의 점을 P 라 하자. 편의상 점 P 가 초점 F' 보다 F 에 더 가깝다고 하자. 그리고 점 P 에서 그은 접선 위를 움직이는 점을 Q 라 하자.

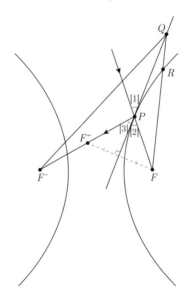

이제 $F'Q - QF$ 가 Q 가 P 에 있을 때 최대가 됨을 증명하려 한다. 선분 FQ 와 쌍곡선의 교점을 R 이라 하자. 이제 다음 성질

$$QF = QR + RF, \quad F'Q - QR \leqq F'R$$

에 의하여 다음 부등식

$$F'Q - QF = F'Q - (QR + RF) \leqq F'R - RF = F'P - PF$$

가 성립한다. 따라서 $F'Q - QF$ 는 Q 가 P 에 있을 때 최대가 된다. 점 F 를 점 P 에서 그은 접선에 대칭시킨 점을 F'' 라 하면 다음 부등식

$$F'Q - QF = F'Q - QF'' \leqq F'F''$$

가 성립하고, 등호는 F', Q, F'' 가 한 직선 위에 있을 때 성립한다. 그런데 Q 가 P 에 있을 때 최대가 되므로 세 점 F', P, F'' 는 한 직선 위에 있다. 각 [1]과 [2]는 맞꼭지각이므로 [1] = [2]이고, 대칭성에 의하여 [2] = [3]이다. 따라서 [1] = [3]이다.

9.3.   이차곡선의 분류

포물선, 타원, 쌍곡선을 통틀어 이차곡선이라는 이름으로 부르는 것은 물론 이들을 나타내는 방정식이 이차이기 때문이다. 그런데 이차곡선이라 하면 x, y 에 관한 이차방정식

$$ax^2 + bxy + cy^2 + dx + ey + f = 0$$

의 꼴로 나타나는 모든 도형을 공부해야 하는데, 어째서 고등학교에서는 포물선, 타원, 쌍곡선만 공부하는 데 그친 것일까? 여기에는 x, y 에 관한 이차방정식으로 나타나는 모든 도형을 공부하려다 보면 지나치게 어려워진다는 점도 있었겠지만, 보다 근본적인 이유는 모든 이차곡선이 포물선, 타원, 쌍곡선 가운데 어느 하나가 되기 때문이다.

　　이를 살펴보기 위하여 보다 간단한 경우에서 출발하여 보자. 위 방정식에서 xy 항이 없는 방정식

$$Ax^2 + By^2 + Cx + Dy + E = 0 \tag{1}$$

을 생각하자. 여기에서 위 방정식이 '이차'의 의미가 있으려면 A, B 가운데 적어도 어느 하나는 0 이 되지 않음을 염두에 두자. 먼저 A, B 가운데 어느 하나만 0 이 아닌 경우를 살펴보자. 만약 $A \neq 0$, $B = 0$ 이면 방정식 (1)이 곡선을 나타내기 위하여 $D \neq 0$ 이어야 하고, 방정식 (1)은

$$y = \frac{A}{D}y^2 + \frac{C}{D}y + \frac{E}{D}$$

가 된다. 따라서 방정식 (1)이 나타내는 도형은 포물선이 된다. 마찬가지로 $A = 0$, $B \neq 0$ 이면 $C \neq 0$ 이어야 하고 방정식 (1)이 나타내는 도형이 포물선이 됨을 쉽게 확인할 수 있다.

　　이제 A, B 가 모두 0 이 아닌 경우를 살펴보자. 그러면 방정식 (1)은

$$A\left(x + \frac{C}{2A}\right)^2 + B\left(y + \frac{D}{2B}\right)^2 = \frac{C^2}{4A} + \frac{D^2}{4B} - E$$

로 고칠 수 있다. 여기에서 $k = \frac{C^2}{4A} + \frac{D^2}{4B} - E$ 라 놓으면

$$A, B > 0 \text{이고 } k > 0 \quad \text{또는} \quad A, B < 0 \text{이고 } k < 0$$

일 때 방정식 (1)이 나타내는 도형이 타원(원을 포함한다)이 되고, A, B의 부호가 다르고 $k \neq 0$일 때 쌍곡선이 된다. 지금까지의 이야기를 정리하면 다음 표

$A = 0,\ BC \neq 0$ 또는 $B = 0,\ AD \neq 0$	$A,\ B > 0,\ k > 0$ 또는 $A,\ B < 0,\ k < 0$	$AB < 0,\ k \neq 0$
포물선	타원(원을 포함한다)	쌍곡선

로 나타낼 수 있다.

문제 9.3.1. 다음 x, y에 관한 이차방정식

$$Ax^2 + By^2 + Cx + Dy + E = 0$$

에서 A, $B > 0$이고 $k \leq 0$이면 어떻게 되는지 살펴보아라. 또, A, B의 부호가 다르고 $k = 0$이면 어떤 도형을 나타내는지 살펴보아라.

위 문제로부터 방정식 (1)이 나타내는 도형은 포물선, 타원, 쌍곡선 가운데 어느 하나가 되지 않으면 공집합, 점, 직선 가운데 하나가 되므로 '진정한' 곡선으로서의 의미는 없다고 할 수 있다. 즉, 방정식 (1)이 나타내는 도형은 '본질적으로' 포물선, 타원, 쌍곡선뿐이다.

다시 원래 방정식

$$ax^2 + bxy + cy^2 + dx + ey + f = 0 \qquad (2)$$

이 나타내는 도형을 분류하는 문제로 돌아오자. 앞에서 x항이나 y항이 있는 이차방정식이 나타내는 도형은 의미 없는 경우를 제외하면 포물선, 타원, 쌍곡선 가운데 하나가 됨을 살펴보았으므로 x항이나 y항은 큰 문제가 되지 않음을 알 수 있다. 문제는 다름아닌 xy항이다. 이 xy항이 합동변환에 의하여

소거된다면 방정식 (2)가 나타내는 곡선은 이 변환에 의하여 포물선, 타원, 쌍곡선 가운데 하나가 된다. 그런데 합동변환은 모양과 크기를 보존하므로 변환되기 전의 곡선도 포물선, 타원, 쌍곡선 가운데 하나가 된다. 실제로 xy 항은 적당한 회전변환에 의하여 소거할 수 있다.

보다 구체적으로 방정식 (2)가 나타내는 도형을 얼마만큼 회전시켜야 xy 항을 소거할 수 있는지 살펴보자. 방정식 (2)가 나타내는 도형 위의 점 (x, y) 를 원점을 중심으로 θ 만큼 회전시킨 점을 (X, Y) 라 하자. 그러면 다음 등식

$$\begin{pmatrix} X \\ Y \end{pmatrix} = \begin{pmatrix} \cos\theta & -\sin\theta \\ \sin\theta & \cos\theta \end{pmatrix} \begin{pmatrix} x \\ y \end{pmatrix}$$

으로부터 다음 등식

$$\begin{pmatrix} x \\ y \end{pmatrix} = \begin{pmatrix} \cos\theta & \sin\theta \\ -\sin\theta & \cos\theta \end{pmatrix} \begin{pmatrix} X \\ Y \end{pmatrix}$$

가 성립한다. 따라서 다음 등식

$$x = X\cos\theta + Y\sin\theta, \quad y = -X\sin\theta + Y\cos\theta$$

가 성립한다. 이제 $(X\cos\theta + Y\sin\theta, -X\sin\theta + Y\cos\theta)$ 가 방정식 (2)가 나타내는 도형 위의 점이므로 이를 방정식 (2)에 대입하면 방정식을 만족한다. 이제 이를 방정식 (2)에 대입하여 얻은 방정식이

$$AX^2 + BXY + CY^2 + DX + EY + F = 0$$

의 꼴이라 할 때, 상수 B 의 값을 구해 보면

$$\begin{aligned} B &= 2a\cos\theta\sin\theta + b(\cos^2\theta - \sin^2\theta) - 2c\cos\theta\sin\theta \\ &= a\sin 2\theta + b\cos 2\theta - c\sin 2\theta \end{aligned}$$

가 된다. 먼저 $a \neq c$ 일 때 $B = 0$ 이 되는 θ 의 값을 구해 보면 $\tan 2\theta = \frac{\sin 2\theta}{\cos 2\theta} = \frac{b}{c-a}$ 이고, 탄젠트함수는 전사함수이므로 $\tan 2\theta = \frac{b}{c-a}$ 를 만족하는 θ 가 존재한다. 한편, $a = c$ 일 때에는 $B = b\cos 2\theta$ 이므로 $\theta = \frac{\pi}{4}$ 일 때 $B = 0$

이 된다.

지금까지 방정식 (2)가 나타내는 도형을 적당히 회전시키면 xy 항이 소거된 방정식이 나타내는 도형이 되고, 몇몇 예외적인 경우를 제외하면 이는 포물선, 타원, 쌍곡선 가운데 하나이다. 따라서 회전시키기 전의 도형도 포물선, 타원, 쌍곡선 가운데 하나이므로, 모든 이차곡선은 포물선, 타원, 쌍곡선 가운데 하나이다. 달리 말하면 포물선도, 타원도, 쌍곡선도 아닌 이차곡선은 없기 때문에 이차곡선으로 포물선, 타원, 쌍곡선을 살펴보는 데 그치는 것으로도 족하다.

문제 9.3.2. 이차식 $ax^2 + bxy + cy^2 + dx + ey + f$ 가 두 일차식의 곱으로 인수분해되면 방정식

$$ax^2 + bxy + cy^2 + dx + ey + f = 0$$

이 나타내는 도형은 적당한 회전이동과 평행이동에 의하여 $Ax^2 - By^2 = 0$ 이 나타내는 도형으로 옮겨질 수 있음을 설명하여라. 물론 여기에서 A, B 는 양수이다.

이차곡선 가운데 xy 항을 포함하는 가장 간단한 곡선은 물론 $xy = 1$ 이다. 우리는 중학교에서 이 곡선을 함수 $y = \frac{1}{x}$ 의 그래프로서 공부하였다. 앞에서 논의한 바와 같이 이 곡선은 물론 이차곡선이다. 아마도 이 함수를 공부하면서 그 그래프가 쌍곡선이라는 말을 들어 보았을지도 모르겠다. 우리는 쌍곡선이 무엇인지도 알고, xy 항이 포함된 방정식이 나타내는 곡선을 적당히 회전시켜 원래 방정식이 나타내는 곡선이 포물선, 타원, 쌍곡선 가운데 어떤 것인지 가릴 수 있는 방법도 알고 있다. 이제 곡선 $xy = 1$ 은 쌍곡선임을 증명하고, 그 초점의 좌표를 구해 보자.

보기 1. 곡선 $xy = 1$ 은 이차곡선

$$ax^2 + bxy + cy^2 + dx + ey + f = 0$$

에서 $b = 1$ 이고 b 를 제외한 나머지 계수는 모두 0인 경우이므로 주어진 곡선을 원점을 중심으로 $\frac{\pi}{4}$ 만큼 회전시키면 xy 항이 소거된다. 곡선 $xy = 1$ 위의 한 점을 (x, y) 라 하고, 이 점을 $\frac{\pi}{4}$ 만큼 회전시킨 점의 좌표를 (X, Y) 라 하자. 그러면 다음 등식

$$\begin{pmatrix} x \\ y \end{pmatrix} = \begin{pmatrix} \cos\frac{\pi}{4} & \sin\frac{\pi}{4} \\ -\sin\frac{\pi}{4} & \cos\frac{\pi}{4} \end{pmatrix} \begin{pmatrix} X \\ Y \end{pmatrix}$$

으로부터 다음 등식

$$x = \frac{1}{\sqrt{2}}X + \frac{1}{\sqrt{2}}Y, \quad y = -\frac{1}{\sqrt{2}}X + \frac{1}{\sqrt{2}}Y$$

가 성립한다. 이제 다음 점

$$\left(\frac{1}{\sqrt{2}}X + \frac{1}{\sqrt{2}}Y, -\frac{1}{\sqrt{2}}X + \frac{1}{\sqrt{2}}Y\right)$$

는 곡선 $xy = 1$ 위의 점이므로 이를 대입하면

$$\left(\frac{1}{\sqrt{2}}X + \frac{1}{\sqrt{2}}Y\right)\left(-\frac{1}{\sqrt{2}}X + \frac{1}{\sqrt{2}}Y\right) = -\frac{X^2}{2} + \frac{Y^2}{2} = 1$$

을 얻는다. 따라서 점 (X, Y) 의 자취는 쌍곡선이고, 점 (x, y) 의 자취도 쌍곡선이다. 즉, 곡선 $xy = 1$ 이 쌍곡선이다.

이제 쌍곡선 $xy = 1$ 의 초점의 좌표를 구해 보자. 쌍곡선 $xy = 1$ 은 쌍곡선 $\frac{X^2}{2} - \frac{Y^2}{2} = -1$ 을 원점을 중심으로 $-\frac{\pi}{4}$ 만큼 회전시킨 곡선이므로 이 쌍곡선의 초점의 좌표를 구해 원점을 중심으로 $-\frac{\pi}{4}$ 만큼 회전시키면 된다.

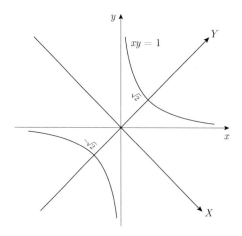

문제 9.3.3. 쌍곡선 $xy = 1$ 의 초점의 좌표를 구하여라.

제 10 장

확률과 통계

비결정론적 현상을 수학적으로 기술하기 위하여 도입된 확률 개념은 파고들어 보면 여러 가지 난점을 가지고 있다. 이 장에서는 확률의 개념을 소개하고 그 개념이 가지는 난점을 살펴본다. 이를 부분적으로 극복하는 한 가지 방법으로서 점근밀도의 개념을 소개한다. 이런 난점은 조건부확률을 써서 독립과 종속을 정의하면서도 나타나는데, 여기에서는 독립을 정의하는 조건부확률의 분모가 0인 경우가 문제가 된다. 독립의 핵심 성질을 정의로 쓰면 이러한 난점을 극복할 수 있다. 나아가 확률분포에서 평균과 분산을 쉽게 구하기 위하여 기대값의 성질을 공부하고 이항분포에 적용하여 본다. 이항분포가 근사적으로 정규분포를 따른다는 사실은 이항분포가 여러 가지 면에서 정규분포의 성질을 가짐을 말해 주는데, 이 사실은 확률에서 가장 중요한 정리인 큰 수의 법칙의 증명에도 쓰인다.

10.1. 확률의 개념

우리는 확률을 구하는 문제에서 어떤 사건이 일어날 확률을

$$\frac{(\text{그 사건이 일어나는 경우의 수})}{(\text{일어날 수 있는 모든 경우의 수})}$$

로 구해 왔다. 그런데 이렇게 확률을 구하려면 한 가지 중요한 가정이 뒷받침되어야 한다. 윷을 던질 때 일어날 수 있는 모든 경우의 수는 앞면이 나오

는 경우와 뒷면이 나오는 경우뿐이므로, 윷을 던져서 앞면이 나오는 확률을 $\frac{1}{2}$ 이라 할 수 있을까? 주사위의 모양이 정육면체가 아닌 직육면체라면 주사위를 던져서 1의 눈이 나올 확률을 $\frac{1}{6}$ 이라 할 수 있을까?

윷을 던질 때 가능한 경우는 윷의 앞면이 나오는 경우와 뒷면이 나오는 경우뿐이지만, 윷을 던져서 앞면이 나올 가능성과 뒷면이 나올 가능성은 서로 **다르다**. 주사위의 모양이 정육면체가 아닌 직육면체인 경우도 각 눈이 나올 가능성이 서로 다르다. 따라서 위와 같은 확률의 정의는 일어날 수 있는 각각의 경우가 일어날 가능성이 모두 같을 때에만 타당하다 할 수 있다.

문제 10.1.1. 일상 생활에서 일어날 수 있는 각각의 경우가 일어날 가능성이 모두 같다고 할 수 없는 시행의 예를 들어 보아라.

문제 10.1.2. 흰 공이 99개, 검은 공이 1개 들어 있는 주머니가 있다. 이 주머니에서 공을 한 개 꺼낼 때, 일어날 수 있는 모든 경우의 수를 구하여라. 이 주머니에서 꺼낸 공이 흰 공일 확률이 $\frac{1}{2}$ 이 아님을 설명하여라.

표본공간 S 가 **유한집합**이고 S 의 각 원소가 일어날 가능성이 **모두 같을 때**, 사건 A 가 일어날 확률 $\mathrm{P}(A)$ 는

$$\mathrm{P}(A) = \frac{n(A)}{n(S)}$$

라 하는 것이 자연스럽다. 이를 흔히 **수학적 확률**이라 한다.

문제 10.1.3. 표본공간 S 가 유한집합일 때, 사건 A 가 공사건이라는 것과 $\mathrm{P}(A) = 0$ 이 서로 동치임을 증명하여라.

수학적 확률은 표본공간이 유한집합일 때 정의되는 확률이다. 표본공간이 무한집합이면 확률을 정의하기는 상당히 까다롭다. 기하학적 확률은 표본공간이 무한집합일 때 자연스러운 확률을 정의할 수 있는 하나의 방법이다. 만약 표본공간 S 가 평면의 부분집합이고 그 넓이를 구할 수 있으며 사건 A 도 그 넓이를 구할 수 있으면 A 가 일어날 확률 $\mathrm{P}(A)$ 는

$$\mathrm{P}(A) = \frac{(\text{집합 } A\text{의 넓이})}{(\text{집합 } S\text{의 넓이})}$$

라 하는 것이 자연스럽다. 이를 **기하학적 확률**이라 한다. 만약 S 가 직선의 부분집합이거나 공간의 부분집합이면 '넓이'를 각각 '길이'와 '부피'로 바꾸면 된다.

표본공간이 무한집합일 때에도 일어날 수 없는 사건인 공사건이 일어날 확률은 0 이지만 그 역은 더 이상 성립하지 않는다. 이는 많이들 착각하고 있는 부분이다. 흔히 일어날 확률이 0 이라고 하면 그 사건이 일어날 수 없다고 생각하지만, 그렇지 않다. 즉, 일어날 확률이 0 이더라도 일어날 수 있는 사건이 있다는 말이다.

보기 1. 한 변의 길이가 1 인 정사각형 $ABCD$ 에서 AB 를 한 변으로 하고 정사각형 내부의 한 점 P 를 꼭지점으로 하는 삼각형 ABP 를 생각하자. 이제 삼각형 ABP 가 예각삼각형, 직각삼각형, 둔각삼각형이 될 확률을 각각 계산하여 보자.

점 P 가 AB 를 지름으로 하는 반원의 외부에 있으면 삼각형 ABP 가 예각삼각형이 되므로 예각삼각형이 될 확률은 $1 - \frac{1}{2}\left(\frac{1}{2}\right)^2 \pi = 1 - \frac{\pi}{8}$ 이다. 점 P 가 AB 를 지름으로 하는 반원의 내부에 있으면 삼각형 ABP 가 둔각삼각형이 되므로 둔각삼각형이 될 확률은 $\frac{1}{2}\left(\frac{1}{2}\right)^2 \pi = \frac{\pi}{8}$ 이다. 이제 삼각형 ABP 가 직각삼각형이 되려면 예각삼각형도, 둔각삼각형도 되어서는 안 되므로 직각삼각형이 될 확률은

$$1 - (예각삼각형이 될 확률) - (둔각삼각형이 될 확률)$$

로 계산하는 수밖에 없다. 그런데 이를 계산하여 보면 0 이 된다. 이 보기는 일어날 확률이 0 이라고 해서 그 사건이 일어날 수 없는 것은 아님을 말해준다.

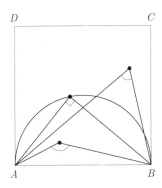

위 보기는 극단적으로는 기상청에서 "내일 비가 올 확률이 0%이다." 라고 주장하고서도 기상청의 예측이 틀리지 않았다고 발뺌할 수 있는 근거를 제공해 준다. 내일 비가 올 확률이 0%라고 해서 비가 반드시 오지 않는 것은 아니기 때문이다. 일반적인 관점에서는 황당하기 짝이 없겠지만 적어도 수학적인 관점에서는 그렇다.

문제 10.1.4. 위 보기에서 일어날 확률이 0이지만 일어날 수 있는 사건의 예를 살펴보았다. 일어날 확률이 1이지만 반드시 일어난다고 할 수 없는 사건도 존재하는지 살펴보아라. 만약 그런 사건이 있다면 그 예를 들어라.

문제 10.1.5. 표본공간 S의 부분집합 A, B가 $A \subset B$를 만족하면 $\mathrm{P}(A) \leq \mathrm{P}(B)$임을 증명하여라. 만약 $A \subsetneq B$이면 $\mathrm{P}(A) < \mathrm{P}(B)$인지 살펴보아라.

문제 10.1.6. 경마에 대한 수학자와 통계학자의 주장이 다음과 같다.

> 수학자: "12번 말이 1등으로 들어온다."
> 통계학자: "12번 말이 1등으로 들어올 확률이 100%이다."

손해를 최소화하려면 두 사람 가운데 어느 사람에게 돈을 걸어야 하는가? 만약 두 사람이 그 반대의 주장을 했다면 이 물음의 결론이 달라지는가?

기하학적 확률은 표본공간이 직선이나 평면, 공간일 때 자연스러운 확률을 정의할 수 있는 하나의 방법이지만 기하학적 확률이 만능은 아니다. 다음 보기는 자연스러운 기하학적 확률을 정의할 수 없는 경우도 있음을 말해 준다. 이를 **베르트랑의 역설**이라 한다.

보기 2. 원에서 임의로 현을 고를 때, 현의 길이가 원에 내접하는 정삼각형의 한 변의 길이보다 클 확률을 구해 보자.

현의 한 끝점을 삼각형의 한 꼭지점에 고정시키자. 현의 길이가 정삼각형의 한 변의 길이보다 크려면 현의 나머지 끝점이 정삼각형의 대변을 지나야 한다. 따라서 현의 나머지 끝점이 있을 수 있는 부분의 길이는 원주의 $\frac{1}{3}$이다. 따라서 구하려는 확률은 $\frac{1}{3}$이다.

이제 현이 삼각형의 한 변과 평행하다고 하자. 현의 길이가 정삼각형의 한 변보다 길이보다 크려면 현이 평행한 변의 안쪽에 있어야 한다. 원에 내접하는 정삼각형의 한 변은 반지름을 이등분하므로 구하려는 확률은 $\frac{1}{2}$이다.

정삼각형의 한 변보다 긴 현은 원의 중심으로부터 떨어진 거리가 원의 반지름의 길이의 반보다 작다. 정삼각형의 내접원은 외접원과 중심이 같고 반지름의 길이는 외접원의 그것의 반이므로 정삼각형의 한 변보다 긴 현은 정삼각형의 내접원을 지나며 그 중점은 내접원의 안에 있다. 따라서 현의 중점이 내접원에 놓일 확률을 구하면 되고, 내접원의 넓이는 외접원의 $\frac{1}{4}$ 이므로 구하려는 확률은 $\frac{1}{4}$ 이다.

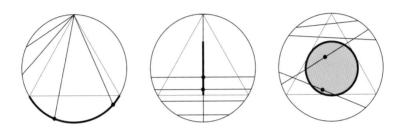

베르트랑의 역설에서 방법에 따라 확률이 제각기 다른 것은 무엇을 기준으로 임의로 현을 고르는지가 애매하기 때문이다. 첫째 방법은 현의 끝점이 원주 위에 임의로 놓일 수 있다고 가정한 것이며, 둘째와 셋째 방법은 각각 현과 원의 중심 사이의 거리와 현의 중점이 임의로 놓일 수 있다고 가정한 것이다. 그러나 확률 개념만으로는 어떤 방법이 임의로 현을 고르는 것을 가장 잘 반영하는지 알 수 없고 따라서 가장 자연스러운 확률을 말할 수도 없다.

표본공간이 **일반적인** 무한집합일 때 자연스러운 확률을 정의하기는 더욱 어렵다. 예를 들어 우리의 직관은 자연수에서 짝수를 고를 확률이 $\frac{1}{2}$ 이 되기를 바라지만, 조금만 생각해 보면 자연수에서 짝수를 고를 확률을 정의하는 것이 불가능함을 알 수 있다. 어떤 자연수나 그 자연수를 선택할 확률은 같다고 생각하는 것이 자연스러우므로 각 자연수를 고를 확률이 p 라 하자. 그러면 다음 등식

$$(1을\ 고를\ 확률) + (2를\ 고를\ 확률) + \cdots = 1$$

이 성립해야 한다. 만약 $p = 0$ 이라 하면 그 합이 0 이므로 모순이다. 한편, $p > 0$ 이라 하면 아무리 p 를 작게 잡아도 $\frac{1}{p}$ 보다 큰 자연수 n 이 존재하므로

다음 부등식

$$(1을 \ 고를 \ 확률) + \cdots + (n을 \ 고를 \ 확률) = np > \frac{1}{p}p = 1$$

이 성립하여 모순이다.

전통적인 확률 개념으로는 자연수에서 짝수를 고를 확률을 정의할 수 없지만, 이런 직관을 수학적으로 구체화한 개념이 있다. 자연수의 부분집합 A 에 대하여 $A_k = A \cap \{1, 2, \cdots, k\}$ 라 놓을 때, 극한 $\lim\limits_{k \to \infty} \frac{n(A_k)}{k}$ 가 존재하면 이를 A 의 **점근밀도**라 하고 $d(A)$ 로 나타낸다. 이제 점근밀도의 개념을 써서 짝수 전체의 집합의 점근밀도가 $\frac{1}{2}$ 임을 증명하여 보자.

보기 3. 짝수 전체의 집합을 A 라 할 때, 집합 A_k 의 원소의 개수는 $\left[\frac{k}{2}\right]$ 개 이다. 물론 여기에서 $[x]$ 는 x 를 넘지 않는 최대의 정수이다. 그런데 부등식 $\frac{k}{2} - 1 < \left[\frac{k}{2}\right] \leqq \frac{k}{2}$ 가 성립하므로 다음 부등식

$$\lim_{k \to \infty} \frac{\frac{k}{2} - 1}{k} \leqq d(A) \leqq \lim_{k \to \infty} \frac{\frac{k}{2}}{k}$$

으로부터 $d(A) = \frac{1}{2}$ 가 된다.

문제 10.1.7. 다음 집합의 점근밀도를 구하여라.

(가) 3의 배수 전체의 집합

(나) 마지막 자리가 1로 끝나는 자연수 전체의 집합

문제 10.1.8. 제곱수 전체의 집합의 점근밀도를 구하여라. 세제곱수, 네제곱수 전체의 집합의 점근밀도는 얼마이겠는가?

점근밀도가 자연스러운 개념이라는 것은 점근밀도에 대하여도 확률에서 성립하였던 여러 가지 성질들이 그대로 성립한다는 것에서도 확인할 수 있다.

정리 10.1.1. 다음이 성립한다.

(가) 만약 $d(A)$ 가 존재하면 부등식 $0 \leqq d(A) \leqq 1$ 이 성립한다.

(나) $d(\emptyset) = 0$, $d(\mathbb{N}) = 1$ 이다.

(다) 만약 $A \subset B$ 이고 $d(A)$, $d(B)$ 가 존재하면 부등식 $d(A) \leqq d(B)$ 가 성립한다.

(라) 만약 $d(A)$, $d(B)$, $d(A \cap B)$ 가 존재하면 $d(A \cup B)$ 도 존재하고 다음 등식

$$d(A \cup B) = d(A) + d(B) - d(A \cap B)$$

가 성립한다. 또, $d(A)$, $d(B)$, $d(A \cup B)$ 가 존재하면 $d(A \cap B)$ 도 존재하고 마찬가지 등식이 성립한다.

(마) 만약 $d(A)$ 가 존재하면 $d(\mathbb{N} - A)$ 도 존재하고 등식 $d(\mathbb{N} - A) = 1 - d(A)$ 가 성립한다.

위 정리의 (가), (나), (다)는 확률의 기본 성질이, (라)는 확률의 덧셈정리가, (마)는 여사건의 성질이 점근밀도에서도 그대로 성립함을 말해 준다. 명제 (가), (나), (다), (마)는 점근밀도의 정의에 의하여 자명하고, 명제 (라)의 증명을 위해서는 다음 등식

$$n((A \cup B)_k) = n(A_k) + n(B_k) - n((A \cap B)_k)$$

을 보면 된다. 위 등식은 A_k 의 정의를 떠올리면 집합의 연산법칙에 의하여 바로 증명된다.

문제 10.1.9. 위 정리를 증명하여라.

문제 10.1.10. 그레고리력의 윤년 규칙은 다음과 같다.

1. 연도가 4로 나누어떨어지는 해는 윤년으로 한다.

2. 그 가운데 연도가 100으로 나누어떨어지는 해는 윤년에서 제외한다.

3. 그 가운데 연도가 400으로 나누어떨어지는 해는 다시 윤년으로 한다.

그레고리력의 1년은 평균 며칠이라 할 수 있는가?

위 정리의 (가), (다), (라), (마)에서 점근밀도가 존재 '하면' 이라는 표현이 거추장스럽게 느껴졌을지도 모른다. 이는 $d(A)$ 가 정의되지 않는 집합 A

도 존재한다는 사실을 말한다. 점근밀도의 개념에도 한계가 있는 것이다. 표
본공간이 자연수가 아니면 점근밀도를 적용할 수 없는 것은 물론이고, 자연
수의 부분집합으로서 점근밀도가 정의되지 않는 집합도 존재한다.

보기 4. 첫째 자리가 1로 시작하는 자연수 전체의 집합을 A라 할 때, A에
대하여는 점근밀도가 정의되지 않는다. 처음 몇 개의 자연수에 대하여 $\frac{n(A_k)}{k}$
의 값을 구해 보면

$$1, \ \frac{1}{2}, \ \frac{1}{3}, \ \cdots, \ \frac{1}{9}, \ \frac{2}{10}, \ \frac{3}{11}, \ \frac{4}{12}, \ \cdots, \ \frac{11}{19}, \ \frac{11}{20}, \ \cdots$$

와 같이 일정한 값으로 수렴하지 않음을 확인할 수 있다.

수열 $\{a_k\}$, $\{b_k\}$를 각각 $a_k = 2 \cdot 10^{k-1}$, $b_k = 10^k - 1$으로 정의하면 다음
등식

$$n(A_{a_k}) = \frac{10^k - 1}{9} = n(A_{b_k}) \tag{1}$$

이 성립한다. 따라서 다음 등식

$$\lim_{k \to \infty} \frac{n(A_{a_k})}{a_k} = \frac{5}{9}, \quad \lim_{k \to \infty} \frac{n(A_{b_k})}{b_k} = \frac{1}{9}$$

으로부터 점근밀도는 존재하지 않는다.

문제 10.1.11. 등식 (1)을 증명하여라.

10.2. 독립과 종속

우리 주변에서 어떤 사건이 일어나는 것은 특정한 사건이 일어날 확률에 영향을 주기도 하고 주지 않기도 한다. 사건 A가 일어나는 것이 사건 B가 일어날 확률에 아무런 영향을 주지 않을 때 A와 B는 **독립**이라 한다. 그리고 사건 A와 B가 독립이 아닐 때 A와 B는 **종속**이라 한다.

독립의 정의는 조건부확률을 써서

$$P(B\,|\,A) = P(B)$$

로 간단히 나타낼 수 있다. 그런데 조건부확률 $P(B\,|\,A)$를 써서 독립을 정의하려면 분모의 역할을 하는 $P(A)$가 0이 아니어야 한다. 다만 사건 A가 일어날 확률이 사건 A가 일어날 확률이 0이라 해서 언제나 조건부확률 $P(B\,|\,A)$가 정의되지 않는 것은 아니다.

보기 1. 한 변의 길이가 1인 정사각형 $ABCD$에서 AB를 한 변으로 하고 정사각형 내부의 한 점 P를 꼭지점으로 하는 삼각형 ABP를 생각하자. 삼각형 ABP가 직각삼각형일 사건을 E, $PA > PB$일 사건을 F라 하자. 그러면 앞에서 살펴보았듯이 $P(E) = 0$이다. 그러나 조건부확률 $P(F\,|\,E)$는 점 P가 AB를 지름으로 하는 반원 위에 있을 때, P가 호 AB의 중점 M의 오른쪽에 있을 확률이므로 그 확률은 $\frac{1}{2}$이라 할 수 있다.

위 보기에 의하면 $P(A) = 0$일 때에도 조건부확률 $P(B\,|\,A)$가 정의될 수 있으므로 조건부확률을 쓴 정의 $P(B\,|\,A) = P(B)$에 입각하여 독립과 종속을 따지는 것이 완전히 불가능한 것은 아니다. 그러나 사건 A가 일어날 확률이 0인 경우를 포함시키면 더 이상 조건부확률을

$$P(B\,|\,A) = \frac{P(A \cap B)}{P(A)}$$

로 정의할 수 없게 된다. 그래서 일단 조건부확률의 분모로 들어가는 모든 사건은 일어날 확률이 0**이 아니라 가정한다.**

독립의 정의 $P(B\,|\,A) = P(B)$를 가만히 보면 이 등식이 독립을 정의하기에 뭔가 충분하지 않다는 생각을 할 수 있다. 첫째로 등식 $P(B\,|\,A) = P(B)$

는 사건 A가 **일어났을 때** B가 일어날 확률이 그대로라는 것만을 말하고 있고, A가 **일어나지 않았을 때** B가 일어날 확률에 대해서는 아무 것도 말하지 않는다. 그러나 사건 A와 B가 독립이라면, 사건 A가 일어나지 않았을 때에도 B가 일어날 확률이 그대로이어야 할 것이다.

문제 10.2.1. 사건 A와 B가 독립이면 등식 $\mathrm{P}(B \mid A^{\mathtt{C}}) = \mathrm{P}(B)$가 성립함을 증명하여라. 그 역이 성립하는지도 살펴보아라. 즉, 사건 $A^{\mathtt{C}}$와 B가 독립이면 등식 $\mathrm{P}(B \mid A) = \mathrm{P}(B)$가 성립하는지 살펴보아라.

둘째로 등식 $\mathrm{P}(B \mid A) = \mathrm{P}(B)$는 순전히 사건 B를 본위로 기술되어 있다. 등식 $\mathrm{P}(B \mid A) = \mathrm{P}(B)$는 사건 A의 발생 여부가 B가 일어날 확률에 영향을 주지 않는다는 것만을 말하고 있고, 사건 B의 발생 여부가 A가 일어날 확률에 영향을 주는지 여부에 대해서는 아무 것도 말하지 않는다. 그러나 사건 A와 B가 독립이라면, 사건 A의 발생 여부가 B가 일어날 확률에 영향을 주지 않아야 할 뿐만 아니라, 사건 B의 발생 여부가 A가 일어날 확률에도 영향을 주지 않아야 할 것이다.

문제 10.2.2. 사건 A와 B가 독립이면 등식 $\mathrm{P}(A \mid B) = \mathrm{P}(A)$도 성립함을 증명하여라. 등식 $\mathrm{P}(A \mid B^{\mathtt{C}}) = \mathrm{P}(A)$가 성립함은 따로 증명하지 않아도 좋은 이유를 살펴보아라.

위 두 문제는 사건 A와 B의 독립을

$$\mathrm{P}(B \mid A) = \mathrm{P}(B \mid A^{\mathtt{C}}) \;=\; \mathrm{P}(B)$$
$$\mathrm{P}(A \mid B) = \mathrm{P}(A \mid B^{\mathtt{C}}) \;=\; \mathrm{P}(A)$$

로 거창하게 정의하지 않아도 소박한 등식 $\mathrm{P}(B \mid A) = \mathrm{P}(B)$만으로 충분함을 말해 준다. 거창한 등식들은 모두 등식 $\mathrm{P}(B \mid A) = \mathrm{P}(B)$ 안에 숨겨져 있었던 것이다. 이제 위 두 문제를 써서 우리가 지금까지 알고 있었던 결과를 얻을 수 있다.

문제 10.2.3. 사건 A와 B가 독립이면

$$A \text{와 } B^{\mathtt{C}}, \quad A^{\mathtt{C}} \text{와 } B, \quad A^{\mathtt{C}} \text{와 } B^{\mathtt{C}}$$

도 모두 독립임을 증명하여라.

문제 10.2.4. 사건 A 가 부등식 $0 < \mathrm{P}(A) < 1$ 을 만족할 때, 사건 A 와 A 는 언제나 종속임을 증명하여라.

문제 10.2.5. 사건 A 와 B, B 와 C 가 독립이면 C 와 A 도 독립인지 살펴보아라.

이제 독립의 핵심적인 성질을 기술한다.

정리 10.2.1. (독립의 성질) 사건 A 와 B 가 독립이라는 것과 다음 등식

$$\mathrm{P}(A \cap B) = \mathrm{P}(A)\,\mathrm{P}(B)$$

가 성립한다는 것은 서로 동치이다.

문제 10.2.6. 독립의 성질을 증명하여라.

이제 우리가 앞에서 얼버무리고 넘어간 문제를 해결하자. 등식 $\mathrm{P}(B\,|\,A) = \mathrm{P}(B)$ 에는 분모에 $\mathrm{P}(A)$ 가 들어가기 때문에 우리는 사건 A 가 일어날 확률이 0 인 경우에 독립과 종속을 따지는 문제에 대해서는 침묵하였다. 이제 분모에 $\mathrm{P}(A)$ 가 들어가는 성가신 등식 $\mathrm{P}(B\,|\,A) = \mathrm{P}(B)$ 대신에 등식 $\mathrm{P}(A \cap B) = \mathrm{P}(A)\,\mathrm{P}(B)$ 가 성립하면 A 와 B 가 독립이라고 **재정의하자**. 사건 A, B 가 일어날 확률이 0 이 아니면 이는 앞에서 독립을 정의하는 등식 $\mathrm{P}(B\,|\,A) = \mathrm{P}(B)$ 와 동치이므로 기존의 독립과 종속의 정의와 아무런 모순도 생기지 않는다. 이제 사건 A, B 가 일어날 확률이 0 이든 아니든 상관 없이 독립과 종속을 정의할 수 있다.

지금까지 다룬 독립은 두 사건의 독립이었다. 독립의 정의를 확장하여 세 사건의 독립을 정의하여 보자. 세 사건 A, B, C 가 독립이라 하려면 최소한 다음 두 조건

(독1) 사건 A 와 B, B 와 C, C 와 A 는 모두 독립이다.

(독2) 등식 $\mathrm{P}(A \cap B \cap C) = \mathrm{P}(A)\,\mathrm{P}(B)\,\mathrm{P}(C)$ 가 성립한다.

은 만족하여야 한다.

보기 2. (독1)은 성립하면서 (독2)는 성립하지 않을 수 있다. 표본공간 S 의 원소의 개수를 100 개라 하고, 사건 A, B, C 의 원소의 개수는 모두 50

개, 어느 두 사건의 교집합의 원소의 개수는 모두 25 개, 세 사건의 교집합의
원소의 개수는 10 개라 하자.

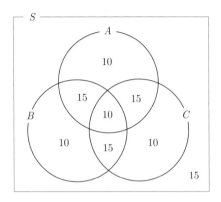

그러면 $P(A) = P(B) = \frac{1}{2}$, $P(A \cap B) = \frac{1}{4}$ 이므로 등식 $P(A \cap B) = $
$P(A) P(B)$ 가 성립한다. 따라서 사건 A 와 B 는 독립이다. 마찬가지로 B 와
C, C 와 A 도 독립이므로 (독1) 이 성립한다. 그러나 $P(A \cap B \cap C) = \frac{1}{10}$ 이
지만 $P(A) P(B) P(C) = \frac{1}{2} \cdot \frac{1}{2} \cdot \frac{1}{2} = \frac{1}{8}$ 이므로 (독2) 는 성립하지 않는다.

보기 3. (독2) 는 성립하면서 (독1) 은 성립하지 않을 수 있다. 표본공간 S
의 원소의 개수를 80 개라 하고, 사건 A, B, C 의 원소의 개수는 모두 40 개,
어느 두 사건의 교집합의 원소의 개수는 모두 25 개, 세 사건의 교집합의 원
소의 개수는 10 개라 하자.

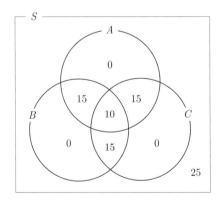

그러면 $P(A) = P(B) = P(C) = \frac{1}{2}$, $P(A \cap B \cap C) = \frac{1}{8}$ 이므로 (독2) 가
성립한다. 그러나 $P(A \cap B) = \frac{5}{16}$ 이지만 $P(A) P(B) = \frac{1}{2} \cdot \frac{1}{2} = \frac{1}{4}$ 이므로 (독1)
은 성립하지 않는다.

이처럼 독립의 정의를 세 사건으로 확장시키는 것은 두 사건의 독립과 달리 까다로운 점이 있다. 일반적으로 (독1)과 (독2)를 합쳐, 사건 A, B, C 로 만들어질 수 있는 다음 모든 교집합

$$A \cap B, \quad B \cap C, \quad C \cap A, \quad A \cap B \cap C$$

에 대하여 그 확률이 각 사건이 일어날 확률의 곱과 같으면 A, B, C 가 독립이라 정의한다. 넷 이상의 사건의 독립에 대하여도 세 사건의 독립과 마찬가지로 정의한다.

만약 사건 A_1, A_2, $\cdots$, A_n 이 독립이면 사건 $A_1 \cap A_2 \cap \cdots \cap A_n$ 이 일어날 확률은

$$\mathrm{P}(A_1 \cap A_2 \cap \cdots \cap A_n) = \mathrm{P}(A_1)\,\mathrm{P}(A_2)\cdots\mathrm{P}(A_n)$$

으로 구할 수 있다. 우리가 확률을 구하는 문제에서 아무렇지도 않게 각 사건이 일어날 확률을 곱함으로써 구하려는 확률을 계산하지만 이런 계산이 타당하려면 각 사건이 모두 독립이라는 가정이 뒷받침되어야 가능한 일이다. 각 사건이 모두 독립이면 지금까지 해 왔던 대로 각 사건이 일어날 확률을 곱함으로써 구하려는 확률을 편리하게 계산할 수 있다.

보기 4. 어느 경연 대회에서는 다음과 같은 방법으로 지원자의 합격 여부를 판정한다. 심사위원단에서 한 심사위원이라도 불합격 판정을 내리면 그 심사위원단은 불합격 판정을 내리고, 한 심사위원단에서라도 합격 판정을 내리면 그 지원자는 합격된다.

심사위원이 합격 판정을 내릴 확률은 p 이고, 각 심사위원의 판정은 모두 독립적이라 하자. 심사위원단은 n 명의 심사위원으로 구성되어 있고, 심사위원단은 모두 n 개가 있다고 할 때, 지원자가 합격할 확률을 높이려면 n 의 값을 크게 하는 것이 유리한지, 작게 하는 것이 유리한지 살펴보자.

이런 합격 판정 체제에서 지원자가 합격할 확률은

$$1 - (\text{모든 심사위원단에서 불합격 판정을 내릴 확률})$$

이고 한 심사위원단에서 불합격 판정을 내릴 확률은

$$1 - (\text{모든 심사위원이 합격 판정을 내릴 확률}) = 1 - p^n$$

이다. 따라서 지원자가 합격할 확률은 $1 - (1 - p^n)^n$ 이다. 만약 $n \longrightarrow \infty$ 이면 다음 등식

$$\lim_{n \to \infty} [1 - (1 - p^n)^n] = 1 - \lim_{n \to \infty} (1 - p^n)^{\frac{1}{p^n} n p^n} = 0$$

이 성립한다. 따라서 n 의 값이 너무 크면 지원자에게 불리해진다.

문제 10.2.7. 거꾸로 한 심사위원단에서 단 한 심사위원이라도 합격 판정을 하면 그 심사위원단은 합격판정을 하고, 한 심사위원단이라도 불합격 판정을 하면 그 사람은 불합격된다고 할 때, 지원자가 합격할 확률을 p, n 으로 나타내어라. 지원자가 합격할 확률을 높이려면 n 의 값을 크게 하는 것이 유리한지, 작게 하는 것이 유리한지 살펴보아라.

　　각 사건이 독립이 아니면 더 이상 각 사건이 일어날 확률을 곱하여 여러 사건이 일어날 확률을 구할 수 없다. 다음 문제는 각 사건이 독립이 아니면 확률을 구할 때 좀 더 신중하여야 함을 말해 준다.

문제 10.2.8. (몬티 홀 문제) 참가자 앞에 세 개의 문이 있다. 하나의 문 뒤에는 상품 자동차가 있고 나머지 문 뒤에는 염소가 있다. 참가자가 세 개의 문 가운데 하나의 문을 선택했을 때, 진행자는 염소가 있는 문을 하나 열어 보인다. 참가자가 자동차를 받기 위해서는 처음에 한 선택을 고수하는 것이 유리한가, 아니면 번복하는 것이 유리한가?

10.3. 기대값의 성질

타율이 3할인 타자가 1회에 0.3번 꼴로 안타를 친다고 생각하는 것은 자연 스럽다. 이런 생각은 타자가 타석에 1회 올라 안타를 치는 횟수를 X 라 했 을 때 X 가 취할 수 있는 값 0, 1 에 그 값을 취할 확률 0.7, 0.3의 곱의 합 $0{\cdot}0.7 + 1{\cdot}0.3$ 을 계산함으로써 나온 것이다. 여기에서 0.3 은 타석에 1회 올라 안타를 칠 것으로 기대되는 횟수로 해석할 수 있다. 이런 뜻에서 이를 **기대 값**이라 한다. 기대값은 한 번 타석에 올라서 안타를 치는 평균적인 횟수로도 해석할 수 있으므로 기대값을 **평균**이라고도 한다. 고등학교에서 확률분포의 기대값을 흔히 평균이라 하는데 그렇게 부르는 이유가 여기에 있다.

보기 1. (상트페테르부르크 역설) 확률과 마찬가지로 기대값이 우리의 직관 에 부합하지 않는 경우도 있다. 동전을 던져 첫 번째까지 앞면만 나오면 2 만 원, 두 번째까지 앞면만 나오면 4 만 원, $\cdots$, n 번째까지 앞면만 나오면 2^n 만 원을 주는 게임이 있다고 하자. 이 게임을 해서 받는 금액을 확률변수 X 라 할 때 X 의 확률분포표는

X	2	4	8	$\cdots$	2^n	$\cdots$
$\mathrm{P}(X=x)$	$\frac{1}{2}$	$\left(\frac{1}{2}\right)^2$	$\left(\frac{1}{2}\right)^3$	$\cdots$	$\left(\frac{1}{2}\right)^n$	$\cdots$

이므로 기대값 $\mathrm{E}(X)$ 는

$$\mathrm{E}(X) = 2 \cdot \frac{1}{2} + 2^2 \cdot \left(\frac{1}{2}\right)^2 + 2^3 \cdot \left(\frac{1}{2}\right)^3 + \cdots = \infty$$

이다. 따라서 이 게임을 하면 무한대의 이익을 얻을 수 있을 것으로 기대된 다. 그러나 이 게임의 참가비가 1 억 원은커녕 100 만 원이라고만 해도 아무 도 이 게임을 선뜻 하려 하지 않을 것이다.

우리는 고등학교에서 기대값의 성질로 $\mathrm{E}(aX + b) = a\,\mathrm{E}(X) + b$ 을 공부 하였다. 이제 그 밖의 기대값의 성질을 살펴보자. 확률분포에서 가장 중요 하게 다루는 것이 그 확률분포의 평균과 분산인데, 분산 $\mathrm{V}(X)$ 는 $\mathrm{V}(X) = \mathrm{E}(X^2) - [\mathrm{E}(X)]^2$ 으로 구할 수 있으므로 기대값의 성질을 알면 확률분포의 평균과 분산을 보다 쉽게 구할 수 있다.

확률변수 X 가 취할 수 있는 값이 $x_1, x_2, \cdots, x_n$ 이고, Y 가 취할 수 있는 값이 $y_1, y_2, \cdots, y_m$ 이라 하자. 이제 $X = x_i$, $Y = y_j$ 일 확률을 $\mathrm{P}(X = x_i, Y = y_j)$ 로 나타내자. 확률 $\mathrm{P}(X = x_i)$ 는 Y 의 값이 무엇이든 $X = x_i$ 이기만 하면 되는 사건의 확률이므로 다음 등식

$$\mathrm{P}(X = x_i) = \sum_{j=1}^{m} \mathrm{P}(X = x_i, Y = y_j)$$

를 얻을 수 있다. 마찬가지로 X 와 Y 의 역할을 바꾸면 다음 등식

$$\mathrm{P}(Y = y_j) = \sum_{i=1}^{n} \mathrm{P}(X = x_i, Y = y_j)$$

도 얻을 수 있다. 이로써 기대값의 성질을 알아볼 준비를 마쳤다.

	x_1	x_2	$\cdots$	x_i	$\cdots$	x_n	합
y_1							
y_2							
$\vdots$							
y_j				$\mathrm{P}(X = x_i, Y = y_j)$			$\mathrm{P}(Y = y_j)$
$\vdots$							
y_m							
합				$\mathrm{P}(X = x_i)$			

정리 10.3.1. (기대값의 성질) 유한 개의 값을 취하는 확률변수 X, Y 에 대하여 다음 등식

$$\mathrm{E}(X + Y) = \mathrm{E}(X) + \mathrm{E}(Y)$$

가 성립한다.

증명: 확률변수 X 가 취할 수 있는 값이 $x_1, x_2, \cdots, x_n$ 이고, Y 가 취할 수

있는 값이 y_1, y_2, $\cdots$, y_m 이라 하자. 그러면 다음 등식

$$
\begin{aligned}
\mathrm{E}(X+Y) &= \sum_{i=1}^{n}\sum_{j=1}^{m}(x_i+y_j)\,\mathrm{P}(X=x_i, Y=y_j) \\
&= \sum_{i=1}^{n}x_i\sum_{j=1}^{m}\mathrm{P}(X=x_i, Y=y_j) + \sum_{j=1}^{m}y_j\sum_{i=1}^{n}\mathrm{P}(X=x_i, Y=y_j) \\
&= \sum_{i=1}^{n}x_i\,\mathrm{P}(X=x_i) + \sum_{j=1}^{m}y_j\,\mathrm{P}(Y=y_j) = \mathrm{E}(X) + \mathrm{E}(Y)
\end{aligned}
$$

가 성립하여 모든 증명이 끝난다.

문제 10.3.1. 확률변수 X_1, X_2, $\cdots$, X_n 에 대하여 다음 등식

$$
\mathrm{E}(X_1 + X_2 + \cdots + X_n) = \mathrm{E}(X_1) + \mathrm{E}(X_2) + \cdots + \mathrm{E}(X_n)
$$

이 성립함을 증명하여라.

이제 위에서 증명한 기대값의 성질을 쓰면 이항분포 $\mathrm{B}(n,p)$ 의 평균과 분산이 각각 np, $np(1-p)$ 임을 쉽게 증명할 수 있다.

정리 10.3.2. (이항분포의 평균과 분산) 확률변수 X 가 이항분포 $\mathrm{B}(n,p)$ 를 따르면 다음 등식

$$
\mathrm{E}(X) = np, \quad \mathrm{V}(X) = np(1-p)
$$

가 성립한다.

증명 : 확률변수 X_i 를 i 번째 시행에서 그 사건이 일어나면 1, 일어나지 않으면 0 으로 정의하자. 그러면 각 $i = 1$, 2, $\cdots$, n 에 대하여 $\mathrm{E}(X_i) = p$ 이고 다음 등식

$$
X = X_1 + X_2 + \cdots + X_n
$$

이 성립한다. 따라서 평균 $\mathrm{E}(X)$ 는

$$
\mathrm{E}(X) = \mathrm{E}(X_1 + X_2 + \cdots + X_n) = \mathrm{E}(X_1) + \mathrm{E}(X_2) + \cdots + \mathrm{E}(X_n) = np
$$

이다.

분산 $\mathrm{V}(X)$ 는 $\mathrm{E}(X^2) - [\mathrm{E}(X)]^2$ 이고 $\mathrm{E}(X) = np$ 이므로 $\mathrm{E}(X^2)$ 만 구하면 된다. 그런데 $X = X_1 + X_2 + \cdots + X_n$ 이므로 다음 등식

$$
\begin{aligned}
X^2 &= (X_1 + X_2 + \cdots + X_n)^2 \\
&= X_1{}^2 + X_2{}^2 + \cdots + X_n{}^2 + X_1 X_2 + \cdots + X_{n-1} X_n
\end{aligned}
$$

이 성립한다.

	X_1	X_2	$\cdots$	X_n
X_1				
X_2				
$\vdots$				
X_n				

이제 $X_i{}^2$ 의 꼴과 서로 다른 i, j 에 대하여 $X_i X_j$ 의 꼴인 확률변수의 기대값을 구하자. 먼저 X_i 가 취할 수 있는 값은 0, 1 이므로 $X_i{}^2$ 이 취할 수 있는 값도 0, 1 뿐이다. 그리고 $X_i{}^2 = 1$ 이려면 $X_i = 1$ 이어야 하므로 등식 $\mathrm{P}(X_i{}^2 = 1) = \mathrm{P}(X_i = 1) = p$ 가 성립하고 $X_i{}^2$ 의 확률분포표는

$X_i{}^2$	0	1
$\mathrm{P}(X_i{}^2 = x)$	$1 - p$	p

이다. 따라서 $\mathrm{E}(X_i{}^2) = p$ 이다. 한편, X_i, X_j 가 취할 수 있는 값은 0, 1 이므로 $X_i X_j$ 가 취할 수 있는 값도 0, 1 뿐이다. 그리고 $X_i X_j = 1$ 이려면 $X_i = X_j = 1$ 이어야 하고, $X_i = 1$ 일 사건과 $X_j = 1$ 일 사건은 독립이므로 다음 등식

$$
\mathrm{P}(X_i X_j = 1) = \mathrm{P}(X_i = 1)\,\mathrm{P}(X_j = 1) = p^2
$$

이 성립한다. 따라서 $X_i X_j$ 의 확률분포표는

$X_i X_j$	0	1
$\mathrm{P}(X_i X_j = x)$	$1 - p^2$	p^2

이고 $\mathrm{E}(X_i X_j) = p^2$ 이다. 이상에서 다음 등식

$$
\begin{aligned}
\mathrm{E}(X^2) &= \mathrm{E}(X_1{}^2) + \mathrm{E}(X_2{}^2) + \cdots + \mathrm{E}(X_n{}^2) \\
&\quad + \mathrm{E}(X_1 X_2) + \cdots + \mathrm{E}(X_{n-1} X_n) \\
&= \underbrace{p + p + \cdots + p}_{n\text{개}} + \underbrace{(p^2 + p^2 + \cdots + p^2)}_{n(n-1)\text{개}} \\
&= np + n(n-1)p^2
\end{aligned}
$$

이 성립한다. 따라서 분산 $\mathrm{V}(X)$ 는

$$
\mathrm{V}(X) = \mathrm{E}(X^2) - [\mathrm{E}(X)]^2 = np + n(n-1)p^2 - (np)^2 = np(1-p)
$$

가 된다.

고등학교에서 이항분포 $\mathrm{B}(n, p)$ 의 평균과 분산이 각각 np, $np(1-p)$ 임을 증명한 방법과 비교하여 보자. 그 때에는 복잡한 식을 교묘하게 변형하는 기교를 부려서 증명하였다. 아마도 기대값의 성질을 쓴 증명이 훨씬 더 체계적이라는 것을 느낄 수 있을 것이다. 다음 증명에서 물론 $q = 1 - p$ 이다.

별증: 이항분포 $\mathrm{B}(n, p)$ 의 평균은

$$
\begin{aligned}
\mathrm{E}(X) &= \sum_{r=0}^{n} r\, \mathrm{P}(X = r) = \sum_{r=1}^{n} r\, {}_n\mathrm{C}_r p^r q^{n-r} \\
&= \sum_{r=1}^{n} \frac{n!}{(r-1)!(n-r)!} p^r q^{n-r} = np \sum_{r=1}^{n} \frac{(n-1)!}{(r-1)!(n-r)!} p^{r-1} q^{n-r} \\
&= np \sum_{r=1}^{n} {}_{n-1}\mathrm{C}_{r-1} p^{r-1} q^{n-r} = np(p+q)^{n-1} = np
\end{aligned}
$$

이다. 한편, $\mathrm{E}(X^2)$ 은

$$
\mathrm{E}(X^2) = \sum_{r=0}^{n} r^2\, \mathrm{P}(X = r) = \sum_{r=0}^{n} r(r-1)\, {}_n\mathrm{C}_r p^r q^{n-r} + \sum_{r=0}^{n} r\, {}_n\mathrm{C}_r p^r q^{n-r}
$$

이다. 우변의 둘째 항은 기대값 $\mathrm{E}(X)$ 이므로 그 값은 np 이고, 첫째 항은

$$
\begin{aligned}
\sum_{r=0}^{n} r(r-1){}_n\mathrm{C}_r p^r q^{n-r} &= \sum_{r=2}^{n} \frac{n(n-1)\cdot(n-2)!}{(r-2)!(n-r)!} p^2 p^{r-2} q^{n-r} \\
&= n(n-1)p^2 \sum_{r=2}^{n} {}_{n-2}\mathrm{C}_{r-2} p^{r-2} q^{n-r} \\
&= n(n-1)p^2 (p+q)^{n-2} = n(n-1)p^2
\end{aligned}
$$

이다. 따라서 분산 $\mathrm{V}(X)$ 는

$$
\mathrm{V}(X) = n(n-1)p^2 + np - (np)^2 = np(1-p)
$$

가 된다.

문제 **10.3.2.** 다음

$$
\sum_{r=0}^{n} (r-np)^2 \, {}_n\mathrm{C}_r p^r (1-p)^{n-r}
$$

를 간단히 하여라.

10.4. 큰 수의 법칙

우리는 고등학교에서 n 이 충분히 크면 이항분포 $\mathrm{B}(n, p)$ 는 근사적으로 정규분포 $\mathrm{N}(np, npq)$ 를 따른다는 사실을 공부하였다. 이는 이항분포가 여러 가지 면에서 정규분포의 성질을 가질 것임을 암시한다. 이항분포 $\mathrm{B}(n, p)$ 는 정규분포 $\mathrm{N}(np, npq)$ 에 근사시킬 수 있고, 이 정규분포의 확률밀도함수는 $x = np$ 에서 최대값을 가지므로 이항분포 $\mathrm{B}(n, p)$ 의 확률질량함수도 np 에 가장 가까운 정수에서 최대값을 가질 것이라고 예상할 수 있다.

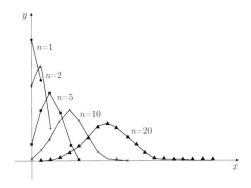

정리 10.4.1. 일어날 확률이 p 인 사건을 독립적으로 n 회 시행하면 $[np]$ 또는 $[np] + 1$ 회 일어날 확률이 가장 크다. 특히, np 가 정수이면 np 회 일어날 확률이 가장 크다. 물론 여기에서 $[x]$ 는 x 를 넘지 않는 최대의 정수이다.

증명: 일어날 확률이 p 인 사건을 독립적으로 n 회 시행하여 일어난 횟수를 확률변수 X 라 하자. 그러면 X 는 이항분포 $\mathrm{B}(n, p)$ 를 따른다. 이항분포에서 확률은 양이므로 r 회 일어날 확률과 $r + 1$ 회 일어날 확률의 비 $\frac{\mathrm{P}(X=r+1)}{\mathrm{P}(X=r)}$ 를 구하여 보자. 만약 $\frac{\mathrm{P}(X=r+1)}{\mathrm{P}(X=r)}$ 이 1보다 크면 r 회 일어날 확률보다는 $r + 1$ 회 일어날 확률이 큰 것이므로 부등식 $\frac{\mathrm{P}(X=r+1)}{\mathrm{P}(X=r)} > 1$ 이 성립하는 최대의 정수를 찾으면 된다. 먼저 $\frac{\mathrm{P}(X=r+1)}{\mathrm{P}(X=r)}$ 를 간단히 하면

$$\frac{\mathrm{P}(X = r + 1)}{\mathrm{P}(X = r)} = \frac{{}_n\mathrm{C}_{r+1}p^{r+1}(1-p)^{n-r-1}}{{}_n\mathrm{C}_r p^r (1-p)^{n-r}} = \frac{n - r}{r + 1} \cdot \frac{p}{1 - p}$$

가 된다. 이 부등식을 풀면 $r < np + p - 1$ 이다.

만약 $r = [np] - 1$ 이면 $[np] - 1 < np + p - 1$ 이므로 다음 부등식

$$P(X = 1) < P(X = 2) < \cdots < P(X = [np])$$

가 성립한다. 한편, $r = [np] + 1$ 이면 $[np] + 1 > np + p - 1$ 이므로 다음 부등식

$$P(X = [np] + 1) > P(X = [np] + 2) > \cdots > P(X = n)$$

이 성립한다. 따라서 $P(X = r)$ 의 최대값은 $P(X = [np])$ 또는 $P(X = [np] + 1)$ 이다. 특히, np 가 정수이면 부등식 $np - 1 < np + p - 1 < np$ 가 성립하므로 같은 방법으로 $P(X = np)$ 가 최대이다.

문제 10.4.1. 어느 학교의 수학 시험은 20 개의 문항으로 구성되어 있고, 각 문항은 보기가 5 개인 객관식이라 한다. 이 학교의 수학 시험 답안을 무작위로 작성한다고 할 때, 몇 점을 받을 확률이 가장 높은가?

문제 10.4.2. 사람의 성격은 100 개의 요소로 구성되어 있는데, '정상적'인 요소가 발현할 확률은 0.99 이고 '비정상적'인 요소가 발현할 확률은 0.01 이라 한다. 이 때, '비정상적'인 요소를 1 개 가진 사람이 가장 '정상적'임을 설명하여라.

앞에서 수학적 확률은 각각이 일어날 가능성이 같을 때에만 타당하다 할 수 있다고 하였다. 그러나 우리 주변의 여러 자연현상이나 사회현상 가운데 에는 그 결과가 같은 정도로 일어난다고 생각하기 어려운 경우가 많다. 이런 경우 같은 시행을 여러 번 독립적으로 반복함으로써 얻어지는 상대도수를 그 사건이 일어날 확률의 근사값으로 쓰는데, 이렇게 구한 상대도수를 실제 확률의 근사값으로 쓰는 것을 정당화시켜 주는 이론적 근거가 바로 **큰 수의 법칙**이다. 이항분포 $B(n, p)$ 가 근사적으로 정규분포 $N(np, npq)$ 를 따른다는 사실을 쓰면, 이항분포의 문제를 정규분포의 문제로 고칠 수 있고, 큰 수의 법칙은 바로 이런 방법으로 증명된다.

정리 10.4.2. (큰 수의 법칙) 일어날 확률이 p 인 사건을 독립적으로 n 회 시행하여 그 사건이 일어난 횟수를 확률변수 X 라 하면 임의의 양수 h 에 대하여 다음 등식

$$\lim_{n \to \infty} P\left(\left| \frac{X}{n} - p \right| < h \right) = 1$$

이 성립한다.

증명: 확률변수 X 는 이항분포 $B(n, p)$ 를 따르므로 근사적으로 정규분포 $N(np, npq)$ 를 따르고, $\frac{X-np}{\sqrt{npq}}$ 는 근사적으로 표준정규분포 $N(0, 1)$ 을 따른다. 그런데 다음 등식

$$P\left(\left|\frac{X}{n} - p\right| < h\right) = P\left(-\frac{h\sqrt{n}}{\sqrt{pq}} < \frac{X-np}{\sqrt{npq}} < \frac{h\sqrt{n}}{\sqrt{pq}}\right)$$

이 성립하고 $\frac{X-np}{\sqrt{npq}}$ 는 근사적으로 표준정규분포를 따르므로 다음 등식

$$\lim_{n\to\infty} \left[P\left(-\frac{h\sqrt{n}}{\sqrt{pq}} < \frac{X-np}{\sqrt{npq}} < \frac{h\sqrt{n}}{\sqrt{pq}}\right) - P\left(-\frac{h\sqrt{n}}{\sqrt{pq}} < Z < \frac{h\sqrt{n}}{\sqrt{pq}}\right) \right] = 0 \tag{2}$$

이 성립한다. 이제 $\lim\limits_{n\to\infty} \frac{h\sqrt{n}}{\sqrt{pq}} = \infty$ 이므로 극한을 취하면 다음

$$\lim_{n\to\infty} P\left(-\frac{h\sqrt{n}}{\sqrt{pq}} < Z < \frac{h\sqrt{n}}{\sqrt{pq}}\right) = P(-\infty < Z < \infty) = 1 \tag{3}$$

이 성립한다. 이제 등식 (2)와 (3)을 변변 더하면 원하는 결론을 얻는다.

문제 10.4.3. 동전의 앞면이 나오는 비율이 0.43과 0.57 사이에 있을 확률이 95% 이상이 되려면 동전을 던지는 시행을 약 몇 회 이상 해야 하는지 구하여라. 여기에서 $P(0 < Z < 1.96) = 0.495$ 로 계산한다.

큰 수의 법칙에 대하여 많은 고등학생들이 오해하고 있는 것이 있다. 큰 수의 법칙은 일어날 확률이 p 인 사건을 독립적으로 n 회 시행하였을 때 그 사건이 np 에 가장 가까운 정수 횟수만큼 일어날 확률이 점점 높아진다는 뜻이 **아니다**. 실제로 동전을 2회, 20회, 200회 던졌을 때 앞면이 1회, 10회, 100회 나올 확률을 계산하여 보면 오히려 다음

$$\begin{aligned}
{}_2C_1 \left(\frac{1}{2}\right)^1 \left(\frac{1}{2}\right)^1 &= 0.5 \\
{}_{20}C_{10} \left(\frac{1}{2}\right)^{10} \left(\frac{1}{2}\right)^{10} &\approx 0.1762 \\
{}_{200}C_{100} \left(\frac{1}{2}\right)^{100} \left(\frac{1}{2}\right)^{100} &\approx 0.0563
\end{aligned}$$

$$\vdots$$

과 같이 빠르게 줄어듦을 확인할 수 있다. 실제로 다음 등식

$$\lim_{n \to \infty} {}_{2n}C_n \left(\frac{1}{2}\right)^n \left(\frac{1}{2}\right)^n = 0$$

이 성립함도 증명할 수 있다.

문제 10.4.4. 수열 $\{a_n\}$ 을

$$a_n = {}_{2n}C_n \left(\frac{1}{2}\right)^n \left(\frac{1}{2}\right)^n$$

으로 정의하였을 때, 임의의 자연수 n 에 대하여 다음 부등식

$$\frac{a_{n+1}}{a_n} = \frac{2n^2 + 3n + 1}{2n^2 + 4n + 2} = \frac{1}{1 + \frac{n+1}{2n^2+3n+1}} < \frac{1}{1 + \frac{1}{n}} = \frac{n}{n+1}$$

이 성립함을 써서 $\lim_{n \to \infty} a_n = 0$ 을 증명하여라.

동전을 n 회 던지는 시행에서 앞면이 나오는 횟수를 확률변수 X_n 이라 하자. 이제 양수 h 를 $h = 0.01$ 로 택하고 큰 수의 법칙을 살펴보자. 큰 수의 법칙은 다음 확률

n	$P\left(\left|\frac{X_n}{n} - \frac{1}{2}\right| < 0.01\right)$
200	$P(98 < X_{200} < 102)$
2000	$P(980 < X_{2000} < 1020)$
20000	$P(9800 < X_{20000} < 10200)$
$\vdots$	$\vdots$

이 1 로 수렴한다는 것이다. 여기에서 h 가 임의의 양수이기는 하지만 h 를 아무리 작은 양수로 잡더라도 h 를 잡는 순간 h 는 하나의 고정된 값이 되어 버리기 때문에 n 의 값이 커짐에 따라 $n(p - h)$ 와 $n(p + h)$ 사이의 정수의 개수는 많아지고 큰 수의 법칙은 이 많은 사건들이 일어날 **확률의 합**이 1 에 수렴한다는 말이다. 이는 2 회, 20 회, 200 회, $\cdots$ 던졌을 때 앞면이 정확히 1 회, 10 회, 100 회, $\cdots$ 나올 확률이 점점 높아진다는 말하고는 전혀 뜻이 다르다.

참고 문헌

[1] 계승혁·김홍종·박복현·남진영, **고등학교 수학**, 성지출판, 2010

[2] 계승혁·김홍종·하길찬·박복현·장성욱·박장순, **고등학교 수학 II**, 성지출판, 2010

[3] 계승혁·김홍종·하길찬·박복현·장성욱·박장순, **고등학교 적분과 통계**, 성지출판, 2010

[4] 계승혁·김홍종·하길찬·박복현·장성욱·박장순, **고등학교 기하와 벡터**, 성지출판, 2010

[5] 김성기·계승혁, **기초미적분학**, 교우사, 2002

[6] 김성기·고지흡·김홍종·계승혁·하길찬, **교양을 위한 대학수학 제 1 권: 일변수함수의 미적분**, 교우사, 2005

[7] 김성기·고지흡·김홍종·계승혁·하길찬, **교양을 위한 대학수학 제 2 권: 다변수함수의 미적분**, 교우사, 2005

[8] 김홍종, **미적분학 1**, 서울대학교출판문화원, 2000

[9] 계승혁, **집합과 수의 체계**, 경문사, 2015

[10] 김성기·김도한·계승혁, **해석개론**, 서울대학교출판문화원, 2011

[11] 이인석, **학부 대수학 강의 I: 선형대수와 군**, 서울대학교출판문화원, 2005

[12] 계승혁·김영원, **기초복소해석**, 서울대학교출판문화원, 2003

[13] 남호영·정춘희·김세식·원유미, **원뿔에서 태어난 이차곡선**, 수학사랑, 2001

[14] 마츠자카 가즈오 (김태성 역), **수학독본 제 3 권**, 한길사, 1994

연습문제 풀이

1.1.1. 집합 $\{x^2 \,|\, x \in P\}$ 의 원소는 적당한 양수 x 에 대하여 x^2 의 꼴이므로 이는 당연히 P 의 원소이다. 역으로 임의의 양수 a 를 택하면 $\sqrt{a} > 0$ 이고 $(\sqrt{a})^2 = a$ 이므로 $a \in \{x^2 \,|\, x \in P\}$ 이다. 따라서 $\{x^2 \,|\, x \in P\} = P$ 이다.

1.1.2. 한 번에 두 수만 곱할 수 있는 원시인에게 세 수를 곱하라고 하면 그 원시인은 한 번에 두 수씩 곱해서 구할 것이다. 그런데 세 수를 어떤 순서대로 곱하더라도 같은 결과가 나오기 때문에 이 원시인은 한 번에 두 수만 곱할 수 있더라도 세 수의 곱을 구할 수 있다. 그러나 곱집합 $A \times B \times C$ 에서는 A, B 의 곱집합을 먼저 구하고 이와 C 의 곱집합을 구한 것과 B, C 의 곱집합을 먼저 구하고 A 와 이의 곱집합을 구한 것이 다르기 때문에 이 원시인은 세 집합의 곱집합을 구하라고 하면 어떤 집합을 세 집합의 곱집합이라 해야 할지 몰라 혼란스러워할 것이다.

1.1.3. 공집합의 부분집합은 공집합이므로 공집합의 멱집합은 공집합을 원소로 하는 집합이다. 즉, $\mathcal{P}(\emptyset) = \{\emptyset\}$ 이다. 집합 $\{\emptyset\}$ 은 공집합을 원소로 하는 집합이므로 이 집합의 부분집합은 $\emptyset$, $\{\emptyset\}$ 이다. 따라서 $\mathcal{P}(\{\emptyset\}) = \{\emptyset, \{\emptyset\}\}$ 이다.

1.1.4. 집합 A 의 원소의 개수가 n 개일 때, A 의 부분집합의 개수는 2^n 개이므로 그 멱집합 $\mathcal{P}(A)$ 의 원소의 개수는 2^n 개이다.

1.1.5. 좌표평면에서 격자점 전체의 집합은

$$\{(a, b) \,|\, a, b \text{는 정수}\}$$

이므로 $\mathbb{Z} \times \mathbb{Z}$ 또는 간단히 $\mathbb{Z}^2$ 으로 나타낼 수 있다. 마찬가지로 좌표공간에서 격자점 전체의 집합은 $\{(a, b, c) \,|\, a, b, c \text{는 정수}\}$ 이므로 $\mathbb{Z} \times \mathbb{Z} \times \mathbb{Z}$ 또는 간단히 $\mathbb{Z}^3$ 으로 나타낼 수 있다.

1.2.1. 이 명제는 미분가능한 함수 f에 대하여 말하고 있으므로 그 전체집합은 미분가능한 함수 전체의 집합이다. 이 명제가 거짓임을 증명하려면 정의역의 모든 x에 대하여 $f'(x) \geqq 0$ 이지만 증가하지 않는 함수 f를 찾아야 한다.

1.2.2. 위 보기에서 n의 전체집합이 자연수가 아니라 실수이면 더 이상 그 대우가

$$\text{만약 } n \text{이 홀수이면 } n^2 \text{도 홀수이다}$$

라 할 수 없으므로, 두 조건이 서로 동치라는 위의 증명은 더 이상 유효하지 않다. 실제로 $n = \sqrt{2}$로 놓으면 n은 짝수가 아니지만 n^2은 짝수이므로 명제 'n^2이 짝수이면 n은 짝수이다'는 거짓이다. 따라서 두 조건은 서로 동치가 아니다.

1.2.3. 만약 n이 3의 배수이면 n은 적당한 자연수 k에 대하여 $n = 3k$로 나타난다. 그러면 $n^2 = (3k)^2 = 9k^2 = 3(3k^2)$ 이므로 n^2은 3의 배수이다. 그 역을 증명하기 위하여 역의 대우인

$$n \text{이 3의 배수가 아니면 } n^2 \text{이 3의 배수가 아니다}$$

를 증명하자. 만약 n이 3의 배수가 아니면 n은 적당한 자연수 k에 대하여 $n = 3k - 1$ 또는 $3k - 2$로 나타난다. 그런데 $n = 3k - 1$ 이면

$$n^2 = (3k-1)^2 = 9k^2 - 6k + 1 = 3(3k^2 - 2k) + 1$$

이므로 n^2이 3의 배수가 아니고, $n = 3k - 2$ 이면

$$n^2 = (3k-2)^2 = 9k^2 - 12k + 4 = 3(3k^2 - 4k + 1) + 1$$

이므로 n^2이 3의 배수가 아니다. 따라서 두 조건은 서로 동치이다.

1.3.1. 다음 등식

$$\frac{1}{2}\left(\frac{2^{2^{n-1}}+1}{2^{2^{n-1}}-1} + \frac{2^{2^{n-1}}-1}{2^{2^{n-1}}+1}\right) = \frac{1}{2}\frac{(2^{2^{n-1}}+1)^2 + (2^{2^{n-1}}-1)^2}{(2^{2^{n-1}}-1)(2^{2^{n-1}}+1)}$$

$$= \frac{1}{2}\frac{(2^{2^n}+2^{2^{n+1}}+1) + (2^{2^n}-2^{2^{n+1}}+1)}{2^{2^n}-1} = \frac{2^{2^n}+1}{2^{2^n}-1}$$

을 보면 된다.

1.3.2. 먼저 $n = 1$ 이면 증명할 것이 없다. 이제 등식

$$\begin{pmatrix} 1 & 2 \\ 0 & 1 \end{pmatrix}^n = \begin{pmatrix} 1 & 2n \\ 0 & 1 \end{pmatrix}$$

가 성립한다 가정하면

$$\begin{pmatrix} 1 & 2 \\ 0 & 1 \end{pmatrix}^{n+1} = \begin{pmatrix} 1 & 2 \\ 0 & 1 \end{pmatrix}^n \begin{pmatrix} 1 & 2 \\ 0 & 1 \end{pmatrix}$$

이므로 가정에 의하여

$$\begin{pmatrix} 1 & 2n \\ 0 & 1 \end{pmatrix} \begin{pmatrix} 1 & 2 \\ 0 & 1 \end{pmatrix} = \begin{pmatrix} 1 & 2(n+1) \\ 0 & 1 \end{pmatrix}$$

이 성립한다. 따라서 임의의 자연수 n 에 대하여 등식

$$\begin{pmatrix} 1 & 2 \\ 0 & 1 \end{pmatrix}^n = \begin{pmatrix} 1 & 2n \\ 0 & 1 \end{pmatrix}$$

가 성립한다.

1.3.3. 먼저 $n = 1$ 이면 좌변은 $\sum_{k=1}^{1} k^2 = 1$ 이고 우변은 $\frac{1 \cdot 2 \cdot 3}{6} = 1$ 이므로 1 일 때가 증명되었다. 이제 $\sum_{k=1}^{n} k^2 = \frac{n(n+1)(2n+1)}{6}$ 이 성립한다고 가정하면 다음 등식

$$\begin{aligned} \sum_{k=1}^{n+1} k^2 &= \sum_{k=1}^{n} k^2 + (n+1)^2 = \frac{n(n+1)(2n+1)}{6} + (n+1)^2 \\ &= \frac{(n+1)(n+2)(2n+3)}{6} = \frac{(n+1)((n+1)+1)(2(n+1)+1)}{6} \end{aligned}$$

이 성립한다. 따라서 n 일 때 성립한다고 가정하였을 때 $n+1$ 일 때에도 성립한다. 이상에서 모든 자연수 n 에 대하여 $\sum_{k=1}^{n} k^2 = \frac{n(n+1)(2n+1)}{6}$ 이 성립함이 증명되었다.

2.1.1. 복소수 z, w 를 각각 $z = a + bi$, $w = c + di$ 라 하면

$$\begin{aligned} \overline{z+w} &= \overline{(a+c) + (b+d)i} = (a+c) - (b+d)i \\ \overline{z} + \overline{w} &= (a - bi) + (c - di) = (a+c) - (b+d)i \end{aligned}$$

이므로 등식 $\overline{z+w} = \overline{z} + \overline{w}$ 가 성립한다.

마찬가지로

$$\begin{aligned}\overline{zw} &= \overline{(ac-bd)+(ad+bc)i} = (ac-bd)-(ad+bc)i \\ \overline{z}\,\overline{w} &= (a-bi)(c-di) = (ac-bd)-(ad+bc)i\end{aligned}$$

이므로 등식 $\overline{zw} = \overline{z}\,\overline{w}$ 가 성립한다.

그런데 $z-w = z+(-w)$, $\frac{z}{w} = z\frac{1}{w}$ 이므로 $\overline{-w} = -\overline{w}$, $\overline{\left(\frac{1}{w}\right)} = \frac{1}{\overline{w}}$ 이기만 하면 충분하다. 이제 다음 등식

$$\overline{w} + \overline{-w} = \overline{w+(-w)} = \overline{0} = 0, \quad \overline{w} \cdot \overline{\left(\frac{1}{w}\right)} = \overline{w\frac{1}{w}} = \overline{1} = 1$$

로부터 $\overline{-w} = -\overline{w}$, $\overline{\left(\frac{1}{w}\right)} = \frac{1}{\overline{w}}$ 을 얻는다.

2.1.2. 복소수 $1+\sqrt{3}i$ 의 절대값은 $|1+\sqrt{3}i| = \sqrt{1^2+(\sqrt{3})^2} = 2$ 이다.

2.1.3. 복소수 z 를 $z = a+bi$ 라 하면

$$z\overline{z} = (a+bi)(a-bi) = a^2+b^2, \quad |z|^2 = (\sqrt{a^2+b^2})^2 = a^2+b^2$$

이므로 등식 $z\overline{z} = |z|^2$ 이 성립한다.

2.1.4. 임의의 복소수 $z = a+bi$ 에 대하여 $|z| = \sqrt{a^2+b^2}$ 이다. 그런데 a, b는 실수이므로 $a^2 \geqq 0$, $b^2 \geqq 0$ 이다. 따라서 $|z| \geqq 0$ 이다.

만약 $z = 0$ 이면 $|z| = \sqrt{0^2+0^2} = 0$ 이다. 역으로 $z = a+bi$ 가 $|z| = \sqrt{a^2+b^2} = 0$ 이라 하자. 그러면 $a^2+b^2 = 0$ 이므로 $a = b = 0$ 이고 $z = 0$ 이다.

2.1.5. 부등식의 양변이 모두 양수이므로 $|z+w|^2 \leqq (|z|+|w|)^2$ 을 증명하면 된다. 먼저 다음 등식

$$\begin{aligned} &(|z|+|w|)^2 - |z+w|^2 \\ =\ & (|z|+|w|)^2 - (z+w)(\overline{z+w}) \\ =\ & |z|^2 + 2|z||w| + |w|^2 - z\overline{z} - z\overline{w} - w\overline{z} - w\overline{w} \\ =\ & |z|^2 + 2|z||w| + |w|^2 - |z|^2 - z\overline{w} - \overline{z}w - |w|^2 \\ =\ & 2|z||w| - (z\overline{w} + \overline{z}\overline{w}) \end{aligned}$$

$$= 2(|z||w| - \operatorname{Re} z\overline{w})$$

가 성립한다. 한편, 다음

$$|z||w| = |z||\overline{w}| = |z\overline{w}|, \quad |z\overline{w}| = \sqrt{(\operatorname{Re} z\overline{w})^2 + (\operatorname{Im} z\overline{w})^2} \geq \operatorname{Re} z\overline{w}$$

이 성립하므로 $|z||w| - \operatorname{Re} z\overline{w}$ 가 음이 아니고 증명이 끝난다.

2.1.6. 복소수 $1 + \sqrt{3}i$ 의 절대값은 2 이고, 편각의 크기는 $60°$ 이므로 $1 + \sqrt{3}i$ 를 극형식으로 나타내면 $1 + \sqrt{3}i = 2(\cos 60° + i \sin 60°)$ 이다.

2.1.7.

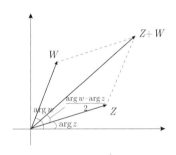

2.1.8. 복소수 zw 는 절대값이 $2 \cdot 5 = 10$ 이고 편각의 크기는 $30° + 60° = 90°$ 인 복소수이므로 $zw = 10i$ 이다.

2.1.9. 임의의 복소수 z 에 대하여 등식 $|z|^2 = z\overline{z}$ 가 성립하므로 다음 등식

$$|zw|^2 = (zw)(\overline{zw}) = (zw)(\overline{z}\,\overline{w}) = (z\overline{z})(w\overline{w}) = |z|^2|w|^2$$

이 성립한다. 위 등식의 양변에 제곱근을 취하면 원하는 결론을 얻는다.

2.1.10. 복소수 zw 의 한 편각은 $\arg z + \arg w$ 이다. 따라서 2π 의 정수배를 무시하면 등식 $\arg zw = \arg z + \arg w$ 가 성립한다. 한편, 복소수 1 의 한 편각은 0 이므로 다음 등식

$$\arg w \frac{1}{w} = \arg w + \arg \frac{1}{w} = 0$$

으로부터 $\arg \frac{1}{w} = -\arg w$ 를 얻는다. 이제 $\frac{z}{w} = z\frac{1}{w}$ 이므로 다음 등식

$$\arg \frac{z}{w} = \arg z \frac{1}{w} = \arg z + \arg \frac{1}{w} = \arg z - \arg w$$

가 성립한다. 위 등식은 로그의 성질과 유사하다.

2.1.11. 점 X 를 원점을 중심으로 θ 만큼 회전시키는 것은 X 에 대응하는 복소수 $x+yi$ 에 절대값이 1 이고 편각의 크기가 θ 인 복소수 $\cos\theta + i\sin\theta$ 를 곱하는 것으로 이해할 수 있다. 따라서 회전시킨 점 X' 의 x좌표와 y좌표는 각각 복소수 $(x+yi)(\cos\theta + i\sin\theta)$ 의 실수부분과 허수부분이다.

2.1.12. 복소수 α, β, γ 에 대응하는 복소평면 위의 점을 각각 A, B, C 라 하고, $z\alpha$, $z\beta$, $z\gamma$ 에 대응하는 복소평면 위의 점을 각각 A', B', C' 라 하자. 그러면 $AB = |\alpha - \beta|$, $BC = |\beta - \gamma|$, $CA = |\gamma - \alpha|$ 이고 다음 등식

$$
\begin{aligned}
A'B' &= |z\alpha - z\beta| = |z||\alpha - \beta| = |z|AB \\
B'C' &= |z\beta - z\gamma| = |z||\beta - \gamma| = |z|BC \\
C'A' &= |z\gamma - z\alpha| = |z||\gamma - \alpha| = |z|CA
\end{aligned}
$$

가 성립하므로 삼각형 ABC 와 $A'B'C'$ 는 서로 닮았고 그 닮음비는 $1 : |z|$ 이다. 따라서 삼각형 $A'B'C'$ 의 넓이는 삼각형 ABC 의 넓이의 $|z|^2$ 배이다.

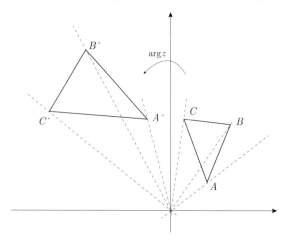

2.1.13. 반지름의 길이가 $\sqrt{2}$ 인 복소평면 위의 반원 위의 복소수 $\sqrt{2}(\cos\theta + i\sin\theta)$ 는 그 위의 복소수를 제곱하는 변환에 의하여 다음 복소수

$$
(\sqrt{2}(\cos\theta + i\sin\theta))^2 = 2(\cos 2\theta + i\sin 2\theta)
$$

로 옮겨진다. 따라서 옮겨지는 도형은 다음 집합

$$
\{2(\cos 2\theta + i\sin 2\theta) \,|\, 0 \leq \theta \leq \pi\} = \{2(\cos\theta + i\sin\theta) \,|\, 0 \leq \theta < 2\pi\}
$$

이다. 이는 반지름의 길이가 2인 복소평면 위의 원이다.

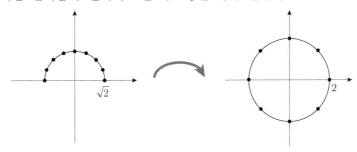

2.1.14. 반지름의 길이가 $\frac{1}{2}$인 복소평면 위의 반원 위의 복소수 $\frac{1}{2}(\cos\theta + i\sin\theta)$는 그 위의 복소수의 역수를 취하는 변환에 의하여 다음 복소수

$$\frac{1}{\frac{1}{2}(\cos\theta + i\sin\theta)} = 2(\cos(-\theta) + i\sin(-\theta))$$

로 옮겨진다. 따라서 옮겨지는 도형은 다음 집합

$$\{2(\cos(-\theta) + i\sin(-\theta)) \mid 0 \leqq \theta \leqq \pi\} = \{2(\cos\theta + i\sin\theta) \mid -\pi \leqq \theta \leqq 0\}$$

이다. 이는 반지름의 길이가 2인 복소평면 위의 반원이다.

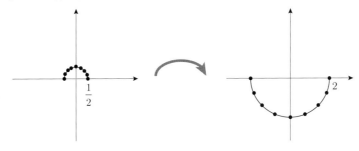

2.2.1. 만약 $n = 1$이면 증명할 것이 없다. 이제 n일 때 드무아브르의 정리가 성립한다고 가정하면 다음 등식

$$
\begin{aligned}
&(\cos\theta + i\sin\theta)^{n+1} \\
=\ & (\cos\theta + i\sin\theta)^n(\cos\theta + i\sin\theta) \\
=\ & (\cos n\theta + i\sin n\theta)(\cos\theta + i\sin\theta) \\
=\ & (\cos n\theta\cos\theta - \sin n\theta\sin\theta) + i(\sin n\theta\cos\theta + \cos n\theta\sin\theta) \\
=\ & \cos(n+1)\theta + i\sin(n+1)\theta
\end{aligned}
$$

으로부터 $n+1$ 일 때에도 성립한다. 따라서 모든 자연수 n 에 대하여 등식 $(\cos\theta + i\sin\theta)^n = \cos n\theta + i\sin n\theta$ 가 성립한다.

2.2.2. 위에서 구한 방정식의 근을 실제로 계산하면 $\cos 0 + i\sin 0 = 1$ 이고

$$\cos\frac{2\pi}{3} + i\sin\frac{2\pi}{3} = -\frac{1}{2} + \frac{\sqrt{3}}{2}i, \quad \cos\frac{4\pi}{3} + i\sin\frac{4\pi}{3} = -\frac{1}{2} - \frac{\sqrt{3}}{2}i$$

이므로 인수분해하여 구한 근과 일치한다.

2.2.3. 구하는 복소수를 $x = |x|(\cos\theta + i\sin\theta)$ 로 놓으면 드무아브르의 정리에 의하여

$$x^4 = |x|^4(\cos 4\theta + i\sin 4\theta) = 1$$

이므로 x 는 $|x|^4 = 1$, $4\theta = 0,\ 2\pi,\ 4\pi,\ 6\pi,\ 8\pi,\ \cdots$ 을 만족하는 복소수이다. 따라서 $|x| = 1$ 이고 $\theta = 0,\ \frac{\pi}{2},\ \pi,\ \frac{3\pi}{2},\ 2\pi,\ \cdots$ 인데 편각에서 2π 의 정수배는 아무 의미가 없으므로

$$\begin{aligned} x &= \cos 0 + i\sin 0 = 1, & \cos\tfrac{\pi}{2} + i\sin\tfrac{\pi}{2} = i, \\ & \cos\pi + i\sin\pi = -1, & \cos\tfrac{3\pi}{2} + i\sin\tfrac{3\pi}{2} = -i \end{aligned}$$

이다.

구하는 복소수를 $x = |x|(\cos\theta + i\sin\theta)$ 로 놓으면 드무아브르의 정리에 의하여

$$x^6 = |x|^6(\cos 6\theta + i\sin 6\theta) = 1$$

이므로 x 는 $|x|^6 = 1$, $6\theta = 0,\ 2\pi,\ 4\pi,\ 6\pi,\ 8\pi,\ 10\pi,\ 12\pi,\ \cdots$ 를 만족하는 복소수이다. 따라서 $\theta = 0,\ \frac{\pi}{3},\ \frac{2\pi}{3},\ \pi,\ \frac{4\pi}{3},\ \frac{5\pi}{3},\ 2\pi,\ \cdots$ 인데 편각에서 2π 의 정수배는 아무 의미가 없으므로

$$\begin{aligned} x &= \cos 0 + i\sin 0 = 1, & \cos\tfrac{\pi}{6} + i\sin\tfrac{\pi}{6} = \tfrac{1}{2} + \tfrac{\sqrt{3}}{2}i, \\ & \cos\tfrac{2\pi}{3} + i\sin\tfrac{2\pi}{3} = -\tfrac{1}{2} + \tfrac{\sqrt{3}}{2}i, & \cos\pi + i\sin\pi = -1, \\ & \cos\tfrac{4\pi}{3} + i\sin\tfrac{4\pi}{3} = -\tfrac{1}{2} - \tfrac{\sqrt{3}}{2}i, & \cos\tfrac{5\pi}{3} + i\sin\tfrac{5\pi}{3} = \tfrac{1}{2} - \tfrac{\sqrt{3}}{2}i \end{aligned}$$

이다.

방정식 $x^4 = 1$ 과 $x^6 = 1$ 의 근을 복소평면 위에 나타내면 다음과 같이 점 $(1,0)$ 에서 시작하여 단위원을 4등분, 6등분하는 점이 된다. 따라서 방정식 $x^n = 1$ 의 근을 복소평면 위에 나타내면 점 $(1,0)$ 에서 시작하여 단위원을 n 등분하는 점이 될 것이라고 예상할 수 있다.

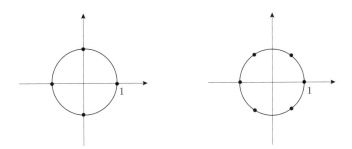

2.2.4. 방정식 $x^2 = i$의 한 근을 $x = |x|(\cos\theta + i\sin\theta)$로 놓으면 드무아브르의 정리에 의하여 $x^2 = |x|^2(\cos 2\theta + i\sin 2\theta)$ 이므로 x는 $|x|^2 = 1$, $2\theta = \frac{\pi}{2}$, $\frac{5\pi}{2}$, $\cdots$ 를 만족하는 복소수이다. 따라서 이 방정식의 한 근은

$$x = \cos\frac{\pi}{4} + i\sin\frac{\pi}{4} = \frac{1}{\sqrt{2}} + \frac{1}{\sqrt{2}}i$$

이다. 방정식 $x^2 = 1$의 근은 $x = 1, -1$ 이므로 방정식 $x^2 = i$의 나머지 한 근은

$$x = (-1)\left(\frac{1}{\sqrt{2}} - \frac{1}{\sqrt{2}}i\right) = -\frac{1}{\sqrt{2}} - \frac{1}{\sqrt{2}}i$$

이다.

방정식 $x^6 = -1$의 한 근을 $x = |x|(\cos\theta + i\sin\theta)$로 놓으면 드무아브르의 정리에 의하여 $x^6 = |x|^6(\cos 6\theta + i\sin 6\theta)$ 이므로 x는 $|x|^6 = 1$, $6\theta = \pi$, 3π, $\cdots$ 을 만족하는 복소수이다. 따라서 이 방정식의 한 근은

$$x = \cos\frac{\pi}{6} + i\sin\frac{\pi}{6} = \frac{\sqrt{3}}{2} + \frac{1}{2}i$$

이다. 방정식 $x^6 = 1$의 근은

$$x = \cos\frac{k\pi}{3} + i\sin\frac{k\pi}{3} \quad (k = 0, 1, \cdots, 5)$$

이므로 나머지 근은

$$
\begin{aligned}
x &= \left(\cos\frac{\pi}{6} + i\sin\frac{\pi}{6}\right)\left(\cos\frac{\pi}{3} + i\sin\frac{\pi}{3}\right) = i, \\
&\quad \left(\cos\frac{\pi}{6} + i\sin\frac{\pi}{6}\right)\left(\cos\frac{2\pi}{3} + i\sin\frac{2\pi}{3}\right) = -\frac{\sqrt{3}}{2} + \frac{1}{2}i, \\
&\quad \left(\cos\frac{\pi}{6} + i\sin\frac{\pi}{6}\right)(\cos\pi + i\sin\pi) = -\frac{\sqrt{3}}{2} - \frac{1}{2}i,
\end{aligned}
$$

$$\left(\cos\frac{\pi}{6} + i\sin\frac{\pi}{6}\right)\left(\cos\frac{4\pi}{3} + i\sin\frac{4\pi}{3}\right) = -i,$$

$$\left(\cos\frac{\pi}{6} + i\sin\frac{\pi}{6}\right)\left(\cos\frac{5\pi}{3} + i\sin\frac{5\pi}{3}\right) = \frac{\sqrt{3}}{2} - \frac{1}{2}i$$

이다.

2.2.5. 만약 일차식이면 증명할 것이 없다. 이제 복소계수 n 차식이 복소계수 일차식으로 인수분해된다고 하자. 이제 $n+1$ 차식 $p(x)$ 에 대하여 $p(\alpha) = 0$ 인 복소수 α 가 존재하므로 $p(x)$ 는 $x - \alpha$ 를 인수로 가진다. 따라서 $p(x)$ 를 $x - \alpha$ 로 나눈 몫을 $Q(x)$ 라 하면 등식 $p(x) = (x - \alpha)Q(x)$ 가 성립한다. 그런데 $Q(x)$ 는 n 차식이므로 가정에 의하여 복소계수 일차식으로 인수분해된다. 따라서 $p(x)$ 는 복소계수 일차식으로 인수분해된다. 이상에서 상수가 아닌 임의의 복소계수 다항식은 복소계수 일차식으로 인수분해됨이 증명되었다.

2.2.6. 실계수 다항식 $p(x)$ 를

$$p(x) = a_n x^n + a_{n-1} x^{n-1} + \cdots + a_1 x + a_0$$

이라 하자. 다항식 $p(x)$ 의 계수가 모두 실수이므로 등식 $a_k = \overline{a_k}$ 가 성립한다. 따라서 임의의 복소수 z 에 대하여 다음 등식

$$\begin{aligned}
p(\overline{z}) &= a_n \overline{z}^n + a_{n-1} \overline{z}^{n-1} + \cdots + a_1 \overline{z} + a_0 \\
&= \overline{a_n}\,\overline{z}^n + \overline{a_{n-1}}\,\overline{z}^{n-1} + \cdots + \overline{a_1}\,\overline{z} + \overline{a_0} \\
&= \overline{a_n z^n} + \overline{a_{n-1} z^{n-1}} + \cdots + \overline{a_1 z} + \overline{a_0} \\
&= \overline{a_n z^n + a_{n-1} z^{n-1} + \cdots + a_1 z + a_0} \\
&= \overline{p(z)}
\end{aligned}$$

이 성립한다.

2.2.7. 만약 일차식 또는 이차식이면 증명할 것이 없다. 이제 실계수 $2n - 1$ 차식 또는 $2n$ 차식이 실계수 일차식과 이차식의 곱으로 인수분해된다고 가정하자. 다항식 $p(x)$ 가 $2n + 1$ 차식 또는 $2n + 2$ 차식이라 하자. 만약 방정식 $p(x) = 0$ 의 근이 모두 실근이면 $p(x)$ 가 실계수 일차식으로 인수분해되므로 증명할 것이 없다. 이제 방정식 $p(x) = 0$ 이 허근 α 를 가진다고 하면 $p(x)$ 는 실계수

이차식 $x^2 - (\alpha + \overline{\alpha})x + \alpha\overline{\alpha}$ 를 인수로 가지므로 다음 등식

$$p(x) = (x^2 - (\alpha + \overline{\alpha})x + \alpha\overline{\alpha})Q(x)$$

가 성립한다. 여기에서 $Q(x)$ 는 실계수 $2n-1$ 차식 또는 $2n$ 차식이므로 가정에 의하여 실계수 일차식과 이차식의 곱으로 인수분해된다.

2.2.8. 복소수 ω 를

$$\omega = \cos\frac{2\pi}{5} + i\sin\frac{2\pi}{5}$$

로 놓으면 다음 등식

$$x^5 - 1 = (x-1)(x-\omega)(x-\omega^2)(x-\omega^3)(x-\omega^4)$$

이 성립한다. 그런데 $\omega^4 = \overline{\omega}$, $\omega^3 = \overline{\omega^2}$ 이므로 다음 등식

$$
\begin{aligned}
(x-\omega)(x-\omega^4) &= x^2 - 2\operatorname{Re}\omega + |\omega|^2 = x^2 - 2x\cos\frac{2\pi}{5} + 1 \\
(x-\omega^2)(x-\omega^3) &= x^2 - 2\operatorname{Re}\omega^2 + |\omega^2|^2 = x^2 - 2x\cos\frac{4\pi}{5} + 1
\end{aligned}
$$

가 성립한다. 따라서 $x^5 - 1$ 을 실수 범위에서 인수분해하면

$$x^5 - 1 = (x-1)\left(x^2 - 2x\cos\frac{2\pi}{5} + 1\right)\left(x^2 - 2x\cos\frac{4\pi}{5} + 1\right)$$

이다.

3.1.1. 집합 X 의 원소 1은 1, 2, $\cdots$, n 에 대응될 수 있으므로 그 경우의 수는 n 이다. 마찬가지로 X 의 원소 2, 3, $\cdots$, r 가 대응될 수 있는 경우의 수도 n 이므로 함수 f 의 개수는 n^r 개이다.

3.1.2. 정의역과 공역에 대한 언급이 없으면 그 함수의 정의역과 공역은 문맥상 가장 적당한 집합이어야 한다. 일반적으로 $y = \frac{1}{x}$ 라는 표현은 0을 제외한 실수에서 실수로 가는 함수를 뜻하므로 정의역은 $\mathbb{R} - \{0\}$, 공역은 $\mathbb{R}$ 이다.

3.1.3. 집합 X 의 원소 1은 1, 2, $\cdots$, n 에 대응될 수 있으므로 그 경우의 수는 n 이다. 한편, X 의 원소 2는 $f(1)$ 과 다른 1, 2, $\cdots$, n 에 대응될 수 있으므로 그 경우의 수는 $n-1$ 이다. 마찬가지로 3, 4, $\cdots$, r 가 대응될 수 있는 경우의 수는 각각 $n-2$, $n-3$, $\cdots$, $n-r+1$ 이므로 함수 f 의 개수는 $_n\mathrm{P}_r$ 개이다.

3.1.4. 함수 $f : X \longrightarrow Y$, $g : Y \longrightarrow Z$, $h : Z \longrightarrow W$ 에 대하여 $(h \circ g) \circ f$, $h \circ (g \circ f)$ 의 정의역과 공역이 X, W 로 같고, 임의의 X 의 원소 x 에 대하여 다음 등식

$$((h \circ g) \circ f)(x) \quad = \quad (h \circ g)(f(x)) = h(g(f(x)))$$
$$(h \circ (g \circ f))(x) \quad = \quad h((g \circ f)(x)) = h(g(f(x)))$$

가 성립하므로 결합법칙 $(h \circ g) \circ f = h \circ (g \circ f)$ 가 성립한다.

실수에서 실수로 가는 함수 f, g 를 각각 $f(x) = 2x$, $g(x) = x^2$ 으로 놓으면

$$(g \circ f)(x) \quad = \quad g(f(x)) = g(2x) = (2x)^2 = 4x^2$$
$$(f \circ g)(x) \quad = \quad f(g(x)) = f(x^2) = 2x^2$$

이므로 $g \circ f \neq f \circ g$ 이다.

함수의 합성처럼 결합법칙은 성립하지만 교환법칙은 성립하지 않는 것으로 행렬의 곱셈을 들 수 있다.

3.2.1. 함수 g 가 f 의 역함수이므로 임의의 X 의 원소 x 에 대하여 등식 $(g \circ f)(x) = g(f(x)) = x$ 가 성립한다. 따라서 $g \circ f = \mathrm{id}_X$ 이다. 한편, 함수 f 가 g 의 역함수이기도 하므로 임의의 Y 의 원소 y 에 대하여 등식 $(f \circ g)(y) = f(g(y)) = y$ 가 성립한다. 따라서 $f \circ g = \mathrm{id}_Y$ 이다.

3.2.2. 만약 $X = \{1, 2\}$, $Y = \{1, 2, 3\}$ 이라 하고 함수 $f : X \longrightarrow Y$, $g : Y \longrightarrow X$ 를 각각

$$X \xrightarrow{\ f\ } Y \qquad Y \xrightarrow{\ g\ } X$$

$$1 \longrightarrow 1 \qquad 1 \longrightarrow 1$$

$$2 \longrightarrow 2 \qquad 2 \longrightarrow 2$$

$$3 \qquad\quad 3 \nearrow$$

로 정의하면 $g \circ f$, $f \circ g$ 는 각각

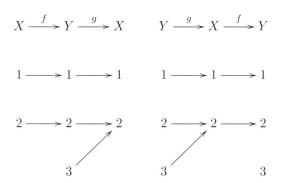

이므로 $g \circ f = \mathrm{id}_X$ 이지만 $g \circ f \neq \mathrm{id}_Y$ 이다. 따라서 어느 하나가 성립한다고 다른 하나가 자동으로 유도되지 않는다. 그리고 위에서 살펴보았듯이 어느 하나만 성립할 때에는 g 가 f 의 역함수가 되지 않는다.

3.2.3. 집합 F 가 합성에 관하여 닫혀 있는지 살펴보자. 그러려면 f, $g \in F$ 이면 $g \circ f \in F$ 인지, 즉 $g \circ f$ 가 전단사함수인지 살펴보아야 한다. 그런데 f, g 가 전단사함수이므로 역함수가 존재하고, $g \circ f$ 의 역함수도 존재하며 그 역함수 는 $(g \circ f)^{-1} = f^{-1} \circ g^{-1}$ 이다. 따라서 $g \circ f$ 는 전단사함수이다.

합성에 관한 항등원은 다음 성질

$$\text{모든 전단사함수 } f : X \longrightarrow X \text{ 에 대하여 } f \circ e = e \circ f = f$$

를 만족하는 함수 e 이다. 그런데 $e = \mathrm{id}_X$ 로 놓으면 $\mathrm{id}_X \in F$ 이고 위 성질을 만족하므로 합성에 관한 항등원이 존재한다. 함수 f 의 합성에 관한 역원은 다음 성질

$$f \circ g = g \circ f = \mathrm{id}_X$$

를 만족하는 함수 g 이다. 그런데 f 가 전단사함수이므로 역함수 f^{-1} 가 존재 하고 이를 왼쪽에 합성하나 오른쪽에 합성하나 그 결과가 모두 id_X 이므로 f^{-1} 가 f 의 역원이다.

3.2.4. 함수 f 가 전단사함수이므로 그 역함수 f^{-1} 을 $g \circ f = \mathrm{id}_X$ 의 오른쪽에 합 성하면 $g = f^{-1}$ 를 얻는다. 따라서 g 는 f 의 역함수이다.

3.2.5. 함수 g 를 $g : \{x \mid x > 0\} \longrightarrow \mathbb{R}$, $x \longmapsto \log_a x$ 로 놓으면 다음 등식

$$(g \circ f)(x) \quad = \quad g(f(x)) = g(a^x) = \log_a(a^x) = x$$

$$(f \circ g)(x) \quad = \quad f(g(x)) = f(\log_a x) = a^{\log_a x} = x$$

가 성립하므로 f 의 역함수가 존재한다.

3.2.6. 먼저 $f'(x) = \cos x$ 이므로 $-\frac{\pi}{2} < x < \frac{\pi}{2}$ 에서 양이다. 따라서 f 는 증가함수
이고, 단사함수이다. 한편, 함수 f 는 연속이고 다음

$$\lim_{x \to \frac{\pi}{2}-} f(x) = 1, \qquad \lim_{x \to -\frac{\pi}{2}+} f(x) = -1$$

이 성립하므로 사이값 정리에 의하여 -1 과 1 사이의 임의의 실수 y 에 대하
여 $y = f(x)$ 를 만족하는 x 가 존재한다. 따라서 f 는 전단사함수이고, 역함
수가 존재한다.

3.2.7. 함수 $y = -x^3$ 의 역함수는 $y = -x^{\frac{1}{3}}$ 이다. 이제 $y = -x^3$ 의 그래프와
$y = -x^{\frac{1}{3}}$ 의 그래프의 교점의 좌표를 구해 보면 $(0,0)$, $(1,-1)$, $(-1,1)$ 이
고 $(1,-1)$, $(-1,1)$ 은 직선 $y = x$ 위에 있지 않다.

3.2.8. 함수 f 의 그래프와 f^{-1} 의 그래프의 교점이 (a,b) 이면 $f(a) = b$, $f^{-1}(a) = b$
이다. 둘째 등식의 양변에 f 를 합성하면 $f(b) = a$, 첫째 등식의 양변에 f^{-1}
를 합성하면 $f^{-1}(b) = a$ 를 얻는다. 따라서 (b,a) 도 f 의 그래프와 f^{-1} 의 그
래프의 교점이다.

3.2.9. 이제 $f(x) > x$ 라 하고 양변에 f 를 합성하면 f 가 증가함수이므로 다음 부
등식

$$(f \circ f)(x) = f(f(x)) > f(x) > x$$

가 성립한다. 따라서 $(f \circ f)(x) \neq x$ 이고, $x \notin A$ 이다.

3.2.10. 1 보다 큰 양수 a 에 대하여 지수함수 $y = a^x$ 가 증가함수이므로 $y = a^x$
의 그래프와 $y = \log_a x$ 의 그래프의 교점은 $y = a^x$ 의 그래프와 직선 $y = x$
의 교점과 같다. 따라서 a 의 값에 따라 방정식 $a^x - x = 0$ 의 실근의 개수를
조사하면 된다. 함수 f 를 $f(x) = a^x - x$ 로 정의하면 $f'(x) = a^x \ln a - 1$ 이고
f' 는 증가함수이므로 f 는 $x = -\frac{\ln \ln a}{\ln a}$ 에서 최소값

$$f\left(-\frac{\ln \ln a}{\ln a}\right) = \frac{1}{\ln a} + \frac{\ln \ln a}{\ln a} = \frac{1 + \ln \ln a}{\ln a}$$

를 가진다. 따라서 $y = a^x$ 의 그래프와 $y = x$ 의 그래프는 $\frac{1 + \ln \ln a}{\ln a} < 0$ 이면
서로 다른 두 점에서 만나고, $\frac{1 + \ln \ln a}{\ln a} = 0$ 이면 한 점에서 접하며, $\frac{1 + \ln \ln a}{\ln a} > 0$

이면 만나지 않는다.

그런데 문제에서 $a > 1$ 이므로 $\ln a > 0$ 이다. 따라서 $\frac{1+\ln\ln a}{\ln a}$ 의 부호는 분자 $1 + \ln\ln a$ 의 부호에 따라 달라진다. 이제 $1 + \ln\ln a = 0$ 을 만족하는 a 의 값은 $a = e^{\frac{1}{e}}$ 이므로 $y = a^x$ 의 그래프와 $y = \log_a x$ 의 그래프는 $1 < a < e^{\frac{1}{e}}$ 이면 서로 다른 두 점에서 만나고, $a = e^{\frac{1}{e}}$ 이면 한 점에서 접하며, $a > e^{\frac{1}{e}}$ 이면 만나지 않는다.

3.3.1. 만약 q 가 유리수이면 $-q$ 도 유리수이므로 유리수 전체의 집합은 대칭집합이다. 마찬가지로 p 가 무리수이면 $-p$ 도 무리수이므로 무리수 전체의 집합도 대칭집합이다.

3.3.2. 집합 S 가 대칭집합이면 대칭집합의 정의의 대우인 다음 성질

$$-x \notin S \text{ 이면 } x \notin S$$

도 성립한다. 이제 S 의 원소가 아니라는 말은 $\mathbb{R} - S$ 의 원소라는 말이므로 $y = -x$ 로 놓으면 다음 성질

$$y \in \mathbb{R} - S \text{ 이면 } -y \in \mathbb{R} - S$$

도 성립한다고 할 수 있다. 따라서 S 가 대칭집합이면 그 여집합 $\mathbb{R} - S$ 도 대칭집합이다.

3.3.3. 만약 r 가 유리수이면 유리수는 덧셈과 곱셈에 관하여 닫혀 있으므로 $2q - r$ 도 유리수이다. 따라서 유리수 전체의 집합은 q 대칭집합이다.

3.3.4. 무리수 2π 는 무리수 전체의 집합의 원소이지만 $2\pi - 2\pi = 0$ 은 유리수이므로 무리수 전체의 집합은 π 대칭집합이 아니다.

3.3.5. 구간 $[0, 1)$ 이 적당한 실수 s 에 대하여 s 대칭집합이라 하고, $x \in [0, 1)$ 이라 하자. 그러면 $0 \leqq x < 1$ 이므로 $2s - 1 < 2s - x \leqq 2s$ 이다. 그런데 $[0, 1)$ 이 s 대칭집합이라 가정하였으므로 $2s - 1 \geqq 0$, $2s < 1$ 이어야 한다. 이 부등식을 풀면 $s \geqq \frac{1}{2}$, $s < \frac{1}{2}$ 이 되어 모순이다. 따라서 구간 $[0, 1)$ 은 어떤 실수 s 에 대하여도 s 대칭집합이 아니다.

3.3.6. 함수 f, f_1, f_2 가 우함수, g, g_1, g_2 가 기함수라 하자. 그러면 다음 등식

$$\begin{aligned} f_1(-x)f_2(-x) &= f_1(x)f_2(x) \\ f(-x)g(-x) &= f(x)(-g(x)) = -f(x)g(x) \end{aligned}$$

$$g(-x)f(-x) \quad = \quad (-g(x))f(x) = -g(x)f(x)$$
$$g_1(-x)g_2(-x) \quad = \quad (-g_1(x))(-g_2(x)) = g_1(x)g_2(x)$$

가 성립한다.

이런 관계는 우함수를 짝수, 기함수를 홀수라 하였을 때 짝수와 홀수의 덧셈과 유사하고, 우함수를 양수, 기함수를 음수라 하였을 때 양수와 음수의 곱셈과도 유사하다.

3.3.7. 함수 f, f_1, f_2 가 우함수, g, g_1, g_2 가 기함수라 하자. 그러면 다음 등식

$$(f_1 \circ f_2)(-x) \quad = \quad f_1(f_2(-x)) = f_1(f_2(x)) = (f_1 \circ f_2)(x)$$
$$(f \circ g)(-x) \quad = \quad f(g(-x)) = f(-g(x)) = f(g(x)) = (f \circ g)(x)$$
$$(g \circ f)(-x) \quad = \quad g(f(-x)) = g(f(x)) = (g \circ f)(x)$$
$$(g_1 \circ g_2)(-x) \quad = \quad g_1(g_2(-x)) = g_1(-g_2(x)) = -g_1(g_2(x)) = -(g_1 \circ g_2)(x)$$

가 성립한다.

이런 관계는 우함수를 짝수, 기함수를 홀수라 하였을 때 짝수와 홀수의 곱셈과 유사하다.

3.3.8. 만약 $u = -t$ 로 치환하면 다음 등식

$$F(-x) = \int_0^{-x} f(t)dt = \int_0^x (-f(-u))du = -\int_0^x f(u)du = -F(x)$$

가 성립하므로 F 는 기함수이다.

3.3.9. 만약 $u = -t$ 로 치환하면 다음 등식

$$G(-x) = \int_0^{-x} g(t)dt = \int_0^x (-g(-u))du = \int_0^x g(u)du = G(x)$$

가 성립하므로 G 는 우함수이다.

3.3.10. 같은 방법으로 지수함수 $y = e^x$ 를 우함수와 기함수의 합으로 나타내면

$$y = \frac{e^x + e^{-x}}{2} + \frac{e^x - e^{-x}}{2}$$

이다.

3.4.1. 다음 삼차식

$$A \left(x + \frac{b}{3a} \right)^3 + C \left(x + \frac{b}{3a} \right) + D$$

를 전개하면

$$Ax^3 + \frac{Ab}{a} x^2 + \left(\frac{Ab^2}{3a^2} + C \right) x + \left(\frac{Ab^3}{27a^3} + \frac{bC}{3a} + D \right)$$

이므로 양변의 계수를 비교하면

$$A = a, \quad C = c - \frac{b^2}{3a}, \quad D = d - \frac{bc}{3a} + \frac{2b^3}{27a^2}$$

이다.

3.4.2. 삼차함수 $y = x^3 - x$의 그래프와 $x = 1$에서 접하는 접선은 $x = -2$에서 만나므로 둘러싸인 부분의 넓이는

$$\int_{-2}^{1} (x-1)^2 (x+2) dx = \frac{27}{4}$$

이다.

3.4.3. 주어진 삼차방정식의 양변을 4로 나누면 $x^3 - \frac{3}{4} x = \frac{1}{8}$ 이므로

$$A = \sqrt[3]{\frac{\frac{1}{8} + \sqrt{\left(\frac{1}{8} \right)^2 + \frac{4}{27} \left(-\frac{3}{4} \right)^3}}{2}} = \frac{1}{2} \sqrt[3]{\frac{1 + \sqrt{3}i}{2}}$$

이다. 마찬가지로

$$B = \sqrt[3]{\frac{\frac{1}{8} - \sqrt{\left(\frac{1}{8} \right)^2 + \frac{4}{27} \left(-\frac{3}{4} \right)^3}}{2}} = \frac{1}{2} \sqrt[3]{\frac{1 - \sqrt{3}i}{2}}$$

이다. 여기에서 $\omega = \frac{1}{2} + \frac{\sqrt{3}}{2} i$ 로 놓으면 $A = \frac{1}{2} \sqrt[3]{\omega}$, $B = \frac{1}{2} \sqrt[3]{\omega^5}$ 이므로

$$x = \frac{1}{2} (\sqrt[3]{\omega} + \sqrt[3]{\omega^5}), \quad \frac{1}{2} (\omega \sqrt[3]{\omega} + \omega^2 \sqrt[3]{\omega^5}), \quad \frac{1}{2} (\omega^2 \sqrt[3]{\omega} + \omega \sqrt[3]{\omega^5})$$

이다.

다항식 $4x^3 - 3x$ 에 $x = \cos 20°$, $\cos 100°$, $\cos 140°$ 를 대입하면 3배각 공식

$\cos 3\theta = 4\cos^3 \theta - 3\cos \theta$ 에 의하여 각각 $\cos 60°$, $\cos 300°$, $\cos 420°$ 가 된다. 그런데 이 값은 모두 $\frac{1}{2}$ 이므로 $x = \cos 20°$, $\cos 100°$, $\cos 140°$ 는 이 방정식의 근이다. 이것은 위에서 구한 근이 모두 실수임을 말한다.

4.1.1. 만약 $p + q + r = 0$ 이면 $q = -p - r$ 이므로

$$pa_{n+2} - (p+r)a_{n+1} + ra_n = 0 \iff p(a_{n+2} - a_{n+1}) = r(a_{n+1} - a_n)$$

이 된다.

4.1.2. 피보나치 수열의 점화식이 $a_{n+2} - a_{n+1} - a_n = 0$ 이므로 특성방정식은 $x^2 - x - 1 = 0$ 이다. 이 방정식을 풀면 $x = \frac{1 \pm \sqrt{5}}{2}$ 이므로 $\alpha = \frac{1+\sqrt{5}}{2}$, $\beta = \frac{1-\sqrt{5}}{2}$ 라 할 수 있다. 피보나치 수열의 일반항은

$$
\begin{aligned}
a_n &= \frac{1}{\alpha - \beta}[(a_2 - \beta a_1)\alpha^{n-1} - (a_2 - \alpha a_1)\beta^{n-1}] \\
&= \frac{1}{\alpha - \beta}[(1 - \beta)\alpha^{n-1} - (1 - \alpha)\beta^{n-1}]
\end{aligned}
$$

이다. 그런데 근과 계수의 관계에 의하여 $\alpha + \beta = 1$ 이므로 $1 - \beta = \alpha$, $1 - \alpha = \beta$ 이다. 따라서

$$a_n = \frac{1}{\alpha - \beta}(\alpha^n - \beta^n) = \frac{1}{\sqrt{5}}\left[\left(\frac{1+\sqrt{5}}{2}\right)^n - \left(\frac{1-\sqrt{5}}{2}\right)^n\right]$$

가 된다.

4.1.3. 위 방정식의 양변에 β 를 곱하여 변변 빼면 $\alpha(\alpha - \beta)A = 1 - \beta$ 를 얻는다. 그런데 근과 계수의 관계로부터 $\alpha + \beta = 1$ 이므로 $1 - \beta = \alpha$ 이다. 따라서 $A = \frac{1}{\alpha - \beta} = \frac{1}{\sqrt{5}}$ 이다. 마찬가지로 아래 방정식의 양변에 α 를 곱하여 변변 빼면 $\beta(\alpha - \beta)B = \alpha - 1$ 을 얻는다. 역시 근과 계수의 관계로부터 $\alpha - 1 = -\beta$ 이므로 $B = \frac{1}{\beta - \alpha} = -\frac{1}{\sqrt{5}}$ 이다.

4.1.4. 만약 $n = 1$ 이면 좌변은 $\sum_{k=1}^{1} a_k = a_1 = 1$ 이고 우변은 $a_3 - 1 = 2 - 1 = 1$ 이므로 등식 (4) 가 성립한다. 이제 등식 $\sum_{k=1}^{n} a_k = a_{n+2} - 1$ 이 성립한다고 가정하자. 그러면 다음 등식

$$\sum_{k=1}^{n+1} a_k = \sum_{k=1}^{n} a_k + a_{n+1} = a_{n+1} + a_{n+2} - 1 = a_{n+3} - 1$$

이 성립한다. 따라서 모든 자연수 n에 대하여 등식 (4)가 성립한다.

4.1.5. 만약 $n = 1$이면 좌변은 $\sum_{k=1}^{1} a_{2k-1} = a_1 = 1$이고 우변은 $a_2 = 1$이므로 (5)의 첫째 등식이 성립한다. 이제 등식 $\sum_{k=1}^{n} a_{2k-1} = a_{2n}$이 성립한다고 가정하자. 그러면 다음 등식

$$\sum_{k=1}^{n+1} a_{2k-1} = \sum_{k=1}^{n} a_{2k-1} + a_{2n+1} = a_{2n} + a_{2n+1} = a_{2n+2}$$

가 성립한다.

만약 $n = 1$이면 좌변은 $\sum_{k=1}^{1} a_{2k} = a_2 = 1$이고 우변은 $a_3 - 1 = 2 - 1 = 1$이므로 (5)의 둘째 등식이 성립한다. 이제 등식 $\sum_{k=1}^{n} a_{2k} = a_{2n+1} - 1$이 성립한다고 가정하자. 그러면 다음 등식

$$\sum_{k=1}^{n+1} a_{2k} = \sum_{k=1}^{n} a_{2k} + a_{2n+2} = a_{2n+1} + a_{2n+2} - 1 = a_{2n+3} - 1$$

이 성립한다.

따라서 모든 자연수 n에 대하여 등식 (5)가 성립한다.

4.1.6. 만약 $n = 1$이면 좌변은 $\sum_{k=1}^{1} a_k{}^2 = a_1{}^2 = 1$이고 우변은 $a_1 a_2 = 1 \cdot 1 = 1$이므로 등식 (6)이 성립한다. 이제 등식 $\sum_{k=1}^{n} a_k{}^2 = a_n a_{n+1}$이 성립한다고 가정하자. 그러면 다음 등식

$$\sum_{k=1}^{n+1} a_k{}^2 = \sum_{k=1}^{n} a_k{}^2 + a_{n+1}{}^2 = a_n a_{n+1} + a_{n+1}{}^2 = a_{n+1}(a_n + a_{n+1}) = a_{n+1} a_{n+2}$$

가 성립한다. 따라서 모든 자연수 n에 대하여 등식 (6)이 성립한다.

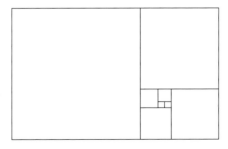

4.1.7. 만약 $n = 1$이면 좌변은 $\sum_{k=1}^{1} \frac{a_k}{a_{k+1} a_{k+2}} = \frac{a_1}{a_2 a_3} = \frac{1}{2}$이고 우변은 $\frac{1}{a_2} - \frac{1}{a_3} = 1 - \frac{1}{2} = \frac{1}{2}$이므로 등식 (7)이 성립한다. 이제 등식 $\sum_{k=1}^{n} \frac{a_k}{a_{k+1} a_{k+2}} = \frac{1}{a_2} - \frac{1}{a_{n+2}}$

이 성립한다고 가정하자. 그러면 다음 등식

$$\sum_{k=1}^{n+1} \frac{a_k}{a_{k+1}a_{k+2}} = \sum_{k=1}^{n} \frac{a_k}{a_{k+1}a_{k+2}} + \frac{a_{n+1}}{a_{n+2}a_{n+3}}$$

$$= \left(\frac{1}{a_2} - \frac{1}{a_{n+2}}\right) + \left(\frac{1}{a_{n+2}} - \frac{1}{a_{n+3}}\right) = \frac{1}{a_2} - \frac{1}{a_{n+3}}$$

이 성립한다. 따라서 모든 자연수 n에 대하여 등식 (7)이 성립한다.

4.2.1. 다음 m개의 수

$$1, \ f(1), \ f^2(1), \ \cdots, \ f^{m-1}(1)$$

가운데 같은 것이 있다고 하면 서로 다른 적당한 i, j에 대하여 $f^i(1) = f^j(1)$ 이다. 여기에서 i, j는 서로 다르므로 $i > j$이거나 $i < j$이어야 한다. 편의상 $i > j$라 하자. 함수 f가 전단사함수이므로 역함수가 존재하고, 등식 $f^i(1) = f^j(1)$의 양변에 $(f^{-1})^j$를 합성하면 $f^{i-j}(1) = 1$이다. 그런데 $0 \leqq j < i \leqq m-1$이므로 $i-j$는 $m-1$ 이하의 자연수이고, 이는 m이 $f^r(1) = 1$을 만족하는 최소의 자연수라는 데 모순이다.

4.2.2. 교란순열의 수 D_n을

$$D_n = n!\left(\frac{1}{0!} - \frac{1}{1!} + \frac{1}{2!} - \cdots + \frac{(-1)^n}{n!}\right)$$

으로 정의해도 마찬가지이므로 $D_0 = 0! \cdot \frac{1}{0!} = 1$이다.

4.3.1. 급수는 부분합의 수열이므로 처음 몇 항을 나열하여 보면

$$1, \ 1 + (-1) = 0, \ 1 + (-1) + 1 = 1, \ 1 + (-1) + 1 + (-1) = 0, \ \cdots$$

이다.

4.3.2. 수열 $\{a_n\}$이 증가수열임을 증명하자. 먼저 $a > 1$이므로 부등식 $a_1 = a^1 < a^a = a^{a_1} = a_2$가 성립한다. 이제 $a_n < a_{n+1}$이라 가정하면 부등식 $a_{n+1} = a^{a_n} < a^{a_{n+1}} = a_{n+2}$가 성립한다. 따라서 $\{a_n\}$은 증가수열이다.

이제 모든 자연수 n에 대하여 $a_n < \alpha$임을 증명하자. 먼저 $0 < x \leqq 1$이면 $a^x > 1$이므로 부등식 $a^x - x > 1 - x \geqq 0$이 성립한다. 한편, $x = 0$이어도 $a^x > x$가 성립하므로 $\alpha > 1$이다. 이제 $a_1 = a^1 < a^\alpha = \alpha$가 성립하고, $a_n < \alpha$라 가정하면 $a_{n+1} = a^{a_n} < a^\alpha = \alpha$가 성립한다. 따라서 모든 자연수 n에 대하여 $a_n < \alpha$가 성립한다.

완비성공리에 의하여 수열 $\{a_n\}$ 이 수렴하므로 그 수렴값을 β 라 하자. 모든 자연수 n 에 대하여 $a_n < \alpha$ 이므로 $\beta \leqq \alpha$ 이다. 한편 점화식 $a_{n+1} = a^{a_n}$ 에 극한을 취하면 $a^\beta = \beta$ 를 얻으므로 β 는 방정식 $a^x = x$ 의 근이고, $\beta \geqq \alpha$ 이다. 따라서 $\beta = \alpha$ 이다.

4.3.3. 비교판정법의 대우는 '급수 $\sum_{n=1}^\infty a_n$ 이 수렴하지 않으면(발산하면) $\sum_{n=1}^\infty b_n$ 도 수렴하지 않는다(발산한다)' 이다. 그런데 원래 명제가 참이므로 대우도 참이다.

4.3.4. 부등식 $\frac{1}{2^{-[-\log_2 n]}} \leqq \frac{1}{n}$ 을 증명하기 위하여 부등식 $2^{-[-\log_2 n]} \geqq n$ 을 증명하여도 된다. 일반적으로 부등식 $[x] \leqq x$ 가 성립하므로 부등식 $[-\log_2 n] \leqq -\log_2 n$ 이 성립한다. 따라서 부등식 $-[-\log_2 n] \geqq \log_2 n$ 으로부터 다음 부등식 $2^{-[-\log_2 n]} \geqq 2^{\log_2 n} = n$ 을 얻는다.

4.3.5. 급수 $\sum_{n=1}^\infty \frac{1}{n}$ 의 제 2^n 항까지의 합이 $1 + \frac{n}{2}$ 보다 크므로 제 2^{198} 항까지의 합은 100 을 넘는다.

4.3.6. 1 이하의 양수 p 에 대하여 부등식 $\frac{1}{n^p} \geqq \frac{1}{n}$ 이 성립하고 급수 $\sum_{n=1}^\infty \frac{1}{n}$ 이 발산하므로 비교판정법에 의하여 급수 $\sum_{n=1}^\infty \frac{1}{n^p}$ 도 발산한다.

4.3.7. 다음 등식

$$\sum_{n=2}^\infty \frac{1}{n(n-1)} = \sum_{n=2}^\infty \left(\frac{1}{n-1} - \frac{1}{n} \right) = 1$$

으로부터 급수 $\sum_{n=2}^\infty \frac{1}{n(n-1)}$ 은 수렴한다. 따라서 비교판정법에 의하여 급수 $\sum_{n=1}^\infty \frac{1}{n^2}$ 도 수렴한다. 2 이상의 양수 p 에 대하여 부등식 $\frac{1}{n^p} \leqq \frac{1}{n^2}$ 이 성립하고 $\sum_{n=1}^\infty \frac{1}{n^2}$ 이 수렴하므로 비교판정법에 의하여 급수 $\sum_{n=1}^\infty \frac{1}{n^p}$ 도 수렴한다.

4.3.8. 함수 $y = \frac{1}{x}$ 이 감소함수이므로 임의의 자연수 n 에 대하여 다음 부등식

$$\frac{1}{n+1} < \int_n^{n+1} \frac{1}{x} dx < \frac{1}{n}$$

이 성립한다. 따라서 임의의 자연수 n 에 대하여 부등식 $0 < \gamma_n < \frac{1}{n} - \frac{1}{n+1}$ 이 성립한다. 그런데 $\sum_{n=1}^\infty \left(\frac{1}{n} - \frac{1}{n+1} \right) = 1$ 이므로 비교판정법에 의하여 급수 $\sum_{n=1}^\infty \gamma_n$ 도 수렴한다.

4.3.9. 모든 자연수 n 에 대하여 다음 부등식

$$\frac{\frac{1}{(n+1)!}}{\frac{1}{n!}} = \frac{n!}{(n+1)!} = \frac{1}{n+1} \leq \frac{1}{2}$$

이 성립하므로 비율판정법에 의하여 급수 $\sum_{n=1}^{\infty} \frac{1}{n!}$ 은 수렴한다.

4.3.10. 임의의 자연수 n 에 대하여 부등식 $a_n \geqq a_1 r^{n-1} \geqq a_1 > 0$ 이 성립하므로 $\lim_{n \to \infty} a_n \geqq a_1 > 0$ 이다. 따라서 일반항 판정법에 의하여 급수 $\sum_{n=1}^{\infty} a_n$ 은 발산한다. 그냥 $\frac{a_{n+1}}{a_n} \geqq 1$ 이어도 $a_n \geqq a_1 > 0$ 이므로 급수 $\sum_{n=1}^{\infty} a_n$ 은 여전히 발산한다.

4.3.11. 함수 f 를 $f(x) = \frac{1}{x^p}$ 로 놓으면 적분판정법의 전제조건

$$\text{연속함수, 항상 양의 값을 취한다, 감소함수, } f(n) = \frac{1}{n^p}$$

을 만족하므로 적분판정법을 쓸 수 있다. 이제

$$\lim_{n \to \infty} \int_1^n \frac{1}{x^p} dx = \lim_{n \to \infty} \frac{1}{p-1} \left(1 - \frac{1}{n^{p-1}} \right) = \infty$$

이므로 급수 $\sum_{n=1}^{\infty} \frac{1}{n^p}$ 은 발산한다.

4.3.12. 수열 $\{a_n\}$ 이 양항감소수열이므로 다음 부등식

$$
\begin{aligned}
S_{2n+1} - S_{n+1} &= a_{n+2} + a_{n+3} + \cdots + a_{2n+1} \\
&> a_{2n+1} + a_{2n+1} + \cdots + a_{2n+1} = n a_{2n+1} > 0
\end{aligned}
$$

이 성립한다. 그런데 급수 $\sum_{n=1}^{\infty} a_n$ 이 수렴하므로 그 수렴값을 S 라 하면 $0 \leqq \lim_{n \to \infty} n a_{2n+1} \leqq \lim_{n \to \infty} (S_{2n+1} - S_{n+1}) = S - S = 0$ 이고 따라서

$$\lim_{n \to \infty} (2n+1) a_{2n+1} = 2 \lim_{n \to \infty} n a_{2n+1} + \lim_{n \to \infty} a_{2n+1} = 0$$

이다.

4.3.13. 수열 $\left\{ \frac{1}{n \ln n} \right\}$ 에 대하여 $\lim_{n \to \infty} n \cdot \frac{1}{n \ln n} = \lim_{n \to \infty} \frac{1}{\ln n} = 0$ 이 성립하지만

$$\lim_{n \to \infty} \int_2^n \frac{1}{x \ln x} dx = \lim_{n \to \infty} \int_{\ln 2}^{\ln n} \frac{1}{t} dt = \lim_{n \to \infty} (\ln \ln n - \ln \ln 2) = \infty$$

이므로 적분판정법에 의하여 급수 $\sum_{n=1}^{\infty} \frac{1}{n \ln n}$ 은 발산한다.

4.3.14. 수열 $\left\{ \frac{1}{n} \right\}$ 은 양항감소수열이고 $\lim_{n \to \infty} \frac{1}{n} = 0$ 이므로 교대급수 판정법에 의하여 교대급수 $\sum_{n=1}^{\infty} (-1)^{n+1} \frac{1}{n}$ 은 수렴한다.

4.3.15. 함수 f 의 그래프를 그리면 구간 $[0, \pi]$, $[2\pi, 3\pi]$, $\cdots$ 에서 음이 아니고, 구간 $[\pi, 2\pi]$, $[3\pi, 4\pi]$, $\cdots$ 에서 양이 아니므로 $\{a_n\}$ 은 교대수열이고 급수 $\sum_{n=1}^{\infty} a_n$ 이 수렴할 것임을 예상할 수 있다.

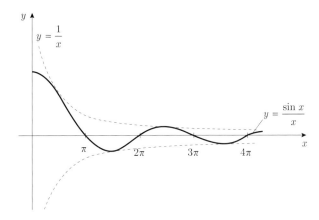

임의의 양수 x 에 대하여 $|\sin x| = |\sin(x + \pi)|$ 이므로 다음 부등식

$$\left| \frac{\sin(x + \pi)}{x + \pi} \right| < \left| \frac{\sin x}{x} \right|$$

이 성립한다. 따라서 다음 부등식

$$\int_{n\pi}^{(n+1)\pi} \left| \frac{\sin x}{x} \right| dx = \int_{(n-1)\pi}^{\pi} \left| \frac{\sin(x + \pi)}{x + \pi} \right| dx < \int_{(n-1)\pi}^{\pi} \left| \frac{\sin x}{x} \right| dx$$

로부터 $\{|a_n|\}$ 은 양항감소수열이다.

그리고 n 이 2 이상의 자연수이면 구간 $[(n-1)\pi, n\pi]$ 에서 $|f(x)| \leqq \frac{1}{x} \leqq \frac{1}{(n-1)\pi}$ 이 성립한다. 따라서 부등식 $|a_n| \leqq \pi \cdot \frac{1}{(n-1)\pi} = \frac{1}{n-1}$ 으로부터 $\lim_{n \to \infty} |a_n| = 0$ 이다. 이제 $a_n = (-1)^{n+1} |a_n|$ 이므로 교대급수 판정법에 의하여 급수 $\sum_{n=1}^{\infty} a_n$ 은 수렴한다.

4.3.16. 교대급수 $\sum_{n=1}^{\infty} (-1)^{n+1} \frac{n+1}{n}$ 이 수렴한다고 가정하자. 그러면 일반항 판정법에 의하여 $\lim_{n \to \infty} (-1)^{n+1} \frac{n+1}{n} = 0$ 이므로

$$\lim_{n \to \infty} \left| (-1)^{n+1} \frac{n+1}{n} \right| = \lim_{n \to \infty} \frac{n+1}{n} = 0$$

이 되어 모순이다. 따라서 교대급수 $\sum_{n=1}^{\infty} (-1)^{n+1} \frac{n+1}{n}$ 은 발산한다.

4.3.17. 교대급수 $\sum_{n=1}^{\infty} a_n$ 의 제 $2n$ 항까지의 부분합에 대하여 다음 부등식

$$1 - \frac{1}{4} + \frac{1}{3} - \frac{1}{16} + \cdots - \frac{1}{2^{2n}}$$
$$= \left(1 + \frac{1}{3} + \cdots + \frac{1}{2n-1}\right) - \left(\frac{1}{4} + \frac{1}{16} + \cdots + \frac{1}{4^n}\right)$$
$$> \left(\frac{1}{2} + \frac{1}{4} + \cdots + \frac{1}{2n}\right) - \frac{1}{3}$$

가 성립한다. 따라서 극한을 취하면 발산한다.

5.1.1. 위에서 정의한 함수 f 의 도함수 f' 는 $x = 0$ 에서 불연속이므로 f 는 일급함수가 아니다.

5.1.2. 먼저 $f'(0)$ 은 정의에 의하여

$$f'(0) = \lim_{h \to 0} \frac{f(h) - f(0)}{h} = \lim_{h \to 0} \frac{h^m \sin \frac{1}{h^n}}{h} = \lim_{h \to 0} h^{m-1} \sin \frac{1}{h^n}$$

이므로 $f'(0)$ 이 존재하려면 $m > 1$ 이어야 하고, 이 때 $f'(0) = 0$ 이다. 한편, $x \neq 0$ 이면

$$f'(x) = mx^{m-1} \sin \frac{1}{x^n} - nx^{m-n-1} \cos \frac{1}{x^n}$$

이다. 그런데 $m > 1$ 이라 하면 위 도함수의 첫째 항이 0으로 수렴하므로 $\lim_{x \to 0} f'(x) = f'(0) = 0$ 이려면 둘째 항도 0으로 수렴해야 한다. 따라서 $m > n + 1$ 이다. 문제에서 n 은 자연수라 했으므로 $n + 1 > 1$ 이다. 따라서 f 가 일급함수일 m, n 의 조건은 $m > n + 1$ 이다.

5.1.3. 영급함수는 영계도함수가 연속인 함수라 할 수 있으므로 연속함수로 정의한다.

5.1.4. 함수 f_0 을

$$f_0(x) = \begin{cases} x^2 \sin \frac{1}{x} & (x \neq 0) \\ 0 & (x = 0) \end{cases}$$

으로 정의하고 함수 f_k 를

$$f_k(x) = \int_0^x f_{k-1}(t) dt \quad (k = 1, \ 2, \ \cdots)$$

로 귀납적으로 정의하면 f_k 의 k 계도함수는 f_0 이므로 f_k 는 k 급함수이지만 $k + 1$ 계도함수는 f_0' 이므로 $k + 1$ 급함수는 아니다.

5.1.5. 함수 f, g 가 일급함수라 하면 그 합과 곱, 합성의 도함수는

$$(f(x) + g(x))' = f'(x) + g'(x)$$
$$(f(x)g(x))' = f'(x)g(x) + f(x)g'(x)$$
$$(f(g(x)))' = f'(g(x))g'(x)$$

이다. 위 등식의 우변에 나오는 함수는 모두 연속이므로 f, g 의 합과 곱, 합성은 일급함수이다. 이제 k 에 대하여 명제가 성립한다 가정하고 f, g 가 $k+1$ 급함수라 하면 위 등식의 우변에 나오는 함수는 모두 k 급함수이므로 가정에 의하여 도함수가 k 급함수이고, 그 합과 곱, 합성은 당연히 $k+1$ 급함수이다. 무한급함수는 임의의 자연수 k 에 대하여 k 급이므로 그 합과 곱, 합성도 k 급함수이고, 따라서 무한급함수이다.

5.1.6. (i) 다항함수와 분수함수

다항함수를 거듭 미분하면 0 이 되므로 다항함수는 무한급함수이다. 분수함수는 두 다항함수의 몫으로 나타나는 함수이다. 분수함수가 다항식 $p(x)$, $q(x)$ 에 대하여 $y = \frac{p(x)}{q(x)}$ 로 나타난다고 하자. 그러면 $p(x)$ 는 다항함수이므로 무한급함수이고, 함수 $y = \frac{1}{q(x)}$ 는 $y = q(x)$ 와 $y = \frac{1}{x}$ 의 합성이므로 무한급함수이다. 따라서 이 두 함수의 곱인 $y = \frac{p(x)}{q(x)}$ 도 무한급함수이다.

(ii) 지수함수와 로그함수

지수함수는 아무리 미분하여도 변하지 않으므로 무한급함수이다. 로그함수는 함수 $y = \frac{1}{x}$ 의 부정적분이므로 역시 무한급함수이다.

(iii) 무리함수

무리함수는 유리함수와 함수 $y = \sqrt[n]{x}$ 의 합과 곱, 합성으로 나타나는 함수이다. 유리함수는 무한급함수이고, 양수에서는 $\sqrt[n]{x} = e^{\frac{1}{n}\log x}$ 이 성립하므로 $y = \sqrt[n]{x}$ 가 무한급함수이다. 따라서 이 두 함수의 합과 곱, 합성으로 나타나는 무리함수도 무한급함수이다.

(iv) 삼각함수

사인함수, 코사인함수를 거듭 미분하여 보면

$$\sin \longrightarrow \cos \longrightarrow -\sin \longrightarrow -\cos \longrightarrow \sin \longrightarrow \cdots$$

과 같이 4 를 주기로 순환하므로 사인함수, 코사인함수는 무한급함수이다. 탄젠트함수는 사인함수와 코사인함수의 비로 나타나므로 무한급함수이다.

5.1.7. 함수 $y = x$ 의 도함수는

$$y' = \lim_{h \to 0} \frac{(x+h) - x}{h} = \lim_{h \to 0} 1 = 1 = 1x^0$$

이므로 $n = 1$ 일 때 성립한다. 이제 $y = x^n$ 의 도함수가 $y' = nx^{n-1}$ 이라 가정하면 $y = x^{n+1}$ 의 도함수는 곱의 미분법에 의하여

$$y' = (x^n x)' = (x^n)'x + x^n x' = nx^{n-1}x + x^n = (n+1)x^n$$

이다. 따라서 임의의 자연수 n 에 대하여 $(x^n)' = nx^{n-1}$ 이 성립한다.

5.1.8. 함수 $y = x^m$ 에서 m 이 자연수인 경우는 이미 증명하였다. 따라서 m 이 음의 정수인 경우만 증명하면 된다. 함수 $y = \frac{1}{x}$ 의 도함수는 몫의 미분법에 의하여 $y' = -\frac{1}{x^2}$ 이므로 $m = -1$ 일 때 성립한다. 이제 $y = x^m$ 의 도함수가 $y = mx^{m-1}$ 이라 가정하면 $y = x^{m-1}$ 의 도함수는 곱의 미분법에 의하여 다음 등식

$$(x^m x^{-1})' = (x^m)'x^{-1} + x^m(x^{-1})' = mx^{m-1}x^{-1} + x^m(-x^{-2}) = (m-1)x^{m-2}$$

이 성립한다. 따라서 임의의 음의 정수 m 에 대하여 $(x^m)' = mx^{m-1}$ 이 성립한다.

5.1.9. 함수 $y = x^c$ 의 양변이 양수이므로 로그를 취하면 $\ln y = c \ln x$ 가 된다. 양변을 x 에 대하여 미분하면 $\frac{y'}{y} = \frac{c}{x}$ 가 성립한다. 이제 y' 에 관하여 정리하면

$$y' = \frac{cy}{x} = \frac{cx^c}{x} = cx^{c-1}$$

이 성립한다.

5.1.10. 본문의 증명은 함수가 취하는 값의 부호에 상관 없이 쓸 수 있지만 계산이 복잡하다. 반면에 로그미분법은 계산이 간단하지만 함수가 취하는 값이 언제나 양일 때에만 쓸 수 있고, 그렇지 않은 경우에 쓰려고 하면 절대값을 붙여야 한다.

5.2.1. 다음 등식

$$\lim_{h \to 0} \frac{f(1+h) - f(1-h)}{2h} = \lim_{h \to 0} \frac{|h| - |-h|}{2h} = \lim_{h \to 0} \frac{|h| - |h|}{2h} = 0$$

을 보면 된다.

5.2.2. 먼저 $\lim_{h \to 0}[f(h) - f(-h)] = \lim_{h \to 0}(|h| - |-h|) = 0$ 이므로 f 는 $x = 0$ 에서 대칭
연속이다. 그러나 $\lim_{x \to 0} f(x) = 0$, $f(0) = 1$ 이므로 $x = 0$ 에서 연속이 아니다.
한편 다음 등식

$$\lim_{h \to 0}[g(h) - g(-h)] = \lim_{h \to 0}\left(\frac{1}{h^2} - \frac{1}{(-h)^2}\right) = \lim_{h \to 0}\left(\frac{1}{h^2} - \frac{1}{h^2}\right) = 0$$

으로부터 g 는 $x = 0$ 에서 대칭연속이다. 그러나 $\lim_{x \to 0} g(x) = \infty$ 이므로 $x = 0$
에서 연속이 아니다.

5.2.3. 함수 f 를

$$f(x) = \begin{cases} 1 & (x \geqq 0) \\ 0 & (x < 0) \end{cases}$$

으로 정의하자. 그러면 $\lim_{h \to 0+}[f(h) - f(-h)] = 1 - 0 = 1$ 이므로 f 는 $x = 0$
에서 대칭연속이 아니다.

5.2.4. 함수 f 가 $x = 1$ 에서 대칭미분가능하다는 것은 이미 증명하였다. 그런데
$\frac{f(1+h) - f(1)}{h} = \frac{|h|}{h}$ 이므로 $\lim_{h \to 0+} \frac{|h|}{h} = 1$, $\lim_{h \to 0-} \frac{|h|}{h} = -1$ 이다. 좌극한값과 우극
한값이 다르므로 극한값이 존재하지 않고 따라서 f 는 $x = 0$ 에서 미분가능
하지 않다.

5.2.5. 자연수 n 에 대하여 $10^{n-1}p = \alpha_0 \cdots \alpha_{n-1}.\alpha_n \alpha_{n+1} \cdots$ 이다. 그런데 $p > 0$ 이
므로 $[10^{n-1}p] = \alpha_0 \cdots \alpha_{n-1}$ 이고 $\frac{1}{10^{n-1}}[10^{n-1}p] = \alpha_0.\alpha_1 \cdots \alpha_{n-1} = p_n$ 이다.

5.2.6. 집합 A 의 원소는 적당한 정수 n 에 대하여 $\frac{1}{n}$ 이고, 이 때 $-n$ 도 정수이
므로 $-\frac{1}{n} = \frac{1}{-n}$ 도 A 의 원소이다. 따라서 A 는 대칭집합이다. 이제 $h \in A$
이면 $-h \in A$ 이므로 $f(h) = f(-h) = 1$ 이고, $h \notin A$ 이면 $-h \notin A$ 이므로
$f(h) = f(-h) = 0$ 이다. 따라서 $\lim_{h \to 0} \frac{f(h) - f(-h)}{2h} = 0$ 이고, f 는 $x = 0$ 에서
대칭미분가능하다.

5.2.7. 다음 등식

$$\lim_{h \to 0}[f(h) - f(-h)] = \lim_{h \to 0}(h^{\frac{1}{3}} - (-h)^{\frac{1}{3}}) = 0$$

이 성립하므로 f 는 $x = 0$ 에서 대칭연속이다. 그러나

$$\lim_{h \to 0} \frac{f(h) - f(-h)}{2h} = \lim_{h \to 0} \frac{h^{\frac{1}{3}} - (-h)^{\frac{1}{3}}}{2h} = \lim_{h \to 0} \frac{2h^{\frac{1}{3}}}{2h} = \lim_{h \to 0} \frac{1}{h^{\frac{2}{3}}} = \infty$$

이므로 $x = 0$ 에서 대칭미분가능하지 않다.

5.3.1. 이제 $f(x) < f(a)$ 라 하자. 그러면 f 는 최소값을 가지고 최소점 c 는 구간의 양끝이 아니다. 이제 모든 x 에 대하여 $f(x) \geqq f(c)$ 이므로 $x > c$ 이면 부등식 $\frac{f(x)-f(c)}{x-c} \geqq 0$ 이, $x < c$ 이면 부등식 $\frac{f(x)-f(c)}{x-c} \leqq 0$ 이 성립하고, 여기에 극한을 취하면 다음 부등식

$$\lim_{x \to c+} \frac{f(x)-f(c)}{x-c} \geq 0, \quad \lim_{x \to c-} \frac{f(x)-f(c)}{x-c} \leq 0$$

이 성립한다. 그런데 f 가 열린 구간 (a,b) 에서 미분가능하므로 다음 부등식

$$0 \leq \lim_{x \to c+} \frac{f(x)-f(c)}{x-c} = f'(c) = \lim_{x \to c-} \frac{f(x)-f(c)}{x-c} \leq 0$$

으로부터 $f'(c) = 0$ 이다.

5.3.2. 최대점 또는 최소점이 구간의 양끝이면 좌극한 또는 우극한이 정의되지 않으므로 이런 논증을 할 수 없다. 함수 f 가 상수함수가 아니면 최대점 또는 최소점은 구간의 양끝이 아니므로 이런 논증이 유효하다.

5.3.3. 롤의 정리로부터 평균값 정리를 유도하는 것은 이미 본문에서 하였다. 역으로 평균값 정리로부터 롤의 정리를 유도하자. 함수 f 가 닫힌 구간 $[a,b]$ 에서 연속이고 열린 구간 (a,b) 에서 미분가능하다고 하자. 그러면 평균값 정리에 의하여 $\frac{f(b)-f(a)}{b-a} = f'(c)$ 를 만족하는 c 가 열린 구간 (a,b) 에 존재한다. 그런데 $f(a) = f(b)$ 라 했으므로 $f'(c) = 0$ 이다.

5.3.4. 평균값 정리에 의하여 다음 등식

$$f(x+1) - f(x) = \frac{f(x+1) - f(x)}{(x+1) - x} = f'(c_x)$$

를 만족하는 c_x 가 열린 구간 $(x, x+1)$ 에 존재한다. 그런데 $x \longrightarrow \infty$ 이면 $c_x \longrightarrow \infty$ 이므로

$$\lim_{x \to \infty} [f(x+1) - f(x)] = \lim_{x \to \infty} f'(c_x) = \lim_{x \to \infty} f'(x) = \alpha$$

이다.

5.3.5. 적분의 평균값 정리에 의하여 $\frac{1}{b-a} \int_a^b f(x)dx = f(c)$ 를 만족하는 c 가 열린 구간 (a,b) 에 존재한다. 그런데 M, m 은 각각 닫힌 구간 $[a,b]$ 에서 함수 f 의 최대값과 최소값이므로 부등식 $f(c) \leqq M$, $f(c) \geqq m$ 이 성립한다.

5.3.6. 함수 f 가 $x = x_M$, $x = x_m$ 에서 각각 최대값 M, 최소값 m 을 가진다고 하자. 그러면 다음 부등식

$$m \int_a^b g(t)dt = \int_a^b mg(t)dt \leqq \int_a^b f(t)g(t)dt \leqq \int_a^b Mg(t)dt = M \int_a^b g(t)dt$$

가 성립한다. 이제 함수 h 를

$$h(x) = f(x) \int_a^b g(t)dt - \int_a^b f(t)g(t)dt$$

로 정의하면 h 는 연속함수이고 $h(x_M) \geqq 0$, $h(x_m) \leqq 0$ 이다. 만약 $h(x_M) = 0$ 또는 $h(x_m) = 0$ 이면 $c = x_M$, x_m 으로 놓으면 되고, $h(x_M) > 0$, $h(x_m) < 0$ 이면 사이값 정리에 의하여 $h(c) = 0$ 을 만족하는 c 가 x_m 과 x_M 사이에 존재한다.

5.3.7. 평균값 정리로부터 코시의 평균값 정리를 유도하는 것은 이미 본문에서 하였다. 역으로 코시의 평균값 정리로부터 평균값 정리를 유도하자. 함수 f 가 닫힌 구간 $[a,b]$ 에서 연속이고 열린 구간 (a,b) 에서 미분가능하다고 하자. 함수 g 를 $g(x) = x$ 라 놓으면 g 또한 닫힌 구간 $[a,b]$ 에서 연속이고 열린 구간 (a,b) 에서 미분가능하며 $g(a) \neq g(b)$, 열린 구간 (a,b) 에 속하는 모든 x 에 대하여 $g'(x) \neq 0$ 이다. 따라서 코시의 평균값 정리에 의하여 다음 등식

$$\frac{f(b) - f(a)}{b - a} = \frac{f(b) - f(a)}{g(b) - g(a)} = \frac{f'(c)}{g'(c)} = f'(c)$$

를 만족하는 c 가 열린 구간 (a,b) 에 존재한다.

5.3.8. 먼저 $f(a) = g(a) = 0$ 으로 정의하면 f, g 는 닫힌 구간 $[x,a]$ 에서 연속이고 열린 구간 (x,a) 에서 미분가능하므로 코시의 평균값 정리에 의하여

$$\frac{f(x)}{g(x)} = \frac{f(x) - f(a)}{g(x) - g(a)} = \frac{f'(c_x)}{g'(c_x)}$$

를 만족하는 c_x 가 열린 구간 (x,a) 에 존재한다. 그런데 $x \longrightarrow a-$ 이면 $c_x \longrightarrow a-$ 이므로 다음 등식

$$\lim_{x \to a-} \frac{f'(c_x)}{g'(c_x)} = \lim_{x \to a-} \frac{f'(x)}{g'(x)} = \lim_{x \to a} \frac{f'(x)}{g'(x)}$$

가 성립한다.

5.3.9. 함수 f, g 가 $x = a$ 에서 미분가능하고 $g'(a) \neq 0$ 이므로

$$\lim_{x \to a} \frac{f(x)}{g(x)} = \lim_{x \to a} \frac{\frac{f(x)-f(a)}{x-a}}{\frac{g(x)-g(a)}{x-a}} = \frac{\displaystyle\lim_{x \to a} \frac{f(x) - f(a)}{x - a}}{\displaystyle\lim_{x \to a} \frac{g(x) - g(a)}{x - a}} = \frac{f'(a)}{g'(a)}$$

이다. 그런데 로피탈의 정리에 의하여 $\lim_{x \to a} \frac{f'(x)}{g'(x)} = \lim_{x \to a} \frac{f(x)}{g(x)}$ 이므로 원하는 결론을 얻는다. 여기에서 f, g 가 일급이라는 가정은 필요하지 않다.

5.3.10. 다항식 $p(x)$ 가

$$p(x) = a_n x^n + a_{n-1} x^{n-1} + a_1 x + a_0$$

이라 하자. 임의의 자연수 n 에 대하여 $\lim_{x \to \infty} \frac{x^n}{e^x} = 0$ 이고 다음 등식

$$\frac{p(x)}{e^x} = a_n \frac{x^n}{e^x} + a_{n-1} \frac{x^{n-1}}{e^x} + \cdots + a_1 \frac{x}{e^x} + a_0 \frac{1}{e^x}$$

이 성립하므로 $\lim_{x \to \infty} \frac{p(x)}{e^x} = 0$ 이다. 여기에 등식 $e^x - p(x) = e^x \left(1 - \frac{p(x)}{e^x}\right)$ 를 생각하면 $\lim_{x \to \infty} (e^x - p(x)) = \infty$ 임을 알 수 있다.

5.3.11. 등식 $\lim_{x \to \infty} \frac{x^n}{e^x} = 0$ 에서 $x = \ln t$ 로 치환하면 $\lim_{t \to \infty} \frac{(\ln t)^n}{t} = 0$ 을 얻는다.

5.4.1. 미분계수의 정의에 의하여

$$f'(0) = \lim_{h \to 0} \frac{f(h) - f(0)}{h} = \lim_{h \to 0} \frac{h^2 \sin \frac{1}{h} + \frac{1}{2} h}{h} = \lim_{h \to 0} \left(h \sin \frac{1}{h} + \frac{1}{2} \right) = \frac{1}{2} > 0$$

이다. 함수 f 의 도함수 f' 는

$$f'(x) = \begin{cases} 2x \sin \frac{1}{x} - \cos \frac{1}{x} + \frac{1}{2} & (x \neq 0) \\ \frac{1}{2} & (x = 0) \end{cases}$$

이므로 자연수 n 에 대하여

$$\begin{aligned} f'(x_{2n}) &= \frac{1}{n\pi} \sin 2n\pi - \cos 2n\pi + \frac{1}{2} = -\frac{1}{2} < 0 \\ f'(x_{2n+1}) &= \frac{2}{(2n+1)\pi} \sin(2n+1)\pi - \cos(2n+1)\pi + \frac{1}{2} = \frac{3}{2} > 0 \end{aligned}$$

이 성립한다. 따라서 정리 5.4.6의 대우

$$f'(x) < 0 을 \text{ 만족하는 } x \text{ 가 존재하면 } f \text{ 는 증가함수가 아니다}$$

를 생각하면 f 는 증가함수가 아니다.

5.4.2. 집합 Y 에서 r 개의 원소를 고르기만 하면 그것들이 작은 순서대로 $f(1)$, $f(2)$, $\cdots$, $f(r)$ 이 된다. 따라서 구하는 함수의 개수는 ${}_n\mathrm{C}_r$ 개이다.

5.4.3. 집합 Y 에서 중복을 허락하여 r 개의 원소를 고르기만 하면 그것들이 작은 순서대로 $f(1)$, $f(2)$, $\cdots$, $f(r)$ 이 된다. 따라서 구하는 함수의 개수는 ${}_n\mathrm{H}_r$ 개이다.

5.4.4. 함수 f 가 다음 성질

$$a < b \text{ 이면 } f(a) > f(b)$$

를 만족하면 f 를 감소함수라 한다.

5.4.5. 함수 f 가 증가함수라 하자. 만약 $x_1 \neq x_2$ 이면 $x_1 < x_2$ 이거나 $x_1 > x_2$ 이다. 먼저 $x_1 < x_2$ 이면 $f(x_1) < f(x_2)$, $x_1 > x_2$ 이면 $f(x_1) > f(x_2)$ 이므로 $f(x_1) \neq f(x_2)$ 이다. 따라서 증가함수는 단사함수이다.

함수 f 가 감소함수라 하자. 만약 $x_1 \neq x_2$ 이면 $x_1 < x_2$ 이거나 $x_1 > x_2$ 이다. 먼저 $x_1 < x_2$ 이면 $f(x_1) > f(x_2)$, $x_1 > x_2$ 이면 $f(x_1) < f(x_2)$ 이므로 $f(x_1) \neq f(x_2)$ 이다. 따라서 감소함수는 단사함수이다.

5.4.6. 만약 $a < b$ 를 만족하는 실수 a, b 를 잡으면 평균값 정리에 의하여 다음 등식
$$\frac{f(b) - f(a)}{b - a} = f'(c)$$
를 만족하는 c 가 열린 구간 (a, b) 에 존재한다. 그런데 $f'(c) < 0$ 이므로 $f(a) > f(b)$ 이다. 따라서 f 는 감소함수이다.

5.4.7. 함수 $f(x) = x^3$ 은 미분가능하고 증가함수이지만 $f'(0) = 0$ 이므로 $f' > 0$ 이 성립하지 않는다.

5.4.8. 함수 f 를 $f(x) = \frac{\ln x}{x}$ 라 하면 f 가 구간 $(0, e]$ 에서 증가하므로 다음 부등식 $\sqrt{2} = e^{f(2)} < e^{f(e)} = e^{\frac{1}{e}}$ 이 성립한다. 이 부등식으로부터 함수 $y = (\sqrt{2})^x$ 의 그래프와 $y = \log_{\sqrt{2}} x$ 의 그래프는 서로 다른 두 점에서 만난다. 실제로 $(\sqrt{2})^2 = 2$, $\log_{\sqrt{2}} 2 = 2$ 이고 $(\sqrt{2})^4 = 4$, $\log_{\sqrt{2}} 4 = 4$ 이므로 $(2, 2)$, $(4, 4)$ 는 두 함수의 그래프의 교점이다.

5.4.9. 방정식 $a^b = b^a$ 의 양변에 로그를 취하고 ab 로 나누면 등식 $\frac{\ln a}{a} = \frac{\ln b}{b}$ 를 얻는다. 따라서 a, b 는 방정식 $\frac{\ln x}{x} = k$ 의 서로 다른 두 실근이다. 그런데 함수 $y = \frac{\ln x}{x}$ 는 구간 $(0, e]$ 에서 증가하고 $[e, \infty)$ 에서 감소하므로 작은 근은 e 보다 작고 큰 근은 e 보다 크다. 편의상 $a < b$ 라 하자. 먼저 $a = 1$ 이라 하면 $1^b = b^1$ 이 되어 모순이고, $a = 2$ 라 하면 $2^b = b^2$ 이므로 $b = 4$ 이다. 이제 $a < b$ 라는 제한을 없애면 $(a, b) = (2, 4)$, $(4, 2)$ 이다.

5.4.10. 임의의 점 a 에 대하여 $x > a$ 를 만족하는 x 를 잡으면 부등식 $\frac{f(x)-f(a)}{x-a} < 0$ 이 성립한다. 여기에 극한 $x \longrightarrow a+$ 를 취하면 f 가 미분가능하므로 다음 부등식

$$f'(a) = \lim_{x \to a+} \frac{f(x) - f(a)}{x - a} \leq 0$$

이 성립한다. 여기에서 a 는 임의의 점이므로 $f' \leq 0$ 이다.

도함수의 부호와 감소 사이의 관계를 정리하면

$$f' < 0 \implies f \text{ 가 감소한다} \implies f' \leq 0 \text{ 이다}$$

로 나타낼 수 있다.

5.5.1. 함수 f 가 $x = a$ 를 포함하는 어떤 열린 구간에 속하는 모든 x 에 대하여 부등식 $f(x) \geq f(a)$ 를 만족하면 f 가 $x = a$ 에서 극소라 한다.

5.5.2. 먼저 a 가 정수가 아니라 하자. 그러면 $x = a$ 를 포함하는 충분히 작은 구간에서 함수 $y = [x]$ 의 그래프는 상수함수와 같으므로 $x = a$ 에서 극대이자 극소이다. 이제 a 가 정수이면 a 를 포함하는 어떤 열린 구간에 대하여도 부등식 $f(x) \leq f(a)$ 가 성립하므로 $x = a$ 에서 극대이다. 따라서 이 함수의 극점은 모든 실수가 된다. 그러나 이 함수는 어느 점에서도 증가하다가 감소하거나, 감소하다가 증가하지 않는다.

5.5.3. 함수 f 가 $x = a$ 의 왼쪽에서 증가하고, 오른쪽에서 감소한다고 하자. 그러면 a 를 오른쪽 끝으로 하는 작은 구간과 왼쪽 끝으로 하는 작은 구간에서 모두 부등식 $f(x) \leq f(a)$ 가 성립하므로 f 는 $x = a$ 에서 극대이다.

함수 f 가 $x = a$ 의 왼쪽에서 감소하고, 오른쪽에서 증가한다고 하자. 그러면 a 를 오른쪽 끝으로 하는 작은 구간과 왼쪽 끝으로 하는 작은 구간에서 모두 부등식 $f(x) \geq f(a)$ 가 성립하므로 f 는 $x = a$ 에서 극소이다.

5.5.4. 함수 f 가 $x = a$ 에서 극소라 하자. 그러면 $x = a$ 를 포함하는 어떤 열린 구간에 속하는 모든 x 에 대하여 부등식 $f(x) \geq f(a)$ 가 성립한다. 이제 그

열린 구간에 속하면서 $x > a$ 를 만족하는 x 를 잡으면 부등식 $\frac{f(x)-f(a)}{x-a} \geqq 0$ 이, $x < a$ 를 만족하는 x 를 잡으면 부등식 $\frac{f(x)-f(a)}{x-a} \leqq 0$ 이 성립하고, 여기에 극한을 취하면 다음 부등식

$$\lim_{x \to a+} \frac{f(x) - f(a)}{x - a} \geqq 0, \quad \lim_{x \to a-} \frac{f(x) - f(a)}{x - a} \leqq 0$$

이 성립한다. 그런데 f 가 미분가능하므로 다음 부등식

$$0 \leqq \lim_{x \to a+} \frac{f(x) - f(a)}{x - a} = f'(a) = \lim_{x \to a-} \frac{f(x) - f(a)}{x - a} \leqq 0$$

으로부터 $f'(a) = 0$ 이다.

5.5.5. 함수 f 를 $f(x) = x^3$ 으로 놓으면 $f'(0) = 0$ 이지만 f 는 $x = 0$ 에서 극대도 극소도 아니다.

5.5.6. 함수 f 의 최소점이 구간의 양끝이면 증명할 것이 없다. 이제 f 의 최소점 c 가 열린 구간 (a, b) 에 속한다고 하자. 그러면 f 는 열린 구간 (a, b) 에 속하는 모든 x 에 대하여 부등식 $f(x) \geqq f(c)$ 가 성립하므로 f 는 $x = c$ 에서 극소이다. 한편, f 는 열린 구간 (a, b) 에서 미분가능하므로 $f'(c) = 0$ 이다. 따라서 f 의 최소점은 구간의 양끝이 아니면 임계점이다.

5.5.7. 함수 G 가 $x = b$ 에서 최소라 하면 닫힌 구간 $[a, b]$ 에 속하는 임의의 x 에 대하여 $G(x) \geqq G(b)$ 이고, $x < b$ 를 만족하는 x 를 잡으면 부등식 $\frac{G(x)-G(b)}{x-b} \leqq 0$ 이 성립한다. 여기에 극한 $x \longrightarrow b-$ 를 취하면 다음 부등식

$$G'(b) = \lim_{x \to b-} \frac{G(x) - G(b)}{x - b} \leqq 0$$

이 성립하는데, 이는 $G'(b) = f(b) - k > 0$ 에 모순이다.

5.5.8. 함수 f 의 부정적분이 존재한다고 가정하자. 이는 함수 f 가 어떤 함수의 도함수라 가정하는 것이므로 도함수의 사이값 정리에 의하여 0 과 1 사이의 실수 0.5 에 대하여 $f(c) = 0.5$ 를 만족하는 c 가 존재해야 하는데 그렇지 않으므로 모순이다. 따라서 f 의 부정적분은 존재하지 않는다.

5.5.9. 만약 $f'(a) < 0$, $f'(b) > 0$ 을 만족하는 a, b 가 존재한다고 하면 도함수의 사이값 정리에 의하여 $f'(c) = 0$ 을 만족하는 c 가 a, b 사이에 존재하고, 이는 정의역의 모든 x 에 대하여 $f'(x) \neq 0$ 이라는 데 모순이다.

5.6.1. 함수 f 가 다음 성질

$$a < x < b \text{ 이면 } f(x) > \frac{f(b)-f(a)}{b-a}(x-a) + f(a)$$

를 만족하면 f 를 위로 볼록하다고 한다.

5.6.2. 함수 f, g 가 아래로 볼록하다고 하자. 만약 $a < x < b$ 이면 다음 부등식

$$f(x) < \frac{f(b)-f(a)}{b-a}(x-a) + f(a), \quad g(x) < \frac{g(b)-g(a)}{b-a}(x-a) + g(a)$$

가 성립하므로 두 부등식을 변변 더하면 원하는 결론을 얻는다.

5.6.3. 만약 $a = b$ 이면 당연하다. 이제 $a \neq b$ 라 하고 두 점 $(a, f(a)), (b, f(b))$ 를 지나는 일차함수를 g 라 하면 함수 f 가 아래로 볼록하므로 부등식 $f\left(\frac{a+b}{2}\right) < g\left(\frac{a+b}{2}\right)$ 가 성립한다. 그런데 g 가 일차함수이므로 $g\left(\frac{a+b}{2}\right) = \frac{g(a)+g(b)}{2}$ 이고, $g(a) = f(a), g(b) = f(b)$ 이므로 원하는 결론을 얻는다. 이 부등식에서 등호는 $\frac{a+b}{2} = a, b$ 일 때, 즉 $a = b$ 일 때 성립한다.

5.6.4. 함수 f 가 아래로 볼록하므로 다음 부등식

$$g(x) = f(x) + f(-x) \geq 2f\left(\frac{x+(-x)}{2}\right) = 2f(0)$$

이 성립한다. 위 부등식에서 등호는 $x = -x$, 즉 $x = 0$ 일 때 성립하므로, 함수 g 는 $x = 0$ 에서 최소값 $2f(0)$ 을 가진다.

5.6.5. 만약 $a = b$ 이면 당연하다. 이제 $a \neq b$ 라 하고 두 점 $(a, f(a)), (b, f(b))$ 를 지나는 일차함수를 g 라 하면 함수 f 가 아래로 볼록하므로 부등식 $f\left(\frac{ma+nb}{m+n}\right) < g\left(\frac{ma+nb}{m+n}\right)$ 가 성립한다. 그런데 g 가 일차함수이므로 $g\left(\frac{ma+nb}{m+n}\right) = \frac{mg(a)+ng(b)}{m+n}$ 이고, $g(a) = f(a), g(b) = f(b)$ 이므로 원하는 결론을 얻는다. 이 부등식에서 등호는 $\frac{ma+nb}{m+n} = a, b$ 일 때, 즉 $a = b$ 일 때 성립한다.

5.6.6. 만약 $n = 1$ 이면 증명할 것이 없다. 이제 부등식

$$f\left(\frac{a_1 + a_2 + \cdots + a_n}{n}\right) \leqq \frac{f(a_1) + f(a_2) + \cdots + f(a_n)}{n}$$

이 성립한다고 가정하자. 그러면 다음 부등식

$$f\left(\frac{a_1 + a_2 + \cdots + a_{n+1}}{n+1}\right)$$

$$= f\left(\frac{n}{n+1}\frac{a_1+a_2+\cdots+a_n}{n}+\frac{1}{n+1}a_{n+1}\right)$$

$$\leq \frac{n}{n+1}f\left(\frac{a_1+a_2+\cdots+a_n}{n}\right)+\frac{1}{n+1}f(a_{n+1})$$

$$\leq \frac{n}{n+1}\frac{f(a_1)+f(a_2)+\cdots+f(a_n)}{n}+\frac{1}{n+1}f(a_{n+1})$$

$$= \frac{f(a_1)+f(a_2)+\cdots+f(a_{n+1})}{n+1}$$

이 성립한다. 따라서 수학적귀납법에 의하여 모든 자연수 n 에 대하여 주어진 부등식이 성립한다.

이 부등식에서 등호는 각 자연수 $k=1,\,2,\,\cdots,\,n$ 에 대하여

$$\frac{a_1+a_2+\cdots+a_k}{k}=a_{k+1}$$

일 때, 즉 $a_1=a_2=\cdots=a_n$ 일 때 성립한다.

5.6.7. 먼저 $a<b$ 를 만족하는 $a,\,b$ 를 잡고, $a<x<b$ 를 만족하도록 x 를 잡는다. 함수 f 가 두 번 미분가능하므로 평균값 정리에 의하여 다음 등식

$$\frac{f(x)-f(a)}{x-a}=f'(c)$$

를 만족하는 c 가 열린 구간 (a,x) 에 존재한다. 마찬가지로 다음 등식

$$\frac{f(b)-f(x)}{b-x}=f'(d)$$

를 만족하는 d 가 열린 구간 (x,b) 에 존재한다. 그런데 $f''<0$ 이므로 f' 는 감소함수이고, $c<d$ 이므로 다음 부등식

$$\frac{f(x)-f(a)}{x-a}=f'(c)>f'(d)=\frac{f(b)-f(x)}{b-x}$$

가 성립한다.

이제 두 점 $(a,f(a))$, $(b,f(b))$ 를 지나는 일차함수를 g 라 하자. 이제 $f(x)>g(x)$ 임을 증명하자. 만약 $f(x)=g(x)$ 이면 $f'(c)$ 와 $f'(d)$ 의 값이 모두 직선 g 의 기울기가 되어 모순이다. 더구나 $f(x)<g(x)$ 이면 $f'(c)$ 는 직선 g 의 기울기보다 작고, $f'(d)$ 는 직선 g 의 기울기보다 크므로 모순이다. 따라서 $f(x)>g(x)$ 일 수밖에 없다.

5.6.8. 먼저 $\lim\limits_{x \to 0} g(x) = \lim\limits_{x \to 0} \dfrac{f(x) - f(0)}{x} = f'(0)$ 이므로 g 는 $x = 0$ 에서 연속이다.

이제 $a < b$ 라 하면 가능한 경우는

$$0 < a < b, \quad a < 0 < b, \quad a < b < 0$$

의 세 가지이다. 각각의 경우에 정리 5.6.1을 적용하면 어느 경우나 다음 부등식

$$g(a) = \frac{f(a) - f(0)}{a - 0} < \frac{f(b) - f(0)}{b - 0} = g(b)$$

를 얻는다. 따라서 g 는 증가함수이다.

5.6.9. 함수 $y = x^n$ 의 이계도함수는 $y'' = n(n-1)x^{n-2}$ 이므로 양수 x 에 대하여 $y'' > 0$ 이다. 따라서 함수 $y = x^n$ 은 아래로 볼록하다.

5.6.10. 로그함수 $y = \ln x$ 의 이계도함수는 $y'' = -\frac{1}{x^2}$ 이므로 $y'' < 0$ 이다. 따라서 로그함수 $y = \ln x$ 는 위로 볼록하다.

5.6.11. 로그함수가 아래로 볼록하므로 다음 부등식

$$\ln\left(\frac{a_1 + a_2 + \cdots + a_n}{n}\right) \geqq \frac{\ln a_1 + \ln a_2 + \cdots + \ln a_n}{n} = \ln(a_1 a_2 \cdots a_n)^{\frac{1}{n}}$$

이 성립한다. 따라서 이 부등식의 첫째 항과 셋째 항을 지수함수 $y = e^x$ 에 대입하면 지수함수가 증가함수이므로 일반화된 산술–기하평균 부등식

$$\frac{a_1 + a_2 + \cdots + a_n}{n} \geqq \sqrt[n]{a_1 a_2 \cdots a_n}$$

을 얻는다.

5.6.12. 먼저 $a < a_1 < b_1 < b$ 를 만족하는 a, a_1, b_1, b 를 잡고, a 로 수렴하는 감소수열 $\{a_n\}$ 과 b 로 수렴하는 증가수열 $\{b_n\}$ 을 생각하자. 다음 부등식

$$a < a_{n+1} < a_n < b_n < b_{n+1} < b$$

에 정리 5.6.1을 적용하면 다음 부등식

$$\frac{f(a_{n+1}) - f(a)}{a_{n+1} - a} > \frac{f(a_n) - f(a)}{a_n - a} > \frac{f(b) - f(b_n)}{b - b_n} > \frac{f(b) - f(b_{n+1})}{b - b_{n+1}}$$

을 얻는다. 함수 f 가 미분가능하므로 극한을 취하면 다음

$$f'(a) = \lim_{n \to \infty} \frac{f(a_n) - f(a)}{a_n - a} > \lim_{n \to \infty} \frac{f(b) - f(b_n)}{b - b_n} = f'(b)$$

가 성립하는데, 다음 수열

$$\left\{ \frac{f(a_n) - f(a)}{a_n - a} \right\}, \quad \left\{ \frac{f(b) - f(b_n)}{b - b_n} \right\}$$

은 각각 증가하고 감소하므로 극한을 취하여도 부등호에서 등호가 들어가지 않는다. 따라서 f' 는 감소함수이고, $f'' \leqq 0$ 이다.

이계도함수의 부호와 위로 볼록 사이의 관계를 정리하면

$$f'' < 0 \implies f \text{ 가 위로 볼록하다} \implies f'' \leqq 0$$

으로 나타낼 수 있다.

5.6.13. 이계미분계수의 정의에 의하여

$$f''(a) = \lim_{h \to 0} \frac{f'(a+h) - f'(a)}{h} = \lim_{h \to 0} \frac{f'(a+h)}{h} > 0$$

이므로 h 가 충분히 작으면 $\frac{f'(a+h)}{h} > 0$ 이 성립한다. 만약 $h > 0$ 이면 $f'(a+h) > 0$, $h < 0$ 이면 $f'(a+h) < 0$ 이므로 f 는 a 를 오른쪽 끝점으로 하는 작은 구간에서 감소하고, a 를 왼쪽 끝점으로 하는 작은 구간에서 증가한다. 따라서 f 는 $x = a$ 에서 극소이다.

6.1.1. 먼저 $f_+, f_- \geqq 0$ 을 증명하자. 만약 $f(x) \geqq 0$ 이면 $f_+(x) = f(x) \geqq 0$ 이고, $f(x) < 0$ 이면 $f_+(x) = 0$ 이므로 $f_+ \geqq 0$ 이다. 마찬가지로 $f(x) \geqq 0$ 이면 $f_-(x) = 0$ 이고, $f(x) < 0$ 이면 $f_-(x) = -f(x) > 0$ 이므로 $f_- \geqq 0$ 이다.

그리고 $f(x) \geqq 0$ 이면

$$f_+(x) = f(x), \quad \frac{|f(x)| + f(x)}{2} = \frac{f(x) + f(x)}{2} = f(x)$$

이고, $f(x) < 0$ 이면

$$f_+(x) = 0, \quad \frac{|f(x)| + f(x)}{2} = \frac{-f(x) + f(x)}{2} = 0$$

이므로 $f_+(x) = \frac{|f(x)| + f(x)}{2}$ 가 성립한다. 마찬가지로 $f(x) \geqq 0$ 이면

$$f_-(x) = 0, \quad \frac{|f(x)| - f(x)}{2} = \frac{f(x) - f(x)}{2} = 0$$

이고, $f(x) < 0$ 이면

$$f_-(x) = -f(x), \quad \frac{|f(x)| - f(x)}{2} = \frac{-f(x) - f(x)}{2} = -f(x)$$

이므로 $f_-(x) = \frac{|f(x)| - f(x)}{2}$ 가 성립한다.

함수 f 가 연속이면 연속함수인 절대값 함수와의 합성인 $|f(x)|$ 도 연속이다. 따라서 연속함수의 합과 상수배로 얻어지는 f_+, f_- 도 모두 연속이다.

6.1.2. 표기를 간단히 하기 위하여 닫힌 구간 $[a, b]$ 에서 함수 f 의 그래프와 x 축 사이의 넓이를 $S_a^b(f)$ 로 나타내자.

(i) 항상 0 이상인 경우

함수 f 가 항상 0 이상인 경우 다음

$$m(b - a) \leqq S_a^b(f_+) \leqq M(b - a), \quad S_a^b(f_-) = 0$$

이 성립한다.

(ii) 양과 음의 값을 모두 취하는 경우

함수 f 가 양과 음의 값을 모두 취하는 경우 다음

$$0 \leqq S_a^b(f_+) \leqq M(b - a), \quad 0 \leqq S_a^b(f_-) \leqq -m(b - a)$$

가 성립한다.

(iii) 항상 0 이하인 경우

함수 f 가 항상 0 이하인 경우 다음

$$S_a^b(f_+) = 0, \quad -M(b - a) \leqq S_a^b(f_-) \leqq -m(b - a)$$

가 성립한다.

이제 $I_a^b(f) = S_a^b(f_+) - S_a^b(f_-)$ 이므로, 어느 경우나 원하는 결론을 얻는다.

6.1.3. 표기를 간단히 하기 위하여 닫힌 구간 $[a, b]$ 에서 함수 f 의 그래프와 x 축 사이의 넓이를 $S_a^b(f)$ 로 나타내자. 기호 $I_a^b(f)$ 의 정의에 의하여

$$I_a^c(f) = S_a^c(f_+) - S_a^c(f_-), \quad I_c^b(f) = S_c^b(f_+) - S_c^b(f_-)$$

이므로 다음 등식

$$
\begin{aligned}
I_a^c(f) + I_c^b(f) &= [S_a^c(f_+) - S_a^c(f_-)] + [S_c^b(f_+) - S_c^b(f_-)] \\
&= [S_a^c(f_+) + S_c^b(f_+)] - [S_a^c(f_-) + S_c^b(f_-)] \\
&= S_a^b(f_+) - S_a^b(f_-) = I_a^b(f)
\end{aligned}
$$

가 성립한다.

6.1.4. 부등식 $L_n < A$ 에 극한을 취하면 $\lim\limits_{n \to \infty} L_n \leqq A$ 를 얻는다. 한편, 반대 방향의 부등호를 보이기 위하여 부등식 $L_n = A + (L_n - A) > A + (L_n - R_n)$ 에 극한을 취하면

$$\lim_{n \to \infty} L_n \geqq \lim_{n \to \infty} [A + (L_n - R_n)] = A$$

를 얻는다. 따라서 $\lim\limits_{n \to \infty} L_n = A$ 이다.

6.1.5. 감소함수에 대하여 위 정리에 상응하는 명제는

> 닫힌 구간 $[a, b]$ 에서 정의된 감소함수 f 에 대하여 $I_a^b(f) = A$ 라 하자. 그러면 (1)과 (2)로 정의된 수열 $\{L_n\}$ 과 $\{R_n\}$ 에 대하여 다음 등식
>
> $$\lim_{n \to \infty} L_n = \lim_{n \to \infty} R_n = A$$
>
> 가 성립한다

이다.

닫힌 구간 $[a, b]$ 를 n 등분한 점을 순서대로 $x_0, x_1, \cdots, x_n$ 이라 하자. 함수 f 가 감소함수이므로 각 자연수 k 에 대하여 다음 부등식

$$f(x_{k-1})(x_k - x_{k-1}) > I_{x_{k-1}}^{x_k}(f) > f(x_k)(x_k - x_{k-1})$$

이 성립한다. 이제 각 자연수 k 에 대하여 위 부등식을 변변 더하면 부등식

$L_n > A > R_n$ 을 얻는다. 그리고 R_n 과 L_n 의 차는

$$R_n - L_n = \sum_{k=1}^{n} f(x_k)(x_k - x_{k-1}) - \sum_{k=1}^{n} f(x_{k-1})(x_k - x_{k-1}) = \frac{f(b) - f(a)}{n}$$

으로 주어진다.

이제 수열 $\{L_n\}$ 과 $\{R_n\}$ 이 모두 A 로 수렴함을 증명하자. 부등식 $R_n < A$ 에 극한을 취하면 $\lim_{n \to \infty} R_n \leqq A$ 를 얻는다. 한편, 반대 방향의 부등호를 보이기 위하여 부등식 $R_n = A + (R_n - A) > A + (R_n - L_n)$ 에 극한을 취하면

$$\lim_{n \to \infty} R_n \geqq \lim_{n \to \infty} [A + (R_n - L_n)] = A$$

를 얻는다. 따라서 $\lim_{n \to \infty} R_n = A$ 이다. 그리고

$$\lim_{n \to \infty} L_n = \lim_{n \to \infty} [R_n - (R_n - L_n)] = A$$

이므로 모든 증명이 끝난다.

6.1.6. (가) 다음 극한

$$\lim_{n \to \infty} \sum_{k=1}^{n} \frac{k^3}{n^4} = \lim_{n \to \infty} \sum_{k=1}^{n} \left(\frac{k}{n}\right)^3 \frac{1}{n}$$

은 닫힌 구간 $[0, 1]$ 에서 함수 $y = x^3$ 의 정적분이다. 닫힌 구간 $[0, 1]$ 에서 함수 $y = x^3$ 이 증가하므로 이 극한은 수렴하고 그 수렴값은 $\int_0^1 x^3 dx = \frac{1}{4}$ 이다.

(나) 다음 극한

$$\lim_{n \to \infty} \sum_{k=1}^{n} \frac{n}{n^2 + k^2} = \lim_{n \to \infty} \sum_{k=1}^{n} \frac{1}{1 + \left(\frac{k}{n}\right)^2} \frac{1}{n}$$

은 닫힌 구간 $[0, 1]$ 에서 함수 $y = \frac{1}{1+x^2}$ 의 정적분이다. 닫힌 구간 $[0, 1]$ 에서 함수 $y = \frac{1}{1+x^2}$ 이 감소하므로 이 극한은 수렴한다. 그 수렴값을 구하기 위하여 $x = \tan \theta$ 로 치환하면

$$\int_0^1 \frac{1}{1 + x^2} dx = \int_0^{\frac{\pi}{4}} \frac{1}{1 + \tan^2 \theta} \sec^2 \theta d\theta = \frac{\pi}{4}$$

이다.

6.1.7. (가) 정적분 $\int_a^b f(x)dx$, $\int_a^b g(x)dx$ 를 정의하는 극한이 모두 수렴하므로 다음 등식

$$\int_a^b [f(x) + g(x)]dx$$
$$= \lim_{n\to\infty} \sum_{k=1}^n \left[f\left(a + \frac{b-a}{n}k\right) + g\left(a + \frac{b-a}{n}k\right) \right] \frac{b-a}{n}$$
$$= \lim_{n\to\infty} \sum_{k=1}^n f\left(a + \frac{b-a}{n}k\right) \frac{b-a}{n} + \lim_{n\to\infty} \sum_{k=1}^n g\left(a + \frac{b-a}{n}k\right) \frac{b-a}{n}$$
$$= \int_a^b f(x)dx + \int_a^b g(x)dx$$

가 성립한다.

(나) 정적분 $\int_a^b f(x)dx$ 를 정의하는 극한이 수렴하므로 상수 α 에 대하여 다음 등식

$$\int_a^b \alpha f(x)dx = \lim_{n\to\infty} \sum_{k=1}^n \alpha f\left(a + \frac{b-a}{n}k\right) \frac{b-a}{n}$$
$$= \alpha \lim_{n\to\infty} \sum_{k=1}^n f\left(a + \frac{b-a}{n}k\right) \frac{b-a}{n} = \alpha \int_a^b f(x)dx$$

가 성립한다.

(다) 정적분 $\int_a^b f(x)dx$ 를 정의하는 극한이 $I_a^b(f)$ 로 수렴하므로 다음 등식

$$\int_a^c f(x)dx + \int_c^b f(x)dx = I_a^c(f) + I_c^b(f) = I_a^b(f) = \int_a^b f(x)dx$$

가 성립한다.

6.1.8. 다음 등식

$$\int_a^b f(x)dx = \lim_{n\to\infty} \sum_{k=1}^n f\left(a + \frac{b-a}{n}k\right) \frac{b-a}{n}$$
$$= -\lim_{n\to\infty} \sum_{k=1}^n f\left(b + \frac{a-b}{n}k\right) \frac{a-b}{n} = -\int_b^a f(x)dx$$

가 성립한다.

6.1.9. (가) 만약 $a > b$이면 정리 6.1.2의 (가)에 의하여 다음 등식

$$\int_a^b [f(x) + g(x)]dx = -\int_b^a [f(x) + g(x)]dx$$
$$= -\int_b^a f(x)dx - \int_b^a g(x)dx = \int_a^b f(x)dx + \int_a^b g(x)dx$$

가 성립한다.

(나) 만약 $a > b$이면 정리 6.1.2의 (나)에 의하여 다음 등식

$$\int_a^b \alpha f(x)dx = -\int_b^a \alpha f(x)dx = -\alpha \int_b^a f(x)dx = \alpha \int_a^b f(x)dx$$

가 성립한다.

(다) 실수 a, b, c의 대소로 가능한 경우는

$$a < b < c, \quad a < c < b, \quad b < a < c$$
$$b < c < a, \quad c < a < b, \quad c < b < a$$

의 여섯 가지 경우이다. 각각의 경우에 정리 6.1.2의 (다)를 적용하면 어느 경우나 원하는 결론을 얻는다.

6.2.1. 위 보기에서 x를 t로, 1을 x로 바꾸면 다음 등식

$$\int_{-x}^{x} \frac{t^2}{1+e^t}dt = \int_0^x t^2 dt$$

가 성립함을 쉽게 확인할 수 있다. 따라서 $f'(x) = x^2$이다. 그런데 $f(0) = 0$ 이므로 $f(x) = \frac{1}{3}x^3$이다.

6.2.2. 무엇보다도 역함수가 존재해야 역함수 적분법을 논할 수 있다. 함수 f가 일급이라는 가정은 피적분함수 $tf'(t)$가 연속임을 보장하고, 정적분 $\int_a^b tf'(t)dt$ 가 정의되게 하며 부분적분 계산을 정당화시켜 준다. 마지막으로 모든 x에 대하여 $f'(x) \neq 0$이라는 가정은 $t = g(y)$로 치환할 때 g를 미분가능하게 해 주고 $dt = \frac{1}{f'(g(y))}dy$가 의미가 있도록 해 준다.

모든 x에 대하여 $f'(x) \neq 0$이면 도함수의 사이값 정리에 의하여 $f' > 0$ 또 는 $f' < 0$이므로 f는 증가함수 또는 감소함수이고, f의 치역을 공역으로 간주하면 전단사함수가 되어 역함수가 존재한다.

6.2.3. 함수 f, g 의 한 부정적분을 각각 F, G 라 하고 좌변을 미분하면

$$[F(x) - F(0) + G(f(x)) - G(f(0))]' = f(x) + g(f(x))f'(x) = f(x) + xf'(x)$$

이고, 우변을 미분하면 $[xf(x) - af(a)]' = f(x) + xf'(x)$ 이므로 좌변과 우변 사이에는 상수차밖에 없다. 그런데 양변에 $x = a$ 를 대입하면 좌변과 우변이 모두 0 이므로 좌변은 $xf(x) - af(a)$ 와 일치한다.

이 증명은 함수 $f(x)$ 가 미분가능하고 $g(x)$ 가 연속이라는 사실에만 의존하고 있으므로 일급, 모든 x 에 대하여 $f'(x) \neq 0$ 이라는 가정은 필요하지 않다.

6.2.4. 함수 f 가 연속함수일 때에도 역함수 적분법이 성립할 것이다. 그러나 f 가 연속함수라는 것만으로는 $xf(x)$ 가 미분가능하다고 할 수 없으므로 위와 같은 논증이 성립하지 않는다.

6.3.1. 특이적분 $\int_{-\infty}^{a} f(x)dx$ 는 $\int_{-\infty}^{a} f(x)dx = \lim_{G \to \infty} \int_{-G}^{a} f(x)dx$ 로 정의한다.

6.3.2. 정의에 의하여 $\int_{0}^{\infty} e^{-x}dx = \lim_{G \to \infty} \int_{0}^{G} e^{-x}dx = \lim_{G \to \infty} (1 - e^{-G}) = 1$ 이다.

6.3.3. 정의에 의하여 다음 등식

$$
\begin{aligned}
\int_{a}^{\infty} f(x)dx - \int_{b}^{\infty} f(x)dx &= \lim_{G \to \infty} \int_{a}^{G} f(x)dx - \lim_{G \to \infty} \int_{b}^{G} f(x)dx \\
&= \lim_{G \to \infty} \left(\int_{a}^{G} f(x)dx - \int_{b}^{G} f(x)dx \right) = \int_{a}^{b} f(x)dx
\end{aligned}
$$

가 성립한다. 마찬가지로 정의에 의하여 다음 등식

$$
\begin{aligned}
\int_{-\infty}^{b} f(x)dx - \int_{-\infty}^{a} f(x)dx &= \lim_{G \to \infty} \int_{-G}^{b} f(x)dx - \lim_{G \to \infty} \int_{-G}^{a} f(x)dx \\
&= \lim_{G \to \infty} \left(\int_{-G}^{b} f(x)dx - \int_{-G}^{a} f(x)dx \right) = \int_{a}^{b} f(x)dx
\end{aligned}
$$

가 성립한다. 따라서 다음 등식

$$\int_{a}^{\infty} f(x)dx - \int_{b}^{\infty} f(x)dx = \int_{-\infty}^{b} f(x)dx - \int_{-\infty}^{a} f(x)dx$$

가 성립하고 원하는 결론을 얻는다.

6.3.4. 특이적분 $\int_{-\infty}^{\infty} f(x)dx$ 가 정의되므로 특이적분 $\int_{0}^{\infty} f(x)dx$, $\int_{-\infty}^{0} f(x)dx$ 가 모두 수렴한다. 따라서 다음 등식

$$\lim_{G \to \infty} \int_{-G}^{G} f(x)dx = \lim_{G \to \infty} \int_{-G}^{0} f(x)dx + \lim_{G \to \infty} \int_{0}^{G} f(x)dx$$

$$= \int_{-\infty}^{0} f(x)dx + \int_{0}^{\infty} f(x)dx = \int_{-\infty}^{\infty} f(x)dx$$

가 성립한다.

6.3.5. 정의에 의하여 다음 등식

$$\int_{-\infty}^{b} f(x)dx = \lim_{G \to \infty} \int_{-G}^{b} f(x)dx = \lim_{G \to \infty} \left(\int_{-G}^{a} f(x)dx + \int_{a}^{b} f(x)dx \right)$$

$$= \lim_{G \to \infty} \int_{-G}^{a} f(x)dx + \int_{a}^{b} f(x)dx = \int_{-\infty}^{a} f(x)dx + \int_{a}^{b} f(x)dx$$

가 성립하므로 특이적분 $\int_{-\infty}^{b} f(x)dx$ 는 수렴한다.

6.3.6. 정의에 의하여

$$\int_{0}^{\infty} xdx = \lim_{G \to \infty} \int_{0}^{G} xdx = \lim_{G \to \infty} \frac{1}{2}G^2 = \infty$$

이므로 특이적분 $\int_{-\infty}^{\infty} xdx$ 는 정의되지 않는다. 그러나

$$\lim_{G \to \infty} \int_{-G}^{G} xdx = \lim_{G \to \infty} \left(\frac{1}{2}G^2 - \frac{1}{2}(-G)^2 \right) = 0$$

이므로 위 극한은 존재하고 그 값은 0 이다.

6.3.7. 특이적분 $\int_{a}^{b} f(x)dx$ 는 $\int_{a}^{b} f(x)dx = \lim_{B \to b-} \int_{a}^{B} f(x)dx$ 로 정의한다.

6.3.8. 정의에 의하여

$$\int_{0}^{\frac{\pi}{2}} \tan x dx = \lim_{B \to \frac{\pi}{2}-} \int_{0}^{B} \tan x dx = \lim_{B \to \frac{\pi}{2}-} (\ln \sec B - \ln \sec 0) = \infty$$

이므로 특이적분 $\int_{0}^{\frac{\pi}{2}} \tan x dx$ 는 발산한다.

6.3.9. 정의에 의하여

$$\int_0^1 \frac{1}{x} dx = \lim_{A \to 0+} \int_A^1 \frac{1}{x} dx = \lim_{A \to 0+} (\ln 1 - \ln A) = \infty$$

이므로 특이적분 $\int_{-1}^1 \frac{1}{x} dx$ 는 정의되지 않는다. 그러나

$$\lim_{E \to 0+} \left(\int_{-1}^{-E} \frac{1}{x} dx + \int_E^1 \frac{1}{x} dx \right) = \lim_{E \to 0+} (\ln|-E| - \ln|-1| + \ln 1 - \ln E) = 0$$

이므로 위 극한은 존재하고 그 값은 0 이다.

6.3.10. 함수 f 는 $x = 0$ 에서 함수값이 무한대로 발산하므로 0 보다 큰 임의의 실수 c 에 대하여 구간 $(0, c]$ 에서의 특이적분과 $[c, \infty)$ 에서의 특이적분이 모두 수렴함을 증명해야 한다. 그런데 f 가 $(0, \infty)$ 에서 연속이므로 정리 6.3.1 이 마찬가지로 성립하고, 따라서 어느 한 실수 c 에 대하여 특이적분 $\int_0^\infty f(x) dx$ 이 수렴하는지 살펴보면 되는데, 물론 $c = 1$ 로 놓고 살펴보는 것이 가장 편리하다.

이제 정의에 의하여

$$\begin{aligned} \int_0^\infty f(x) dx &= \int_0^1 f(x) dx + \int_1^\infty f(x) dx \\ &= \lim_{A \to 0+} \int_A^1 \frac{1}{\sqrt{x}} dx + \lim_{G \to \infty} \int_1^G \frac{1}{x^2} dx \\ &= \lim_{A \to 0+} (2 - 2\sqrt{A}) + \lim_{G \to \infty} \left(1 - \frac{1}{G} \right) = 2 + 1 = 3 \end{aligned}$$

이다.

6.4.1. 구간 $[1, \infty)$ 에서 함수 $y = \frac{1}{x}$ 의 그래프를 x 축의 둘레로 회전시킨 회전체의 부피는

$$\pi \int_1^\infty \left(\frac{1}{x} \right)^2 dx = \pi \lim_{G \to \infty} \int_1^G \frac{1}{x^2} dx = \pi \lim_{G \to \infty} \left(1 - \frac{1}{G} \right) = \pi$$

이다.

6.4.2. 구간 $[1, \infty)$ 에서 함수 $y = \frac{1}{x}$ 의 그래프를 x 축의 둘레로 회전시킨 회전체의 겉넓이는

$$2\pi \int_1^\infty \frac{1}{x} \sqrt{1 + \left(-\frac{1}{x^2}\right)^2} \, dx$$

이다. 그런데 양수 x 에 대하여 $\sqrt{1 + \frac{1}{x^4}} > 1$ 이므로 1 보다 큰 실수 G 에 대하여 다음 부등식

$$\int_1^G \frac{1}{x} \sqrt{1 + \frac{1}{x^4}} \, dx > \int_1^G \frac{1}{x} \, dx = \ln G$$

가 성립한다. 그리고 $\lim_{G \to \infty} \ln G = \infty$ 이므로

$$2\pi \int_1^\infty \frac{1}{x} \sqrt{1 + \frac{1}{x^4}} \, dx = 2\pi \lim_{G \to \infty} \int_1^G \frac{1}{x} \sqrt{1 + \frac{1}{x^4}} \, dx = \infty$$

이다. 따라서 이 회전체의 겉넓이는 무한대이다.

7.1.1. 등식 $A \cdot B = \frac{|A|^2 + |B|^2 - |A-B|^2}{2}$ 에 $A = (a_1, a_2)$, $B = (b_1, b_2)$ 를 대입하면

$$
\begin{aligned}
A \cdot B &\\
&= \frac{(a_1{}^2 + a_2{}^2) + (b_1{}^2 + b_2{}^2) - [(a_1{}^2 - 2a_1 b_1 + b_1{}^2) + (a_2{}^2 - 2a_2 b_2 + b_2{}^2)]}{2} \\
&= \frac{2a_1 b_1 + 2a_2 b_2}{2} = a_1 b_1 + a_2 b_2
\end{aligned}
$$

가 성립한다.

7.1.2. 직선 $y = mx + n$ 과 $y = m'x + n'$ 의 방향벡터는 각각 $(1, m)$, $(1, m')$ 이므로 두 직선이 서로 수직이면 다음 등식

$$(1, m) \cdot (1, m') = 1 + mm' = 0$$

이 성립하고, $mm' = -1$ 을 얻는다.

7.1.3. 벡터 $(\cos\alpha, \sin\alpha)$, $(\cos(-\beta), \sin(-\beta))$ 가 이루는 각의 크기는 $\alpha + \beta$ 이므로 다음 등식

$$
\begin{aligned}
\cos(\alpha + \beta) &= (\cos\alpha, \sin\alpha) \cdot (\cos(-\beta), \sin(-\beta)) \\
&= \cos\alpha \cos(-\beta) + \sin\alpha \sin(-\beta) = \cos\alpha \cos\beta - \sin\alpha \sin\beta
\end{aligned}
$$

가 성립한다.

7.1.4. 벡터 A, B, C 를 각각 $A = (a_1, a_2)$, $B = (b_1, b_2)$, $C = (c_1, c_2)$ 라 하자.

(가) 내적의 성질에 의하여 다음 등식

$$A \cdot B = a_1 b_1 + a_2 b_2 = b_1 a_1 + b_2 a_2 = B \cdot A$$

가 성립한다.

(나) 내적의 성질에 의하여 다음 등식

$$
\begin{aligned}
(A + B) \cdot C &= (a_1 + b_1, a_2 + b_2) \cdot (c_1, c_2) = (a_1 + b_1)c_1 + (a_2 + b_2)c_2 \\
&= (a_1 c_1 + a_2 c_2) + (b_1 c_1 + b_2 c_2) = A \cdot C + B \cdot C
\end{aligned}
$$

가 성립한다.

(다) 내적의 성질에 의하여 다음 등식

$$cA \cdot B = (ca_1, ca_2) \cdot (b_1, b_2) = ca_1 b_1 + ca_2 b_2 = c(a_1 b_1 + a_2 b_2) = c(A \cdot B)$$

가 성립한다.

이제 내적의 성질 (가), (나), (다)에 의하여 다음 등식

$$
\begin{aligned}
A \cdot (B + C) &= (B + C) \cdot A = B \cdot A + C \cdot A = A \cdot B + A \cdot C \\
A \cdot cB &= cB \cdot A = c(B \cdot A) = c(A \cdot B)
\end{aligned}
$$

가 성립한다.

7.1.5. 벡터 A 를 $A = (a_1, a_2)$ 라 하면 $A \cdot A = a_1{}^2 + a_2{}^2 = |A|^2 \geqq 0$ 이다. 만약 $A \cdot A = 0$ 이면 $a_1 = a_2 = 0$ 이므로 A 가 영벡터이고, A 가 영벡터이면 $A \cdot A = 0 \cdot 0 + 0 \cdot 0 = 0$ 이다.

7.1.6. 다음 등식

$$
\begin{aligned}
(A + B) \cdot (A + B) &= (A + B) \cdot A + (A + B) \cdot B \\
&= A \cdot A + B \cdot A + A \cdot B + B \cdot B = A \cdot A + 2(A \cdot B) + B \cdot B \\
(A - B) \cdot (A - B) &= (A - B) \cdot A + (A - B) \cdot (-B) \\
&= A \cdot A - B \cdot A - A \cdot B + B \cdot B = A \cdot A - 2(A \cdot B) + B \cdot B
\end{aligned}
$$

가 성립한다.

7.1.7. 벡터 A 는 $A = (A - B) + B$ 로 분해할 수 있으므로 삼각부등식에 의하여 $|A| \leqq |A - B| + |B|$ 이다. 따라서 부등식 $|A| - |B| \leqq |A - B|$ 를 얻는다. 한편 A, B 의 역할을 바꾸면 부등식 $|B| - |A| \leqq |B - A|$ 를 얻는다. 그런데 $|B - A| = |A - B|$ 이므로 $|A - B|$ 는 $|A| - |B|$, $|B| - |A|$ 보다 크거나 같다. 그리고 $||A| - |B||$ 는 $|A| - |B|$, $|B| - |A|$ 가운데 작지 않은 것이므로 부등식 $||A| - |B|| \leqq |A - B|$ 가 성립한다.

벡터 $A - B$ 는 $A - B = (a_1 - b_1)(1, 0) + (a_2 - b_2)(0, 1)$ 로 분해할 수 있으므로 삼각부등식에 의하여 다음 부등식

$$|A - B| \leqq |(a_1 - b_1)(1, 0)| + |(a_2 - b_2)(0, 1)| = |a_1 - b_1| + |a_2 - b_2|$$

가 성립한다.

7.1.8. 먼저 주어진 부등식에 $x = y = 1$, $z = 0$ 을 대입하면 삼각부등식에 의하여

$$|A| + |B| \leqq |A + B| \leqq |A| + |B|$$

가 성립한다. 따라서 $|A + B| = |A| + |B|$ 이고, 등호는 A 와 B 가 평행할 때 성립하므로 A 와 B 는 평행하다. 만약 A, B 가 모두 영벡터가 아니라고 가정하면 $B = kA$ 라 놓을 수 있고 $k \neq 0$ 이다. 이제 주어진 부등식에 $x = 1$, $y = -\frac{1}{k}$, $z = 0$ 을 대입하면

$$0 \leqq 2|A| = |A| + |A| \leqq |A - A| = 0$$

이 성립하므로 $|A| = 0$ 으로부터 A 가 영벡터인데, 이는 A, B 가 모두 영벡터가 아니라는 것에 모순이다. 따라서 A 또는 B 는 영벡터이다.

7.2.1. 다음 등식

$$\mathrm{proj}_{kA}(B) = \frac{kA \cdot B}{kA \cdot kA} kA = \frac{k(A \cdot B)}{k^2(A \cdot A)} kA = \frac{A \cdot B}{A \cdot A} A = \mathrm{proj}_A(B)$$

가 성립한다.

7.2.2. 다음 등식

$$|A - B|^2 = (A - B) \cdot (A - B) = A \cdot A - 2(A \cdot B) + B \cdot B = |A|^2 + |B|^2 - 2|A||B| \cos\theta$$

가 성립한다.

7.2.3. 만약 V 가 $V = xV_1 + yV_2$ 이면 다음 등식

$$V \cdot V_2 = (xV_1 + yV_2) \cdot V_2 = xV_1 \cdot V_2 + yV_2 \cdot V_2 = y$$

로부터 y 는 V 의 V_2 성분이다.

7.2.4. 벡터 V 에 대하여 $|V|^2 = V \cdot V$ 이므로 다음 등식

$$
\begin{aligned}
|V|^2 &= (xV_1 + yV_2) \cdot (xV_1 + yV_2) \\
&= x^2(V_1 \cdot V_1) + 2xy(V_1 \cdot V_2) + y^2(V_2 \cdot V_2) \\
&= x^2 + y^2
\end{aligned}
$$

이 성립한다. 따라서 $|V| = \sqrt{x^2 + y^2}$ 이다.

7.2.5. 벡터 $\mathrm{proj}_A(B)$ 는 적당한 상수 k 에 대하여 kA 의 꼴이므로 A 와 평행하다. 한편, 벡터 A 와 $B - \mathrm{proj}_A(B)$ 를 내적하면

$$A \cdot (B - \mathrm{proj}_A(B)) = A \cdot B - \frac{A \cdot B}{A \cdot A} A \cdot A = 0$$

이 성립하므로 $B - \mathrm{proj}_A(B)$ 는 A 와 수직이다.

7.2.6. 벡터 W_2 가 W_1 과 수직임은 문제 7.2.5에서 이미 증명하였다. 따라서 W_1 과 W_2 가 모두 영벡터가 아님만 증명하면 된다. 그런데 $W_1 = V_1$ 이므로 당연히 영벡터가 아니고, V_1 과 V_2 는 서로 평행하지 않으므로 $W_2 = V_2 - \mathrm{proj}_{V_1}(V_2)$ 도 영벡터가 아니다.

7.3.1. 벡터 A, B 가 수직이면 $A \cdot B = 0$ 이므로 다음 등식

$$|A + B|^2 = (A + B) \cdot (A + B) = A \cdot A + 2(A \cdot B) + B \cdot B = |A|^2 + |B|^2$$

이 성립한다.

7.3.2. 다음 등식

$$
\begin{aligned}
&|V + W|^2 + |V - W|^2 \\
&= (V + W) \cdot (V + W) + (V - W) \cdot (V - W) \\
&= (V \cdot V + 2(V \cdot W) + W \cdot W) + (V \cdot V - 2(V \cdot W) + W \cdot W) \\
&= 2(|V|^2 + |W|^2)
\end{aligned}
$$

이 성립한다.

7.3.3. 점 P와 법선벡터 N을 각각 $P = (x_0, y_0, z_0)$, $N = (a, b, c)$로 놓자. 여기에서 $N \cdot (-A) = d$를 염두에 두면 점과 평면 사이의 거리 공식은

$$\frac{|N \cdot (P - A)|}{|N|} = \frac{|(a, b, c) \cdot (x_0, y_0, z_0) + d|}{\sqrt{a^2 + b^2 + c^2}} = \frac{|ax_0 + by_0 + cz_0 + d|}{\sqrt{a^2 + b^2 + c^2}}$$

가 된다.

7.3.4. 평면 $x + y + z = 0$의 법선벡터는 $(1, 1, 1)$이고 이 평면은 원점을 지나므로 $(1, 1, 1)$을 이 평면에 대칭시킨 점은

$$(1, 1, 1) - 2 \frac{|(1, 1, 1) \cdot [(1, 1, 1) - (0, 0, 0)]|}{(\sqrt{1^2 + 1^2 + 1^2})^2}(1, 1, 1) = (-1, -1, -1)$$

이다.

7.4.1. 벡터 $A \times B$와 B를 내적하면

$$\begin{aligned}
(A \times B) \cdot B &= (a_2 b_3 - a_3 b_2, b_1 a_3 - a_1 b_3, a_1 b_2 - a_2 b_1) \cdot (b_1, b_2, b_3) \\
&= a_2 b_3 b_1 - a_3 b_2 b_1 + b_1 a_3 b_2 - a_1 b_3 b_2 + a_1 b_2 b_3 - a_2 b_1 b_3 \\
&= 0
\end{aligned}$$

이므로 벡터 $A \times B$와 B는 서로 수직이다.

7.4.2. 이 평면의 법선벡터 N은 $B - A$, $C - A$와 모두 수직이므로

$$N = (B - A) \times (C - A) = (-2, 2, 2) \times (0, 4, -4) = (-16, -8, -8)$$

이다. 따라서 이 평면의 방정식은

$$\begin{aligned}
N \cdot (X - A) &= (-16, -8, -8) \cdot [(x, y, z) - (1, -1, 2)] \\
&= -16(x - 1) - 8(y + 1) - 8(z - 2) = 0
\end{aligned}$$

이다. 이 방정식을 간단히 하면 $2x + y + z = 3$이다.

7.4.3. 벡터 $A = (a_1, a_2, a_3)$, $B = (b_1, b_2, b_3)$이 이루는 평행사변형과 yz 평면, zx 평면이 이루는 각의 크기를 각각 β, γ라 하면 yz 평면, zx 평면의 법선벡터는

각각 $(1, 0, 0)$, $(0, 1, 0)$ 이므로

$$\cos \beta = \frac{(A \times B) \cdot (1, 0, 0)}{|A \times B||(1, 0, 0)|}, \quad \cos \gamma = \frac{(A \times B) \cdot (0, 1, 0)}{|A \times B||(0, 1, 0)|}$$

이다. 그런데

$$A \times B = ((A \times B) \cdot (1, 0, 0), (A \times B) \cdot (0, 1, 0), (A \times B) \cdot (0, 0, 1))$$

이므로 $\cos^2 \alpha + \cos^2 \beta + \cos^2 \gamma = 1$ 이 성립한다. 이제 $S_1 = S \cos \alpha$, $S_2 = S \cos \beta$, $S_3 = S \cos \gamma$ 이므로 다음 등식

$$S_1{}^2 + S_2{}^2 + S_3{}^2 = S^2(\cos^2 \alpha + \cos^2 \beta + \cos^2 \gamma) = S^2$$

이 성립한다.

7.4.4. 두 직선은 각각 점 $(-1, 1, 0)$, $(3, 1, -1)$ 을 지나고 방향벡터가 $(2, -1, -1)$, $(1, 4, -1)$ 인 직선이다. 두 직선의 방향벡터가 서로 평행하지 않으므로 두 직선이 만나지 않음을 증명하면 꼬인 위치에 있다는 것이 증명된다. 직선 $\frac{x+1}{2} = \frac{y-1}{-1} = \frac{z}{-1}$ 위의 점은 적당한 실수 t 에 대하여 $(2t - 1, -t + 1, -t)$ 로 나타나므로 $(2t - 1, -t + 1, -t)$ 가 직선 $\frac{x-3}{1} = \frac{y-1}{4} = \frac{z+1}{-1}$ 위에 있다고 하면 $2t - 4 = \frac{-t}{4} = \frac{-t+1}{4}$ 가 성립하는 t 가 존재해야 한다. 그러나 $\frac{-t}{4} \neq \frac{-t+1}{4}$ 이므로 모순이다. 따라서 두 직선은 꼬인 위치에 있다.

이제 두 직선 사이의 거리는 꼬인 위치에 있는 두 직선 사이의 거리 공식에 의하여

$$\frac{|[(3, 1, -1) - (-1, 1, 0)] \cdot [(2, -1, -1) \times (1, 4, -1)]|}{|(2, -1, -1) \times (1, 4, -1)|} = \frac{11}{\sqrt{107}}$$

이다.

7.5.1. 타원의 방정식 $\frac{x^2}{a^2} + \frac{y^2}{b^2} = 1$ 에 $x = a \cos t$, $y = b \sin t$ 를 대입하면

$$\frac{(a \cos t)^2}{a^2} + \frac{(b \cos t)^2}{b^2} = \cos^2 t + \sin^2 t = 1$$

이므로 곡선 E 는 타원을 나타낸다. 마찬가지로 쌍곡선의 방정식 $\frac{x^2}{a^2} - \frac{y^2}{b^2} = 1$ 에

$$x = \frac{a(e^t + e^{-t})}{2}, \quad y = \frac{b(e^t - e^{-t})}{2}$$

를 대입하면

$$\frac{1}{a^2}\left(\frac{a(e^t + e^{-t})}{2}\right)^2 - \frac{1}{b^2}\left(\frac{b(e^t - e^{-t})}{2}\right)^2 = 1$$

이므로 곡선 H 는 쌍곡선을 나타낸다.

7.5.2. 선분 $P_{k-1}P_k$ 의 길이는

$$P_{k-1}P_k = \sqrt{[f(t_k) - f(t_{k-1})]^2 + [g(t_k) - g(t_{k-1})]^2}$$

이므로 평균값 정리에 의하여 다음 등식

$$f(t_k) - f(t_{k-1}) = f'(t_k^*)(t_k - t_{k-1}), \quad g(t_k) - g(t_{k-1}) = g'(t_k^\star)(t_k - t_{k-1})$$

을 만족하는 t_k^*, $t_k^\star$ 가 열린 구간 (t_{k-1}, t_k) 에 존재한다. 따라서 다음 등식

$$\sum_{k=1}^{n} P_{k-1}P_k = \sum_{k=1}^{n} \sqrt{[f'(t_k^*)]^2 + [g'(t_k^\star)]^2}(t_k - t_{k-1})$$

이 성립한다.

그런데 t_k^* 와 $t_k^\star$ 는 열린 구간 (t_{k-1}, t_k) 에 존재하고 $t_k - t_{k-1} = \frac{b-a}{n}$ 이므로 $n \longrightarrow \infty$ 이면 t_k^* 와 $t_k^\star$ 를 t_k 로 근사시킬 수 있다. 따라서 다음 등식

$$\lim_{n \to \infty} \left[\sum_{k=1}^{n} \sqrt{[f'(t_k^*)]^2 + [g'(t_k^\star)]^2}(t_k - t_{k-1}) \right.$$
$$\left. - \sum_{k=1}^{n} \sqrt{[f'(t_k)]^2 + [g'(t_k)]^2}(t_k - t_{k-1}) \right] = 0 \qquad (4)$$

이 성립하고 정적분의 정의에 의하여 다음 등식

$$\lim_{n \to \infty} \sum_{k=1}^{n} \sqrt{[f'(t_k)]^2 + [g'(t_k)]^2}(t_k - t_{k-1}) = \int_a^b \sqrt{[f'(t)]^2 + [g'(t)]^2}dt \qquad (5)$$

가 성립한다. 이제 등식 (4)와 (5)를 변변 더하면 원하는 결론을 얻는다.

7.5.3. 계단 위의 고정된 점 $(\cos t_0, \sin t_0, t_0)$ 에서 1 만큼 올라가려면 z 좌표가 $t_0 + 1$

이 되어야 하므로

$$\int_{t_0}^{t_0+1} \sqrt{(-\sin t)^2 + (\cos t)^2 + 1}\,dt = \int_{t_0}^{t_0+1} \sqrt{2}\,dt = \sqrt{2}$$

만큼 걸어야 한다.

7.5.4. 곡선 G의 길이는

$$\int_a^b \sqrt{(t')^2 + [f'(t)]^2}\,dt = \int_a^b \sqrt{1 + [f'(t)]^2}\,dt$$

이다.

8.1.1. 다음 등식

$$\begin{aligned}
\operatorname{proj}_V(X+Y) &= \frac{V \cdot (X+Y)}{V \cdot V}V = \frac{V \cdot X + V \cdot Y}{V \cdot V}V \\
&= \frac{V \cdot X}{V \cdot V}V + \frac{V \cdot Y}{V \cdot V}V = \operatorname{proj}_V(X) + \operatorname{proj}_V(Y)
\end{aligned}$$

와 다음 등식

$$\operatorname{proj}_V(cX) = \frac{V \cdot cX}{V \cdot V}V = \frac{c(V \cdot X)}{V \cdot V}V = c\frac{V \cdot X}{V \cdot V}V = c\operatorname{proj}_V(X)$$

가 성립한다.

8.1.2. 행렬 A를 $A = \begin{pmatrix} a & b \\ c & d \end{pmatrix}$ 라 하면 다음 등식

$$A\begin{pmatrix} 1 \\ 0 \end{pmatrix} = \begin{pmatrix} a & b \\ c & d \end{pmatrix}\begin{pmatrix} 1 \\ 0 \end{pmatrix} = \begin{pmatrix} a \\ c \end{pmatrix}, \quad A\begin{pmatrix} 0 \\ 1 \end{pmatrix} = \begin{pmatrix} a & b \\ c & d \end{pmatrix}\begin{pmatrix} 0 \\ 1 \end{pmatrix} = \begin{pmatrix} b \\ d \end{pmatrix}$$

가 성립하므로 이들이 각각 행렬 A의 제1열과 제2열이 된다.

8.1.3. 같은 방법으로 v_{21}, v_{12}, v_{22} 는 각각

$$\begin{aligned}
\operatorname{proj}_V(1,0) \cdot (0,1) &= \frac{V \cdot (1,0)}{V \cdot V}V \cdot (0,1) = \frac{1}{|V|^2}(V \cdot (1,0))(V \cdot (0,1)) \\
\operatorname{proj}_V(0,1) \cdot (1,0) &= \frac{V \cdot (0,1)}{V \cdot V}V \cdot (1,0) = \frac{1}{|V|^2}(V \cdot (0,1))(V \cdot (1,0)) \\
\operatorname{proj}_V(0,1) \cdot (0,1) &= \frac{V \cdot (0,1)}{V \cdot V}V \cdot (0,1) = \frac{1}{|V|^2}(V \cdot (0,1))^2
\end{aligned}$$

이다.

8.1.4. 벡터 V 가 단위벡터이고 $V = (a, b)$ 이면 $|V| = 1$, $V \cdot (1, 0) = a$, $V \cdot (0, 1) = b$
이므로 $\mathcal{V} = \begin{pmatrix} a^2 & ba \\ ab & b^2 \end{pmatrix}$ 이다.

8.1.5. 정사영은 기준이 되는 벡터의 방향에만 의존하므로 벡터 V 가 처음부터 단
위벡터라고 해도 무방하다. 앞에서 proj_V 를 나타내는 행렬이 $\begin{pmatrix} a^2 & ba \\ ab & b^2 \end{pmatrix}$ 이
고 $a^2 b^2 - (ab)(ba) = 0$ 이므로 proj_V 의 역변환은 존재하지 않는다.

8.1.6. 벡터 A, B 가 이루는 평행사변형 $\{tA + uB \,|\, 0 \leq t, u \leq 1\}$ 이 일차변환 f 에
의하여 옮겨진 도형은 $\{f(tA + uB) \,|\, 0 \leq t, u \leq 1\}$ 인데 f 가 일차변환이므로
등식 $f(tA + uB) = tf(A) + uf(B)$ 가 성립하고 다음

$$\{f(tA + uB) \,|\, 0 \leq t, u \leq 1\} = \{tf(A) + uf(B) \,|\, 0 \leq t, u \leq 1\}$$

을 얻는다.

8.1.7. 원 $x^2 + y^2 = 1$ 의 넓이는 π 이고, $|2 \cdot 3 - 0 \cdot 0| = 6$ 이므로 옮겨진 도형의
넓이는 6π 이다.

8.1.8. 행렬 AB 는

$$AB = \begin{pmatrix} a & b \\ c & d \end{pmatrix} \begin{pmatrix} x & y \\ z & w \end{pmatrix} = \begin{pmatrix} ax + bz & ay + bw \\ cx + dz & cy + dw \end{pmatrix}$$

이다. 따라서 다음 등식

$$\begin{aligned}
\det AB &= (ax + bz)(cy + dw) - (ay + bw)(cx + dz) \\
&= adxw + bcyz - adyz - bcxw = ad(xw - yz) - bc(xw - yz) \\
&= (ad - bc)(xw - yz) = (\det A)(\det B)
\end{aligned}$$

가 성립한다.

8.1.9. 단위행렬을 E 로 나타내면 다음 등식

$$(\det A)(\det A^{-1}) = \det AA^{-1} = \det E = 1$$

으로부터 $\det A^{-1} = \frac{1}{\det A}$ 가 성립한다.

8.2.1. 항등변환, x축, y축, 원점, 직선 $y = x$에 대한 대칭변환을 나타내는 행렬은 각각

$$\begin{pmatrix} 1 & 0 \\ 0 & 1 \end{pmatrix}, \quad \begin{pmatrix} 1 & 0 \\ 0 & -1 \end{pmatrix}, \quad \begin{pmatrix} -1 & 0 \\ 0 & -1 \end{pmatrix}, \quad \begin{pmatrix} 0 & 1 \\ 1 & 0 \end{pmatrix}$$

이므로 모두 다음 성질

$$|f(1,0)| = |f(0,1)| = 1, \quad f(1,0) \cdot f(0,1) = 0$$

을 만족하고, 따라서 합동변환이다.

8.2.2. 합동변환인 일차변환을 나타내는 행렬은

$$\begin{pmatrix} \cos\alpha & -\sin\alpha \\ \sin\alpha & \cos\alpha \end{pmatrix} \quad \text{또는} \quad \begin{pmatrix} \cos\alpha & \sin\alpha \\ \sin\alpha & -\cos\alpha \end{pmatrix}$$

의 꼴이다. 첫째 행렬의 행렬식은

$$\det \begin{pmatrix} \cos\alpha & -\sin\alpha \\ \sin\alpha & \cos\alpha \end{pmatrix} = \cos^2\alpha - (-\sin^2\alpha) = 1$$

이고, 둘째 행렬의 행렬식은

$$\det \begin{pmatrix} \cos\alpha & \sin\alpha \\ \sin\alpha & -\cos\alpha \end{pmatrix} = -\cos^2\alpha - \sin^2\alpha = -1$$

이므로 그 절대값은 모두 1이다. 따라서 합동변환인 일차변환은 도형의 넓이도 보존한다.

8.2.3. 일차변환 f가 벡터의 크기를 보존하면 일차변환의 성질에 의하여 다음 등식

$$|f(X) - f(Y)| = |f(X - Y)| = |X - Y|$$

가 성립한다. 역으로 일차변환 f가 거리를 보존하면 임의의 일차변환은 원점을 원점으로 보내므로 다음 등식

$$|f(X)| = |f(X) - f(O)| = |X - O| = |X|$$

가 성립한다.

8.2.4. 일차변환 f 가 두 점 사이의 거리를 보존하면 다음 등식

$$A'B' = |A' - B'| = |f(A) - f(B)| = |A - B| = AB$$

가 성립한다. 마찬가지로 등식 $B'C' = BC$, $C'A' = CA$ 도 성립한다. 따라서 삼각형 ABC 와 $A'B'C'$ 는 서로 합동이다. 삼각형 ABC 와 $A'B'C'$ 가 서로 합동이므로 각 ABC 의 크기와 $A'B'C'$ 의 크기도 서로 같다.

8.2.5. 다음 등식

$$
\begin{aligned}
&|X + Y|^2 - |X - Y|^2 \\
=\ & (X + Y) \cdot (X + Y) - (X - Y) \cdot (X - Y) \\
=\ & [X \cdot X + 2(X \cdot Y) + Y \cdot Y] - [X \cdot X - 2(X \cdot Y) + Y \cdot Y] \\
=\ & 4(X \cdot Y)
\end{aligned}
$$

가 성립하므로 등식 (1)이 증명된다. 일차변환 f 가 임의의 벡터 X 에 대하여 등식 $|f(X)| = |X|$ 를 만족하므로 다음 등식

$$
\begin{aligned}
f(X) \cdot f(Y) &= \frac{1}{4}(|f(X) + f(Y)|^2 - |f(X) - f(Y)|^2) \\
&= \frac{1}{4}(|f(X + Y)|^2 - |f(X - Y)|^2) \\
&= \frac{1}{4}(|X + Y|^2 - |X - Y|^2) = X \cdot Y
\end{aligned}
$$

가 성립하고, 일차변환 f 는 내적도 보존한다.

8.3.1. 평면이 원점을 지나면 원점 O 가 평면 $N \cdot (X - A) = 0$ 위의 점이므로 $N \cdot (O - A) = -N \cdot A = 0$ 이다. 따라서 $N \cdot A = 0$ 이다. 역으로 $N \cdot A = 0$ 이면 평면의 방정식은 $N \cdot (X - A) = N \cdot X - N \cdot A = N \cdot X = 0$ 이므로 원점 O 는 평면 위의 점이다.

8.3.2. 다음 등식

$$
\begin{aligned}
|S_N(X)|^2 &= S_N(X) \cdot S_N(X) = \left(X - 2\frac{N \cdot X}{|N|^2}N\right) \cdot \left(X - 2\frac{N \cdot X}{|N|^2}N\right) \\
&= X \cdot X - 4\frac{(N \cdot X)^2}{|N|^2} + 4\frac{(N \cdot X)^2}{|N|^4}|N|^2 = |X|^2
\end{aligned}
$$

이 성립한다. 따라서 S_N 은 합동변환이다.

8.3.3. 같은 방법으로 n_{21}, n_{12}, n_{22} 는 각각

$$S_N(1,0) \cdot (0,1) = \left((1,0) - 2\frac{N \cdot (1,0)}{|N|^2}N\right) \cdot (0,1) = -\frac{2}{|N|^2}(N \cdot (1,0))(N \cdot (0,1))$$

$$S_N(0,1) \cdot (1,0) = \left((0,1) - 2\frac{N \cdot (0,1)}{|N|^2}N\right) \cdot (1,0) = -\frac{2}{|N|^2}(N \cdot (0,1))(N \cdot (1,0))$$

$$S_N(0,1) \cdot (0,1) = \left((0,1) - 2\frac{N \cdot (0,1)}{|N|^2}N\right) \cdot (0,1) = 1 - \frac{2}{|N|^2}(N \cdot (0,1))^2$$

이다.

8.3.4. 벡터 N 이 단위벡터이고 $N = (a,b)$ 이면 $|N| = 1$, $N \cdot (1,0) = a$, $N \cdot (0,1) = b$ 이므로 $\mathcal{N} = \begin{pmatrix} b^2 - a^2 & -2ab \\ -2ab & a^2 - b^2 \end{pmatrix}$ 이다.

8.3.5. 직선 $y = mx$ 에 대한 대칭변환을 나타내는 행렬은

$$\frac{1}{m^2+1}\begin{pmatrix} (m^2+1) - 2m^2 & (-2) \cdot m \cdot (-1) \\ (-2) \cdot (-1) \cdot m & (m^2+1) - 2 \cdot 1^2 \end{pmatrix} = \frac{1}{m^2+1}\begin{pmatrix} 1 - m^2 & 2m \\ 2m & m^2 - 1 \end{pmatrix}$$

이다.

8.3.6. 직선 $y = \frac{1}{\sqrt{3}}x$ 가 x 축과 이루는 각의 크기는 $30°$ 이므로 직선 $y = \frac{1}{\sqrt{3}}x$ 에 의한 대칭변환을 나타내는 행렬은

$$\begin{pmatrix} \cos 2 \cdot 30° & \sin 2 \cdot 30° \\ \sin 2 \cdot 30° & -\cos 2 \cdot 30° \end{pmatrix} = \begin{pmatrix} \frac{1}{2} & \frac{\sqrt{3}}{2} \\ \frac{\sqrt{3}}{2} & -\frac{1}{2} \end{pmatrix}$$

이다.

8.3.7. 합동변환인 일차변환을 나타내는 행렬은

$$\begin{pmatrix} \cos\alpha & -\sin\alpha \\ \sin\alpha & \cos\alpha \end{pmatrix} \qquad \text{또는} \qquad \begin{pmatrix} \cos\alpha & \sin\alpha \\ \sin\alpha & -\cos\alpha \end{pmatrix}$$

의 꼴이다. 이 일차변환을 나타내는 행렬이 첫째 행렬이면 원점을 중심으로 α 만큼 회전시키는 회전변환이 되고, 둘째 행렬이면 원점을 지나고 기울기가 $\tan\frac{\alpha}{2}$ 인 직선에 대한 대칭변환이 되므로, 합동변환인 일차변환은 회전변환 또는 대칭변환뿐이다.

8.3.8. 변환 $S_\alpha \circ S_\beta$ 를 나타내는 행렬은

$$\begin{pmatrix} \cos 2\alpha & \sin 2\alpha \\ \sin 2\alpha & -\cos 2\alpha \end{pmatrix} \begin{pmatrix} \cos 2\beta & \sin 2\beta \\ \sin 2\beta & -\cos 2\beta \end{pmatrix}$$

$$= \begin{pmatrix} \cos 2\alpha \cos 2\beta + \sin 2\alpha \sin 2\beta & \cos 2\alpha \sin 2\beta - \sin 2\alpha \cos 2\beta \\ \sin 2\alpha \cos 2\beta - \cos 2\alpha \sin 2\beta & \sin 2\alpha \sin 2\beta + \cos 2\alpha \cos 2\beta \end{pmatrix}$$

$$= \begin{pmatrix} \cos 2(\alpha - \beta) & -\sin 2(\alpha - \beta) \\ \sin 2(\alpha - \beta) & \cos 2(\alpha - \beta) \end{pmatrix}$$

이므로 변환 $S_\alpha \circ S_\beta$ 는 원점을 중심으로 $2(\alpha - \beta)$ 만큼 회전시키는 회전변환이다.

8.3.9. 합동변환인 일차변환은 회전변환 또는 대칭변환이다. 만약 이 일차변환이 대칭변환이면 증명할 것이 없으므로 이 일차변환이 원점을 중심으로 α 만큼 회전시키는 회전변환이라 하자. 그러면 문제 8.3.8에 의하여 이 일차변환은 $S_{\frac{\alpha}{2}}$ 와 S_0 의 합성이다.

8.4.1. 직접 계산하면 다음 등식

$$A^2 - (a+d)A + (ad-bc)E$$

$$= \begin{pmatrix} a & b \\ c & d \end{pmatrix}^2 - (a+d)\begin{pmatrix} a & b \\ c & d \end{pmatrix} + (ad-bc)\begin{pmatrix} 1 & 0 \\ 0 & 1 \end{pmatrix}$$

$$= \begin{pmatrix} a^2 + bc & ab + bd \\ ac + cd & bc + d^2 \end{pmatrix} - \begin{pmatrix} a^2 + ad & ab + bd \\ ac + cd & ad + d^2 \end{pmatrix} + \begin{pmatrix} ad - bc & 0 \\ 0 & ad - bc \end{pmatrix}$$

$$= \begin{pmatrix} 0 & 0 \\ 0 & 0 \end{pmatrix} = O$$

이 성립한다.

8.4.2. 케일리–해밀턴 정리에 의하여 $A^2 - 3A + 2E = O$ 이 성립한다. 이제

$$A^{100} = (A^2 - 3A + 2E)Q(A) + aA + bE$$

라 놓으면 $A^2 - 3A + 2E = (A-E)(A-2E)$ 이므로 양변에 $A = E$ 를 대입하면

등식 $E = (a+b)E$, $2^{100}E = (2a+b)E$ 를 얻는다. 이제 연립방정식

$$\begin{cases} a+b = 1 \\ 2a+b = 2^{100} \end{cases}$$

을 풀면 $a = 2^{100} - 1$, $b = 2 - 2^{100}$ 을 얻으므로

$$\begin{aligned} A^{100} &= (2^{100}-1)A + (2-2^{100})E \\ &= \begin{pmatrix} 2(2^{100}-1) & 2^{100}-1 \\ 0 & 2^{100}-1 \end{pmatrix} + \begin{pmatrix} 2-2^{100} & 0 \\ 0 & 2-2^{100} \end{pmatrix} \\ &= \begin{pmatrix} 2^{100} & 2^{100}-1 \\ 0 & 1 \end{pmatrix} \end{aligned}$$

이 된다.

8.4.3. 다항식 $f(x)$, $g(x)$ 를 각각

$$\begin{aligned} f(x) &= a_n x^n + a_{n-1}x^{n-1} + \cdots + a_1 x + a_0 \\ g(x) &= b_m x^m + b_{n-1}x^{n-1} + \cdots + b_1 x + b_0 \end{aligned}$$

이라 하자. 만약 $k > n$ 이면 $a_k = 0$, $k > m$ 이면 $b_k = 0$ 이라 약속하면 $f(x) = \sum_{k=0}^{\infty} a_k x^k$, $g(x) = \sum_{k=0}^{\infty} b_k x^k$ 로 나타낼 수 있다. 먼저 $p(x) = \sum_{k=0}^{\infty}(a_k + b_k)x^k$ 이고, 음이 아닌 정수 k 에 대하여 c_k 를

$$c_k = a_0 b_k + a_1 b_{k-1} + \cdots + a_k b_0$$

으로 정의하면 $q(x) = \sum_{k=0}^{\infty} c_k x^k$ 이다. 이제

$$p(A) = \sum_{k=0}^{\infty}(a_k+b_k)A^k, \quad f(A)+g(A) = \sum_{k=0}^{\infty} a_k A^k + \sum_{k=0}^{\infty} b_k A^k = \sum_{k=0}^{\infty}(a_k+b_k)A^k$$

이므로 $p(A) = f(A) + g(A)$ 가 성립한다. 마찬가지로

$$q(A) = \sum_{k=0}^{\infty} c_k A^k, \quad f(A)g(A) = \left(\sum_{k=0}^{\infty} a_k A^k\right)\left(\sum_{k=0}^{\infty} b_k A^k\right) = \sum_{k=0}^{\infty} c_k A^k$$

이므로 $q(A) = f(A)g(A)$ 가 성립한다.

8.4.4. 행렬 A 를

$$A = \begin{pmatrix} a & b \\ c & d \end{pmatrix}$$

라 하고 다항식 $p(x)$ 를 $x^2 - (a+d)x + (ad-bc)$ 로 나눈 몫을 $Q(x)$, 나머지를 $R(x)$ 라 하자. 그러면 다음 등식

$$p(x) = (x^2 - (a+d)x + (ad-bc))Q(x) + R(x)$$

가 성립하고 $R(x)$ 는 일차 이하의 다항식이다. 문제 8.4.3 에서 다항식을 더하거나 곱하고 행렬 A 를 대입하나 행렬 A 를 대입하고 더하거나 곱하는 것은 마찬가지이므로, 다음 등식

$$p(A) = (A^2 - (a+d)A + (ad-bc)E)Q(A) + R(A)$$

를 얻는다. 그런데 $A^2 - (a+d)A + (ad-bc)E = O$ 이므로 $p(A) = R(A)$ 이다.

8.4.5. 실계수 이차방정식 $x^2 - (a+d)x + (ad-bc) = 0$ 이 중근 α 를 가진다고 하자. 마찬가지로 다음 등식

$$(A - kE)(A + (k - 2\alpha)E) = -[k^2 - 2\alpha k + \alpha^2]E$$

가 성립하는데 $k \neq \alpha$ 이면 $k^2 - 2\alpha k + \alpha^2 \neq 0$ 이므로 $A - kE$ 는 역행렬을 가지고, 그 역행렬은

$$(A - kE)^{-1} = -\frac{1}{k^2 - 2\alpha k + \alpha^2}(A + (k - 2\alpha)E)$$

로 주어진다.

한편, $k = \alpha$ 이면 등식 $(A - \alpha E)^2 = O$ 이 성립한다. 만약 $A - \alpha E$ 의 역행렬이 존재한다고 하면 양변에 $(A - \alpha E)^{-1}$ 의 제곱을 곱하여 $E = O$ 을 얻으므로 모순이다. 따라서 $A - \alpha E$ 의 역행렬은 존재하지 않는다.

실계수 이차방정식 $x^2 - (a+d)x + (ad-bc) = 0$ 이 서로 다른 두 허근을 가진다고 하자. 마찬가지로 다음 등식

$$(A - kE)(A + (k - \alpha - \beta)E) = -[k^2 - (\alpha + \beta)k + \alpha\beta]E$$

가 성립하는데 임의의 실수 k 에 대하여 $k^2 - (\alpha+\beta)k + \alpha\beta \neq 0$ 이므로 $A - kE$

는 역행렬을 가지고, 그 역행렬은

$$(A - kE)^{-1} = -\frac{1}{k^2 - (\alpha + \beta)k + \alpha\beta}(A + (k - \alpha - \beta)E)$$

로 주어진다.

8.4.6. 행렬 A 를

$$A = \begin{pmatrix} a & b \\ c & d \end{pmatrix}$$

라 하자. 실수 k 에 대하여 행렬 $A - kE$ 의 역행렬이 존재하지 않으면 k 는 이차방정식 $x^2 - (a+d)x + (ad - bc) = 0$ 의 근이므로 α, β 는 이 이차방정식의 근이다. 따라서 케일리–해밀턴 정리에 의하여 다음 등식

$$(A - \alpha E)(A - \beta E) = A^2 - (a + d)A + (ad - bc)E = O$$

이 성립한다.

8.4.7. 행렬 A 가 $A^{100} = O$ 을 만족하므로 $A^2 = O$ 이 성립한다. 따라서 $A^2 + A^3 + \cdots + A^{100} = O + O + \cdots + O = O$ 이다.

8.4.8. 행렬 B 가 $B^2 = A$ 를 만족한다고 가정하면 $B^4 = (B^2)^2 = A^2 = O$ 이므로 $B^2 = O$ 이 되고, 이는 A 가 영행렬이 아니라는 데 모순이다.

8.4.9. 행렬 A 를

$$A = \begin{pmatrix} a & b \\ c & d \end{pmatrix}$$

라 하자. 먼저 $ad - bc = 0$ 임은 본문에서 이미 증명하였다. 또, 본문에서 $(a + d)A = O$ 이므로 $a + d = 0$ 또는 $A = O$ 이다. 그런데 어느 경우나 $a + d = 0$ 임을 알 수 있다.

8.4.10. 첫째 행렬과 넷째 행렬은 $(1, 1)$ 성분과 $(2, 2)$ 성분의 합이 0 이 아니므로 시험할 가치가 없다.

8.4.11. 등식 $A^2 - 7A + 12E = O$ 을 만족하는 행렬 A 는 $\det A = 12$ 를 만족하거나 $A = 3E$, $4E$ 이어야 하고, 이 때 $\det A$ 는 각각 9, 16 이다. 따라서 구하는 집합은 $\{9, 12, 16\}$ 이다.

8.4.12. 방정식 $x^2 + 1 = 0$ 은 서로 다른 두 허근을 가지므로 단위행렬의 상수배로서 등식 $A^2 + E = O$ 을 만족하는 행렬 A 는 존재하지 않는다. 만약 $m \neq 0$

이라 하면 $A = -\frac{n}{m}E$ 가 되므로 모순이다. 따라서 $m = 0$ 이고 이 때 $n = 0$ 이다.

8.4.13. 위 정리에 의하여 $A^2 = O$ 을 만족하는 행렬 $A = \begin{pmatrix} a & b \\ c & d \end{pmatrix}$ 는 $a + d = 0$, $ad - bc = 0$ 을 만족하는 행렬이거나 단위행렬의 상수배인데, 전자이면 증명할 것이 없다. 후자라 하고 $A = kE$ 라 놓으면 $k^2E = O$ 이므로 $k = 0$ 이고 $A = O$ 이다. 따라서 어느 경우나 $a + d = 0$, $ad - bc = 0$ 을 만족한다.

9.1.1. 손전등에서 나오는 빛은 원뿔 모양이므로 이를 바닥에 비추면 원뿔을 바닥으로 자른 단면이 밝은 부분과 어두운 부분의 경계가 된다. 따라서 손전등에서 나오는 빛의 위쪽 경계가 바닥과 평행하게 손전등을 비추면 밝은 부분과 어두운 부분의 경계가 포물선이 된다.

9.1.2. 손전등에서 나오는 빛은 원뿔 모양이므로 이를 바닥에 비추면 원뿔을 바닥으로 자른 단면이 밝은 부분과 어두운 부분의 경계가 된다. 따라서 손전등에서 나오는 빛의 위쪽 경계가 바닥과 만나도록 손전등을 비추면 밝은 부분과 어두운 부분의 경계가 타원이 된다.

9.1.3. 손전등에서 나오는 빛은 원뿔 모양이므로 이를 바닥에 비추면 원뿔을 바닥으로 자른 단면이 밝은 부분과 어두운 부분의 경계가 된다. 따라서 손전등에서 나오는 빛의 위쪽 경계가 위로 올라가도록 손전등을 비추면 밝은 부분과 어두운 부분의 경계가 쌍곡선이 된다.

9.2.1. 빛이 최대한 멀리 도달하려면 조명을 포물선의 초점에 두어야 한다. 포물선 $y^2 = 4x$ 의 초점은 $(1, 0)$ 이므로 조명은 $(1, 0)$ 에 두어야 한다.

9.2.2. 점 P 에서 그은 접선의 x 절편은 $\frac{a^2}{c}$ 이므로

$$\tan\theta = \frac{\frac{a^2}{c} - c}{y_0} = \frac{a^2 - c^2}{cy_0} = \frac{b^2}{cy_0}$$

이다. 따라서 $x_0 = c$ 인 경우에도 $\theta = \theta'$ 이다.

9.2.3. 같은 방법으로 계산하면

$$\begin{aligned} \tan\theta' &= \left| \frac{m' - n}{1 + m'n} \right| = \left| \frac{\frac{y_0}{x_0 + c} + \frac{b^2 x_0}{a^2 y_0}}{1 - \frac{y_0}{x_0 + c}\frac{b^2 x_0}{a^2 y_0}} \right| = \left| \frac{(a^2 y_0{}^2 + b^2 x_0{}^2) + b^2 c x_0}{(a^2 - b^2)x_0 y_0 + a^2 c y_0} \right| \\ &= \left| \frac{a^2 b^2 + b^2 c x_0}{c^2 x_0 y_0 + a^2 c y_0} \right| = \left| \frac{b^2(a^2 + c x_0)}{c y_0(c x_0 + a^2)} \right| = \frac{b^2}{c y_0} \end{aligned}$$

이므로 $\tan\theta = \tan\theta'$ 이다.

9.2.4. 로비스트와 국회의원은 타원의 초점에 서 있어야 한다. 장축의 길이가 10, 단축의 길이가 6 인 한 타원은 $\frac{x^2}{5^2} + \frac{y^2}{3^2} = 1$ 로 나타낼 수 있다. 이 타원의 초점은 $(4,0)$, $(-4,0)$ 이므로 로비스트와 국회의원은 타원의 중심에서 각각 반대 방향으로 4 만큼 떨어진 장축 위의 지점에 서 있어야 한다.

9.3.1. 이차방정식

$$A\left(x + \frac{C}{2A}\right)^2 + B\left(y + \frac{D}{2B}\right)^2 = k$$

에서 $A, B > 0$, $k \leqq 0$ 이거나 $A, B < 0$, $k \geqq 0$ 이면 이 방정식을 만족하는 점은 한 점뿐이거나 없다. 또, A, B 의 부호가 다르고 $k = 0$ 이면 위 방정식은

$$\left(\sqrt{|A|}\left(x + \frac{C}{2A}\right) + \sqrt{|B|}\left(y + \frac{D}{2B}\right)\right)\left(\sqrt{|A|}\left(x + \frac{C}{2A}\right) - \sqrt{|B|}\left(y + \frac{D}{2B}\right)\right) = 0$$

으로 고칠 수 있으므로 위 방정식은 두 직선

$$\sqrt{|A|}\left(x + \frac{C}{2A}\right) \pm \sqrt{|B|}\left(y + \frac{D}{2B}\right) = 0$$

을 나타낸다.

9.3.2. 이차식 $ax^2 + bxy + cy^2 + dx + ey + f$ 가 두 일차식의 곱으로 인수분해되면 방정식 $ax^2 + bxy + cy^2 + dx + ey + f = 0$ 은 두 직선을 나타내므로 두 직선을 평행이동시켜 원점에서 만나게 하고, 회전시켜 x 축이 두 직선이 이루는 각의 이등분선이 되게 할 수 있다. 이 때 두 직선을 나타내는 방정식은 $Ax^2 - By^2 = 0$ 이 된다.

9.3.3. 쌍곡선 $\frac{X^2}{2} - \frac{Y^2}{2} = -1$ 의 초점의 좌표는 $(0,2)$, $(0,-2)$ 이고, $-\frac{\pi}{4}$ 만큼 회전시키는 회전변환을 나타내는 행렬은

$$\begin{pmatrix} \cos\left(-\frac{\pi}{4}\right) & -\sin\left(-\frac{\pi}{4}\right) \\ \sin\left(-\frac{\pi}{4}\right) & \cos\left(-\frac{\pi}{4}\right) \end{pmatrix} = \begin{pmatrix} \frac{1}{\sqrt{2}} & \frac{1}{\sqrt{2}} \\ -\frac{1}{\sqrt{2}} & \frac{1}{\sqrt{2}} \end{pmatrix}$$

이므로 쌍곡선 $xy = 1$ 의 초점의 좌표는 다음 등식

$$\begin{pmatrix} \frac{1}{\sqrt{2}} & \frac{1}{\sqrt{2}} \\ -\frac{1}{\sqrt{2}} & \frac{1}{\sqrt{2}} \end{pmatrix}\begin{pmatrix} 0 \\ 2 \end{pmatrix} = \begin{pmatrix} \sqrt{2} \\ \sqrt{2} \end{pmatrix}, \quad \begin{pmatrix} \frac{1}{\sqrt{2}} & \frac{1}{\sqrt{2}} \\ -\frac{1}{\sqrt{2}} & \frac{1}{\sqrt{2}} \end{pmatrix}\begin{pmatrix} 0 \\ -2 \end{pmatrix} = \begin{pmatrix} -\sqrt{2} \\ -\sqrt{2} \end{pmatrix}$$

로부터 $(\sqrt{2}, \sqrt{2})$, $(-\sqrt{2}, -\sqrt{2})$ 이다.

10.1.1. 생식 능력이 있는 남자와 여자를 교배시키는 시행에서 일어날 수 있는 모든 경우는 아들을 낳는 경우와 딸을 낳는 경우의 두 가지뿐이다. 그러나 신생아의 성비는 약 105 : 100 으로서 생물학적으로 아들을 낳을 가능성이 더 높다.

보다 극단적인 보기로는 고양이를 나무 위에서 떨어뜨리는 시행을 들 수 있다. 이 시행에서 일어날 수 있는 모든 경우는 고양이가 살거나 죽는 경우의 두 가지뿐이다. 그러나 나무의 높이와 지면의 상태 등의 주변 환경에 따라 고양이가 살 가능성과 죽을 가능성은 크게 달라질 수 있다.

10.1.2. 이 시행에서 일어날 수 있는 모든 경우는 흰 공을 꺼내거나 검은 공을 꺼내는 경우의 두 가지뿐이다. 그러나 흰 공이 검은 공보다 압도적으로 많기 때문에 흰 공을 꺼낼 가능성이 검은 공을 꺼낼 가능성보다 높고, 흰 공을 꺼낼 확률이 $\frac{1}{2}$ 이라 할 수 없다.

10.1.3. 사건 A 가 공사건이면 $n(A) = 0$ 이므로 $P(A) = \frac{n(A)}{n(S)} = 0$ 이다. 역으로 $P(A) = \frac{n(A)}{n(S)} = 0$ 이면 양변에 $n(S)$ 를 곱하여 $n(A) = 0$ 을 얻고 A 는 공사건이다.

10.1.4. 위 보기에서 삼각형 ABP 가 직각삼각형이 아닐 확률은

$$1 - (\text{삼각형 } ABP \text{가 직각삼각형일 확률})$$

이므로 그 확률이 1 이다. 그러나 P 가 AB 를 지름으로 하는 반원 위에 있으면 삼각형 ABP 가 직각삼각형이 된다. 따라서 삼각형 ABP 가 직각삼각형이 아닌 사건은 일어날 확률이 1 이지만 반드시 일어난다고 할 수는 없다.

10.1.5. 포함관계 $A \subset B$ 가 성립하므로 $B = A \cup (B - A)$ 로 나타낼 수 있고, 이 때 A 와 $B - A$ 는 서로소이다. 따라서 $P(B) = P(A) + P(B - A)$ 이다. 그런데 $P(B - A) \geqq 0$ 이므로 원하는 결론을 얻는다.

위 보기에서 A 를 둔각삼각형일 사건, B 를 예각삼각형이 아닌 사건이라 하면 $A \subsetneq B$ 이지만 $P(A) = P(B)$ 이다.

10.1.6. 수학자의 주장은 '12 번 말이 1 등으로 들어올 확률이 100% 이다' 보다도 강한 주장이므로 손해를 최소화하려면 통계학자에게 돈을 걸어야 한다. 그 반대의 주장을 한 경우에도 마찬가지이다. 수학자의 주장은 '12 번 말이 1 등으로 들어오지 않는다' 이고, 통계학자의 주장은 '12 번 말이 1 등으로 들어올 확률이 100% 가 아니다' 이다. 수학자의 주장은 '12 번 말이 1 등으로 들어올

확률이 0% 이다'보다도 강한 주장이므로 이 경우에도 손해를 최소화하려면 통계학자에게 돈을 걸어야 한다.

10.1.7. (가) 3의 배수 전체의 집합을 A 라 하면 집합 A_k 의 원소의 개수는 $\left[\frac{k}{3}\right]$ 개이다. 물론 여기에서 $[x]$ 는 x 를 넘지 않는 최대의 정수이다. 그런데 부등식 $\frac{k}{3} - 1 < \left[\frac{k}{3}\right] \leqq \frac{k}{3}$ 이 성립하므로 다음 부등식

$$\lim_{k \to \infty} \frac{\frac{k}{3} - 1}{k} \leqq d(A) \leqq \lim_{k \to \infty} \frac{\frac{k}{3}}{k}$$

로부터 $d(A) = \frac{1}{3}$ 이다.

(나) 마지막 자리가 1로 끝나는 자연수 전체의 집합을 B 라 하면 집합 B_k 의 원소의 개수는 $\left[\frac{k+9}{10}\right]$ 개이다. 물론 여기에서 $[x]$ 는 x 를 넘지 않는 최대의 정수이다. 그런데 부등식 $\frac{k+9}{10} - 1 < \left[\frac{k+9}{10}\right] \leqq \frac{k+9}{10}$ 이 성립하므로 다음 부등식

$$\lim_{k \to \infty} \frac{\frac{k+9}{10} - 1}{k} \leqq d(B) \leqq \lim_{k \to \infty} \frac{\frac{k+9}{10}}{k}$$

로부터 $d(B) = \frac{1}{10}$ 이다.

10.1.8. 제곱수 전체의 집합을 A 라 할 때, 집합 A_k 의 원소의 개수는 $[\sqrt{k}]$ 개이다. 물론 여기에서 $[x]$ 는 x 를 넘지 않는 최대의 정수이다. 그런데 모든 자연수 k 에 대하여 부등식 $0 < [\sqrt{k}] \leqq \sqrt{k}$ 가 성립하므로 다음 부등식

$$0 \leqq d(A) \leqq \lim_{k \to \infty} \frac{\sqrt{k}}{k} = 0$$

으로부터 $d(A) = 0$ 이다.

세제곱수, 네제곱수 전체의 집합을 각각 B, C 라 할 때, 다음 부등식

$$0 < \frac{n(C_k)}{k} \leqq \frac{n(B_k)}{k} \leqq \frac{n(A_k)}{k}$$

가 성립하고 $d(A) = 0$ 이므로 위 부등식에 극한을 취하면 부등식 $0 \leqq d(C) \leqq d(B) \leqq d(A) = 0$ 을 얻는다. 따라서 $d(B) = d(C) = 0$ 이다.

10.1.9. (가) 부등식 $0 \leqq n(A_k) \leqq k$ 가 성립하므로 모든 변을 k 로 나누고 극한을 취하면 원하는 결론을 얻는다.

(나) 임의의 자연수 k 에 대하여 $\emptyset_k = \emptyset$ 이므로 $\frac{n(\emptyset_k)}{k} = 0$ 이다. 따라서 $d(\emptyset) = 0$ 이다. 마찬가지로 임의의 자연수 k 에 대하여 $\mathbb{N}_k = \{1, 2, \cdots, k\}$ 이므

로 $\frac{n(\mathbb{N}_k)}{k} = 1$ 이다. 따라서 $d(\mathbb{N}) = 1$ 이다.

(다) 만약 $A \subset B$ 이면 부등식 $n(A_k) \leqq n(B_k)$ 가 성립하므로 양변을 k로 나누고 극한을 취하면 원하는 결론을 얻는다.

(라) 다음 등식

$$n((A \cup B)_k) = n(A_k) + n(B_k) - n((A \cap B)_k)$$

의 양변을 k로 나누고 극한을 취하면 원하는 결론을 얻는다. 마찬가지로 둘째 명제의 증명을 위해서는 다음 등식

$$n((A \cap B)_k) = n(A_k) + n(B_k) - n((A \cup B)_k)$$

의 양변을 k로 나누고 극한을 취하면 된다.

(마) 등식 $n((\mathbb{N}-A)_k) = k - n(A_k)$ 가 성립하므로 양변을 k로 나누고 극한을 취하면 원하는 결론을 얻는다.

10.1.10. 그레고리력의 윤년 전체의 집합의 점근밀도는 $\frac{1}{4} - \frac{1}{100} + \frac{1}{400} = \frac{97}{400}$ 이므로 평년 전체의 집합의 점근밀도는 $1 - \frac{97}{400} = \frac{303}{400}$ 이다. 따라서 그레고리력의 1년은 평균적으로

$$365 \cdot \frac{303}{400} + 366 \cdot \frac{97}{400} = 365.2425(\text{일})$$

이라 할 수 있다.

10.1.11. 자연수 k에 대하여 $n(A_k)$는

첫째 자리가 1로 시작하는 한 자리 자연수의 개수:	1개
첫째 자리가 1로 시작하는 두 자리 자연수의 개수:	10개
$\vdots$	$\vdots$
첫째 자리가 1로 시작하는 k자리 자연수의 개수:	10^{k-1}개

의 합이므로

$$n(A_k) = 1 + 10 + \cdots + 10^{k-1} = \frac{10^k - 1}{9}$$

이다. 그리고 집합 $A_{b_k} - A_{a_k}$ 는 $2 \cdot 10^{k-1} + 1$ 부터 $10^k - 1$ 까지의 자연수이므로 이 가운데 첫째 자리가 1인 자연수는 없다. 따라서 $n(A_{b_k}) = \frac{10^k - 1}{9}$ 이다.

10.2.1. 사건 A 와 B 가 독립이면 등식 $\mathrm{P}(B \mid A) = \mathrm{P}(B)$ 로부터 $\mathrm{P}(A \cap B) = \mathrm{P}(A)\,\mathrm{P}(B)$ 가 성립한다. 집합 B 는 $B = (B \cap A) \cup (B \cap A^{\mathsf{c}})$ 로 나타낼 수 있고, $B \cap A$ 와 $B \cap A^{\mathsf{c}}$ 가 서로소이므로 다음 등식

$$
\begin{aligned}
\mathrm{P}(B \cap A^{\mathsf{c}}) &= \mathrm{P}(B) - \mathrm{P}(B \cap A) = \mathrm{P}(B) - \mathrm{P}(B)\,\mathrm{P}(A) \\
&= \mathrm{P}(B)(1 - \mathrm{P}(A)) = \mathrm{P}(B)\,\mathrm{P}(A^{\mathsf{c}})
\end{aligned}
$$

가 성립한다. 따라서 양변을 $\mathrm{P}(A^{\mathsf{c}})$ 로 나누면 등식 $\mathrm{P}(B \mid A^{\mathsf{c}}) = \mathrm{P}(B)$ 가 성립한다.

사건 A^{c} 와 B 가 독립이면 위에서 증명한 바에 의하여 등식 $\mathrm{P}(B \mid (A^{\mathsf{c}})^{\mathsf{c}}) = \mathrm{P}(B)$ 가 성립한다. 그런데 $(A^{\mathsf{c}})^{\mathsf{c}} = A$ 이므로 원하는 결론을 얻는다.

10.2.2. 사건 A 와 B 가 독립이면 등식 $\mathrm{P}(B \mid A) = \mathrm{P}(B)$ 로부터 $\mathrm{P}(A \cap B) = \mathrm{P}(A)\,\mathrm{P}(B)$ 가 성립한다. 따라서 다음 등식

$$
\mathrm{P}(A \mid B) = \frac{\mathrm{P}(A \cap B)}{\mathrm{P}(B)} = \frac{\mathrm{P}(A)\,\mathrm{P}(B)}{\mathrm{P}(B)} = \mathrm{P}(A)
$$

가 성립한다. 위 등식으로부터 사건 B 와 A 는 독립이므로 문제 10.2.1에 의하여 사건 B^{c} 와 A 도 독립이고, 따로 증명할 필요가 없다.

10.2.3. 사건 A 와 B 가 독립이면 문제 10.2.1과 10.2.2를 다음 순서

$$
\begin{aligned}
B \text{와 } A &\ \longrightarrow\ B^{\mathsf{c}} \text{와 } A\ \longrightarrow\ A \text{와 } B^{\mathsf{c}} \\
A^{\mathsf{c}} \text{와 } B &\ \longrightarrow\ B \text{와 } A^{\mathsf{c}}\ \longrightarrow\ B^{\mathsf{c}} \text{와 } A^{\mathsf{c}}\ \longrightarrow\ A^{\mathsf{c}} \text{와 } B^{\mathsf{c}}
\end{aligned}
$$

에 따라 적용하여 A 와 B^{c}, A^{c} 와 B, A^{c} 와 B^{c} 가 독립임을 알 수 있다.

10.2.4. 문제에서 $0 < \mathrm{P}(A) < 1$ 이므로 다음

$$
\mathrm{P}(A \mid A) = \frac{\mathrm{P}(A \cap A)}{\mathrm{P}(A)} = \frac{\mathrm{P}(A)}{\mathrm{P}(A)} = 1 \neq \mathrm{P}(A)
$$

가 성립하고, 따라서 사건 A 와 A 는 종속이다.

10.2.5. 동전을 두 번 던질 때, 사건 A, B 를 각각 첫 번째에 앞면이 나오는 사건, 두 번째에 뒷면이 나오는 사건이라 하고 사건 C 를 A 라 하면 A 와 B 는 독립이고 당연히 B 와 C 도 독립이지만 A 와 C 는 같은 사건이고 $0 < \mathrm{P}(A) = \frac{1}{2} < 1$ 이므로 문제 10.2.4에 의하여 독립이 아니다.

10.2.6. 등식

$$P(B \mid A) = \frac{P(A \cap B)}{P(A)} = P(B)$$

가 성립한다고 하고 양변에 $P(A)$ 를 곱하면 등식 $P(A \cap B) = P(A)P(B)$ 를 얻는다. 역으로 등식 $P(A \cap B) = P(A)P(B)$ 가 성립한다고 하고 양변을 $P(A)$ 로 나누면 등식

$$P(B \mid A) = \frac{P(A \cap B)}{P(A)} = P(B)$$

를 얻어, 모든 증명이 끝난다.

10.2.7. 문제의 합격 판정 체제에서 지원자가 합격할 확률은 모든 심사위원단에서 합격 판정을 내릴 확률이고 한 심사위원단에서 합격 판정을 내릴 확률은

$$1 - (\text{모든 심사위원이 불합격 판정을 내릴 확률})$$

이다. 따라서 지원자가 합격할 확률은 $[1 - (1-p)^n]^n$ 이다. 만약 $n \longrightarrow \infty$ 이면 다음 등식

$$\lim_{n \to \infty} [1 - (1-p)^n]^n = \lim_{n \to \infty} [1 - (1-p)^n]^{\frac{1}{(1-p)^n} \cdot n(1-p)^n} = 1$$

이 성립한다. 따라서 n 의 값이 매우 크면 지원자에게 유리해진다.

10.2.8. 만약 처음의 선택을 번복하지 않는다면 자동차가 있는 문을 선택할 확률은 당연히 $\frac{1}{3}$ 이다. 이제 처음의 선택을 번복한다고 하자. 만약 처음에 자동차가 있는 문을 선택하면 선택을 번복함에 따라 반드시 염소가 있는 문을 선택하게 된다. 그러나 처음에 염소가 있는 문을 선택하면 진행자는 그 경우에 각각 염소가 있는 나머지 한 문을 열어 보이므로 선택을 번복함에 따라 반드시 자동차가 있는 문을 선택하게 된다. 즉, 염소가 있는 문을 선택하면 선택을 번복함에 따라 자동차가 있는 문을 선택하게 되므로 자동차가 있는 문을 선택할 확률은 $\frac{2}{3}$ 이다. 따라서 참가자는 처음에 한 선택을 번복하는 것이 유리하다.

10.3.1. 만약 $n = 1$ 이면 증명할 것이 없다. 이제 등식

$$E(X_1 + X_2 + \cdots + X_n) = E(X_1) + E(X_2) + \cdots + E(X_n)$$

이 성립한다고 가정하자. 확률변수 $X_1 + X_2 + \cdots + X_{n+1}$ 은 $X_1 + X_2 + \cdots + X_n$ 과 X_{n+1} 의 합이므로 다음 등식

$$\begin{aligned}
\mathrm{E}(X_1 + X_2 + \cdots + X_{n+1}) &= \mathrm{E}(X_1 + X_2 + \cdots + X_n) + \mathrm{E}(X_{n+1}) \\
&= \mathrm{E}(X_1) + \mathrm{E}(X_2) + \cdots + \mathrm{E}(X_{n+1})
\end{aligned}$$

이 성립한다. 따라서 모든 자연수 n 에 대하여 위 등식이 성립한다.

10.3.2. 주어진 식을 변형하면

$$\sum_{r=0}^{n} r^2 {}_n\mathrm{C}_r p^r (1-p)^{n-r} - 2np \sum_{r=0}^{n} r\, {}_n\mathrm{C}_r p^r (1-p)^{n-r} - (np)^2 \sum_{r=0}^{n} {}_n\mathrm{C}_r p^r (1-p)^{n-r}$$

이다. 여기에서 첫째 항은 $\mathrm{E}(X^2)$, 둘째 항은 $-2np\,\mathrm{E}(X)$, 셋째 항은 $-(np)^2$ 이므로

$$[n(n-1)p^2 + np] - 2np \cdot np - (np)^2 = np(1-p)$$

가 된다.

10.4.1. 맞히는 문항의 개수를 확률변수 X 라 하면 X 는 이항분포 $\mathrm{B}(20, 0.2)$ 를 따른다. 그리고 $20 \cdot 0.2 = 4$ 이므로 4 개 맞힐 확률이 가장 크다. 따라서 $5 \cdot 4 = 20$ 점을 받을 확률이 가장 크다.

10.4.2. '비정상적'인 요소가 발현하는 개수를 확률변수 X 라 하면 X 는 이항분포 $\mathrm{B}(100, 0.01)$ 을 따른다. 그리고 $100 \cdot 0.01 = 1$ 이므로 '비정상적'인 요소가 1 개 발현할 확률이 가장 크다. 따라서 '비정상적'인 요소를 1 개 가진 사람이 가장 '정상적'이다.

10.4.3. 동전을 던지는 시행을 n 회 했을 때 동전의 앞면이 나오는 횟수를 확률변수 X 라 하자. 그러면 다음 부등식

$$\mathrm{P}(0.43n < X < 0.57n) \geqq 0.95$$

를 만족하는 최소의 자연수 n 을 구하면 된다. 확률변수 X 가 이항분포 $\mathrm{B}(n, 0.5)$ 를 따르므로 정규분포 $\mathrm{N}(0.5n, 0.25n)$ 를 따르는 것처럼 취급하여 표준화하면

$$\begin{aligned}
\mathrm{P}(0.43n < X < 0.57n) &\approx \mathrm{P}(-0.14\sqrt{n} < Z < 0.14\sqrt{n}) \\
&= 2\,\mathrm{P}(0 < Z < 0.14\sqrt{n})
\end{aligned}$$

이므로 $0.14\sqrt{n} \geqq 1.96$ 이어야 한다. 이 부등식을 풀면 $n \geqq 196$ 이므로 동전을 던지는 시행을 약 196 회 이상 해야 한다.

10.4.4. 모든 자연수 n에 대하여 $\frac{a_{n+1}}{a_n} < \frac{n}{n+1}$ 이므로 다음

$$a_n = a_1 \cdot \frac{a_2}{a_1} \cdot \frac{a_3}{a_2} \cdots \cdot \frac{a_n}{a_{n-1}} < a_1 \cdot \frac{1}{2} \cdot \frac{2}{3} \cdots \cdot \frac{n-1}{n} = \frac{a_1}{n}$$

이 성립한다. 부등식 $0 < a_n < \frac{a_1}{n}$ 에 극한을 취하면 $\lim_{n \to \infty} a_n = 0$ 이다.

찾아보기

지 은 이

김 경 률

서울대학교 경제학과

bir1104@snu.ac.kr

고등수학⁺

초판 1쇄 발행   2016년 6월 8일

초판 2쇄 발행   2016년 12월 23일

지은이   김경률

펴낸곳   도서출판 계승

펴낸이   임지윤

출판등록   제2016-000036호

주소   13600 경기도 성남시 분당구 수내로 174

대표전화   031-714-0783

제작처   서울대학교출판문화원

주소   08826 서울특별시 관악구 관악로 1

전화   02-880-5220

ISBN 979-11-958071-0-9   53410